Die Waldbautechnik im Spessart

Eine historisch-kritische Untersuchung
ihrer Epochen

von

Dr. rer. pol. et phil. K. Vanselow

ordentl. Professor an der Universität
Gießen

Mit 11 Textabbildungen
und 4 Tafeln

Berlin
Verlag von Julius Springer
1926

Alle Rechte, insbesondere das der Übersetzung
in fremde Sprachen, vorbehalten.

ISBN-13: 978-3-642-90489-9   e-ISBN-13: 978-3-642-92346-3
DOI: 10.1007/978-3-642-92346-3

Softcover reprint of the hardcover 1st edition 1926

	Seite
8. Rückblick und Ausblick	136
A. Der forstliche Tatbestand in der Gegenwart.	136

1. Die jetzigen Bestandsformen S. 136. Eichenbestände S. 137. Buchenbestände S. 138. Nadelholzbestände S. 139. — 2. Die Holzarten und ihr Wechsel S. 139. Laubholz und Nadelholz S. 139. Die Laubhölzer S. 140. Die Nadelhölzer S. 142.

B. Die Hemmungen der Wirtschaft	143
C. Rückblick auf die Waldbautechnik des 19. Jahrhunderts	148

1. Das Eichenproblem S. 149. — 2. Das Buchenproblem S. 152. — 3. Das Nadelholzproblem S. 159.

D. Ausblick. Die Buchenkrise und ihre Überwindung	160

Anhang.

1. Spessarter Försterweistum	171
2. Mainzer Forstordnung vom Jahre 1679	181
3. Schematische Darstellung des Rhythmus der Hiebseingriffe in den Laubholzverjüngungsbeständen	214
4. Kurmainzische Verordnung vom 31. Juli 1719	216
5. Biberjches Verzeichnis aus dem Jahre 1733	219
6. Auszug aus der Mainzer Forstordnung vom Jahre 1744	222
7. Generalverordnung vom Jahre 1774	225
8. Der Spessart nach Holzarten, Altersklassen und Bestandsformen, sowie Holzvorrat im Jahre 1733	228
9. Tafel über die Bestandsverhältnisse des Spessarts vom Jahre 1790	229
10. Kulturtätigkeit im Forstamt Rothenbuch 1829—1918	230
11. Kulturtätigkeit im Spessart 1821—1905	233

Tafeln.

1. Mischbestand etwa 200 jähriger Buchen mit über 400 jährigen Eichen im Forstamt Rothenbuch, Abt. Metzger.
2. Eichenlichtwald im Forstamt Rothenbuch, Abt. Bomigrain.
3. 310 jähriger Eichenaltheisterbestand im Forstamt Rohrbrunn, Abt. Urwald.
4. 110 jähriger Eichenbestand (Jungheister) mit 48—58 jährigem Buchenunterbau im Forstamt Rothenbuch, Abt. Weißerstein.

Inhaltsverzeichnis.

	Seite
1. Das Objekt der Darstellung. Die Fragestellung. Literatur und Quellen	1
A. Das Objekt der Darstellung	1
Geographische Lage S. 1. — Politische Geschichte S. 1. — Klima S. 2. — Boden S. 4. — Bestockung S. 7. — Siedlungsgeschichte S. 10.	
B. Die Fragestellung	12
C. Quellen und Literatur	13
2. Die Epoche der Polizeiverordnungen und der Organisation der Forstverwaltung. Der Plenderbetrieb. Anfänge des schlagweisen Hochwaldes. Bis zum Jahre 1600	17
3. Die Epoche der Forstordnungen 1600—1773	24
A. Die Zeit von 1600—1730	29
B. Die Zeit von 1730—1773	35
4. Die Epoche der ersten Forsteinrichtung. Der relative Eichenüberhalt. 1773—1790	42
5. Die Epoche von 1790—1814. Die Grundlagen der künstlichen Verjüngung. Die Regelung des Eichenüberhalts. Die Fortbildung des Schirmschlags	50
6. Rückblick. Kritik. Hemmungen der Wirtschaft. Der Tatbestand im Jahre 1814	57
A. Kritik der Wirtschaftsregeln	58
B. Erfolg in der Praxis	64
Statistik S. 64. — Waldbeschreibungen S. 66.	
C. Hemmungen der Wirtschaft	69
D. Der Tatbestand im Jahre 1814	74
7. Die neue Zeit	79
A. Die Epoche von 1814—1870. Das Eichenproblem. Der Ausbau des Schirmschlags. Die Zeit der Bestockungswandlung	81
1. Das Eichenproblem S. 82. — Der Überhalt S. 82. — Die Nachzucht der Eiche S. 84. — 2. Der Ausbau des Schirmschlags bei der Buche S. 94. — 3. Die Bestockungswandlung: Das Nadelholz im Spessart S. 100. — 4. Die Durchforstungsfrage S. 106.	
B. Die Epoche von 1870 bis zur Gegenwart. Ausbau der Methode der Eichennachzucht. Die buchenmüden Bestände. Neue Aufgaben und Ziele in der Bewirtschaftung der Buchenbestände	108
1. Der Ausbau der Methode der Eichennachzucht S. 110. Die Verjüngung der Eichenbestände S. 110. Überhalt und Überführung von Eichen. Der Ausbau des Kompositionsbetriebs S. 115. — 2. Die zwangsweise Fortsetzung der Bestockungswandlung. Die Waldbautechnik im Nadelholz S. 121. — 3. Neue Aufgaben und Ziele der Buchenwirtschaft. Die freiwillige Bestockungswandlung S. 125. — 4. Die sonstige Waldbautechnik S. 134.	

1. Das Objekt der Darstellung.
Die Fragestellung. Literatur und Quellen.
A. Das Objekt der Darstellung.

Geographische Lage. Der Spessart umfaßt den westlichen Teil des bayrischen Regierungsbezirkes Unterfranken; er liegt zwischen 26° 40′ und 27° 20′ ö. L. von Ferro und 49° 40′ und 50° 10′ n. B., begrenzt von dem Mainviereck Lohr—Wertheim—Miltenberg—Aschaffenburg, im Norden von Hanau, Gelnhausen und dem Bad Orb, dem Büdinger Wald und Orber Reisig, im Osten von den Tälern der Jossa und Sinn, die die Trennungslinie gegen die Rhön und die Verbindung mit dem Main bilden. Die ganze Fläche hat eine Ausdehnung von rund 150000 ha, wovon 90000 ha mit Wald bestockt sind; 19100 ha sind Privatwaldungen, 27800 ha Gemeinde- und Stiftungswaldungen, beide an der Peripherie gelegen, während der Staatswald mit seiner Hauptmasse von etwa 39000 ha einen großen Kern im Spessartzentrum bildet. Eine zweite Staatswaldgruppe mit etwa 4000 ha liegt im Norden des Hauptgebietes und von diesem abgetrennt; sie zählt nicht mehr zum Spessart im engeren Sinne.

Politische Geschichte. Der Hauptkomplex des Spessarts bildete von jeher politisch und wirtschaftlich ein einheitliches Ganzes. Ursprünglich Königswald (Bannwald) und im Obereigentum der deutschen Könige, schenkte ihn Herzog Otto I von Schwaben und Bayern mit Bewilligung seines Oheims Kaisers Otto II neben anderen Gütern dem Kollegiatstift zu St. Peter und Alexander zu Aschaffenburg, von wo er im Jahre 982 bereits an das Erzbistum Mainz kam. Mit dem Kurstaat Mainz blieb er nunmehr über acht Jahrhunderte vereinigt und machte auch alle die Wandlungen mit, die diesem anfangs des 19. Jahrhunderts zuteil wurden; als durch den Reichsdeputationshauptbeschluß zu Regensburg vom 27. April 1803 daraus das Fürstentum Aschaffenburg gebildet wurde, als gemäß der Rheinbundsakte vom 12. Juni 1806 der Kurfürsterzkanzler den Titel Fürst Primas annahm und endlich am 16. Februar 1810 der primatische Staat zum Großherzogtum Frankfurt erhoben wurde, war der Spessart eine fürstliche und großherzogliche Domäne. Durch den Pariser Vertrag vom 3. Juli 1814 gelangte er nach Dalbergs Verzicht an Österreich, das ihn im nämlichen Jahre gegen Salzburg und Tirol an Bayern abtrat.

Klima. Der Spessart gliedert sich klimatisch in zwei Teile: der nordöstliche Teil, etwa die Forstamtsbezirke Rohrbrunn (Nordteil), Rothenbuch, Lohr-West, Ruppertshütten, Partenstein, Heigenbrücken umfassend, ist rauher und niederschlagsreicher als der südliche und westliche, der mit seinen Ausläufern gegen die Mainebene abfällt, und die Forstämter Bischbrunn, Altenbuch, Rohrbrunn (Südteil), Waldaschaff, Hain, Schöllkrippen in sich begreift. Es betragen die Durchschnittstemperaturen:

	im nordöstlichen Teil	im übrigen Teil
Jahresmittel	7—8°	8—9°
Monatsmittel im Januar . .	—1 bis —2°	0—1°
„ „ Juli . . .	16—17°	17—19°
„ Mai mit August	14—15°	15—16°
„ April „ „	13—14°	14—15°

Die durchschnittlichen Niederschlagsmengen:[1]

	im nordöstlichen Teil	im übrigen Teil	im Maintal
im Jahresmittel . . .	1000 mm u. m.	über 850 mm	700 mm
„ Frühling (III, IV, V)	200 mm	„ 175 „	150 „
„ Sommer (VI, VII, VIII)	250 mm	„ 225 „	200 „
„ Herbst (IX, X, XI)	200 mm	„ 175 „	150 „
„ Winter (XII, I, II)	300 „	„ 250 „	150 „
„ Januar	100 „	„ 75 „	50 „
„ Februar	100 „	„ 75 „	50 „
„ März	90 „	„ 75 „	60 „
„ April	70 „	„ 60 „	50 „
„ Mai	80 „	„ 70 „	60 „
„ Juni	80 „	„ 70 „	60 „

---

[1] Mitgeteilt vom hydrotechn. Bureau in München auf Grund der Ermittelungen v. J. 1901—1910.

Das Objekt der Darstellung.

	im nordöstlichen Teil	im übrigen Teil	im Maintal
im Juli	90 mm	über 80 mm	70 mm
„ August	90 „	„ 80 „	70 „
„ September	70 „	„ 60 „	50 „
„ Oktober	70 „	„ 60 „	50 „
„ November	100 „	„ 75 „	50 „
„ Dezember	100 „	„ 75 „	50 „

Die größte Niederschlagsmenge liefert demnach der Winter, die nächst größere der Sommer. Die vier niederschlagsreichsten Monate sind November, Dezember, Januar, Februar mit durchschnittlich bis 100 mm, ihnen folgen die vier niederschlagsarmen Monate März, April, Mai und Juni mit durchschnittlich je 75 mm; Juli und August zeigen eine beträchtliche Steigerung bis 90 mm, während die beiden Herbstmonate September und Oktober die geringsten Niederschläge des Jahres mit durchschnittlich 65 mm aufweisen.

Die Tage des ersten Frostes liegen zwischen dem 30. September und 7. Oktober, des letzten Frostes zwischen dem 12. Mai bis 19. Mai. Die Zahl der Frosttage ist 120—135, die Zahl der Wintertage 28 bis 35. Die erste Schneedecke tritt auf zwischen dem 20. November und 5. Dezember und verschwindet zwischen dem 20. März und 10. April wieder. Die Zahl der Tage mit Schneedecke gleich oder höher als 1 cm beträgt für die Hochlagen durchschnittlich 50—60, gegen den Rand hin 20—30.

Aus diesen Klimaangaben und der Erfahrung ergibt sich folgendes: Die Monate des Frühlings sind arm an Niederschlägen; das Ankeimen der Samen bei der Naturbesamung und der Saat und das Pflanzgeschäft, auch im Herbst, fällt in eine Trockenperiode. Durch sie bedingt, erwärmen sich die Süd- und Westhänge im Frühjahr leicht und rasch und locken eine frühzeitig beginnende Vegetation hervor, die durch die Spätfröste, besonders in den scharf eingeschnittenen Tälern, bis zum Sommeranfang gefährdet ist. Die Eichen- und Buchenverjüngungen werden dadurch fast alljährlich geschädigt, ebenso leidet die Eichen- und Buchenblüte und die Fruchtbildung darunter. Deshalb sind auch Mastjahre im Spessart selten, die Samenerzeugung ist in der Regel gering. Ungeeignete Hiebsführung, besonders unvorsichtiger Horst- und gruppenweiser Angriff, erhöht durch die Bildung künstlicher Kältelöcher die Frostgefahr. In der großen Niederschlagsmenge von 300—350 mm im Winter finden die häufigen Schneebruchschäden in den Hochlagen zahlenmäßige Beleuchtung.

Boden[1]). Der zentrale Spessart gehört, von geringen und deshalb bedeutungslosen Ausnahmen abgesehen, der geologischen Formation des mittleren oder Hauptbuntsandsteins an. Von den drei Schichten, in die der Hauptbuntsand entsprechend der petrographischen Ausbildung geteilt wird, fehlt die unterste und die oberste Schicht, die Geröll führenden Zonen, im Spessart fast vollständig; er umfaßt die mittlere Schicht mit festen, in Beziehung zur unteren Formationsabteilung grobkörnigen und dickbankigen Sandsteinen mit vereinzelten Lettenschichten, die allereinförmigste petrographische Ausbildung fast aller Formationen. Die vorwiegend rosenrot bis ziegelrot gefärbten, auch weißlichen Sandsteine sind wie die übrigen Sandsteine der Formation ausgesprochen geschichtete Gesteinsbildungen, deren Schichtung unregelmäßig verläuft. Die Sandsteine sind an sich meist mittel- bis feinkörnig, ohne jedoch nicht auch öfters grobes Korn zu zeigen. Die Korngröße der den Hauptbestandteil bildenden Quarze beträgt etwa 0,5 mm, doch wächst sie in manchen Schichten bis zu 1 mm Durchmesser an. Sie selbst sind vorwiegend abgerollt und gerundet, teils facettiert und wohl auch mit Kristallflächen versehen. Daneben treten ganz untergeordnet Feldspatkörnchen, Glimmerplättchen und Kaolinbröckchen auf. Umgeben werden die Quarzkörner mit einem dünnen Überzug von tonigem Roteisenerz oder einer Umhüllung von Kieselsäure, welch letztere dem Gestein ein stark glitzerndes Äußere verleiht. Der wesentliche Faktor ist das tonige Bindemittel, das der Quantität nach weit geringer, etwa mit 1,5 bis 7,3 %, vorhanden ist und je nach seiner Beteiligung und Zusammensetzung die eintönige Ausbildung dieser großen Sandsteinmassen etwas modifiziert. Für die Umwandlung des Gesteins, die Verwitterung, das Aufbereitungsprodukt, die Bodenbildung kommt fast nur das Bindemittel (Zement) in Frage, da die chemische Natur des Quarzes konstanter Art ist, nämlich aus schwer- bis unangreifbarer Kieselsäure besteht. Die die Quarzkörner verkittende Substanz, die bei dem mittleren Buntsand meist nur die Hälfte oder einen Bruchteil derjenigen der unteren Buntsande beträgt, besteht im wesentlichen aus einer eisenschüssig-tonigen basischen Silikatvermengung,

---

[1]) Nach Blank, Über die petrographischen und Bodenverhältnisse der Buntsandsteinformation Deutschlands. Jahreshefte des Vereins für vaterl. Naturkunde in Württemberg, 1910.

die den lösenden Gewässern und Atmosphärilien wie der zersetzenden Tätigkeit der Pflanzenwurzeln leicht zugänglich ist, viel leichter als etwa bei Grauwacke, Muschelkalk, Basalt; auf der anderen Seite aber wird hiernach die schnelle Verarmung des mittleren Buntsandes an Nährstoffen leichter begreiflich, da, wenn der Nährgehalt der Bindemittel erschöpft ist, keine weitere Substanz diesen Verlust zu decken vermag. Hierin findet die ungeheure Bedeutung der Waldstreu als Nährstoffquelle für die Spessartböden ihre wissenschaftliche Begründung, die empirisch der Entwicklungsgang der Waldwirtschaft, besonders der Holzartenbeteiligung, und der Augenschein erbringt.

Der Spessart hat entsprechend seiner geologischen Abstammung den Charakter der Rückengebirge: flache, sanft gewölbte Bergrücken fallen anfangs nur schwach, dann aber stärker in die meist schmalen und engen, mannigfach gewundenen, von lebhaften Bächen durchflossenen Täler ab. Die Höhenlage schwankt zwischen 185 und 587 m über der Nordsee: Ostspitze des Distriktes XXII. Rotenberg bei Lohr, Fuß des Distriktes IX. Hoheberg, Forstamts Altenbuch, bei Breitenbrunn am Nordrande des Distriktes XII. Kreuzberg Forstamts Hain, südlich von Laufach 185 bis 190 m, Eselshöhe bei Wiesen 515 m, Gaulskopf bei Ruppertshütten 522 m, Johannisberg oberhalb Lohrer Straße 539 m, der Hoheknuck 540 m, der Geiersberg bei Rohrbrunn 586,8 m.

Die Bodengüte steht im funktionalen Zusammenhang mit dem Tongehalt des Muttergesteins: je tonhaltiger dieses, um so lehmiger und zugleich tiefgründiger werden die Sande. Im allgemeinen erzeugt die Buntsandsteinformation ziemlich magere und trockene, z. T. flachgründige, z. T. aber auch tiefgründige Böden. Die Wurzeln der Holzgewächse dringen nur bis etwa 60 cm tief in den Boden; bei seiner geringen Konsistenz ist jede Freistellung bei allen Holzarten mit Windwurfgefahr verbunden, besonders durch Überfallwinde an den Nord- und Osthängen. Die Niederschläge versinken recht rasch, einige Tage Sonne dürren den Boden vollständig aus. Auch die übermäßige winterliche Nässe verschwindet auf diesen Böden im Frühjahr rasch, so daß sie sich früh erwärmen und der Pflanzenwuchs auf ihnen viel eher beginnen kann als auf anderen Bodenarten. Wenn aber der Boden ausgetrocknet ist, so erwärmt er sich nicht nur rasch unter dem Einfluß der Sonnenstrahlen, sondern er kühlt sich in der Nacht auch rasch und tief ab, was einmal einen reicheren Taufall, dann aber auch Spätfröste und Erfrieren der Pflanzen zur Folge haben muß. Hier-

aus geht die jedem Spessartforstwirt bekannte und in der Bestandes=
güte und Bewirtschaftungsweise zum Ausdruck kommende große Be=
deutung der Himmelslage für die Buntsandsteinböden hervor. Durch
die starke Löslichkeit und Auswaschbarkeit der Bindemittel erklärt sich
der Einfluß der Geländeausformung auf die Bodengüte, besonders
die Mächtigkeit der Dammerdeschicht: in Einsenkungen, Mulden, auf
Plateaus, in sanftgeneigten Lagen sind die Böden tiefgründiger und
fruchtbarer, während auf steilen Lagen ihre Mächtigkeit mit dem
Grade der Neigung dieser abnimmt. Der Buntsandsteinboden ist
gegen ungehindert aufschlagende Regengüsse sehr empfindlich, weil
sie den Boden zusammenschwemmen, eine dicke Kruste an der Ober=
fläche erzeugen, ihn damit gegen die Luft abschließen, die biologische
Tätigkeit der Bodenbakterien stören oder vernichten, ebenso gegen
Windwirkung wegen der Streuverwehung, Bodenaushagerung, ge=
steigerten Verdunstung der Vegetation, der Störung der Wasser=
bilanz.

Ihrer Natur nach sind die Böden des mittleren Buntsandsteins
physikalisch gut, aber arm an Pflanzennährstoffen. Es sind absolute
Waldböden; die größten Forsten Deutschlands stocken im Gebiete des
Buntsandsteins; der Spessart insbesondere ist ausgesprochener Laub=
holzboden mit ursprünglicher Eichen= und Buchenbestockung, die sich
freilich durch das unzweckmäßige Eingreifen des Menschen sehr ge=
wandelt hat. Jeder Wechsel der Himmelslage und Geländeneigung,
auch der Höhenlage, ist sofort am Wachstum, meist auch an der Holz=
art erkennbar. Umgekehrt steht der Boden stark unter dem Einfluß
des Pflanzenlebens: streugeschont mit geschlossenem Laubholzbestand
zeigt der Spessart beste Bodenverfassung; Streuentzug wirkt aber
geradezu vernichtend auf Boden und Bestand, er führt zur Verkrüp=
pelung der Bestockung. Nadelholz als Reinbestand neigt zur Bildung
von Rohhumus und Ortstein, bei der Kiefer als Folge der niederen
Bodenflora. Guter Bestandsschluß, Traufschutz, Erhaltung der Streu
zur Verhinderung der Auswaschung der leichtlöslichen Nahrungs=
stoffe, der Verdunstung, der unmittelbaren Sonnenbestrahlung, der
ungünstigen Windwirkung jeder Art, Erhaltung der Streu auch als
„nachwachsenden" Nährstoffes des armen Bodens müssen oberste
Leitlinien jeder Waldbautechnik auf dem empfindlichen Spessart=
boden sein. Jeder Verstoß in dieser Hinsicht rächt sich — der Boden
verliert seine geringe Kraft und Frische um so rascher, je weniger Ton
er enthält, verhärtet, verhagert, überzieht sich mit Heidelbeere, bei

weiterer Verarmung mit Heide, selbst mit Hungermoos — und führt verhältnismäßig rasch zur Verschlechterung der Boden- und Bestandsgüte.

Bestockung. Unser Untersuchungsobjekt, der zentrale Spessart, war im Mittelalter, soweit daraus Urkunden vorliegen, und ebenso bis gegen Ende des 18. Jahrhunderts ein reines Laubholzgebiet, ein Mischwald von Eiche und Buche als Haupt-, mit Birke, Aspe, Salweide, Hasel, Wildkirsche, Wildapfel und Wildbirne, Speierling als Nebenholzarten. Sie alle werden um das Jahr 1550, Buche und Eiche schon weitaus früher erwähnt; so berichtet der Kanonikus Reizmann um das Jahr 1500 von einer Urkunde aus dem Jahre 980, in der von alten Eichen und harten Buchen die Rede ist (annosis quercubus, fagis durissimis).

Es steht fest, daß bis zu Beginn des 14. Jahrhunderts, in welcher Zeit die ersten Ansiedlungen im inneren Spessart begannen, menschlicher Einfluß auf die Bestockungsverhältnisse nicht stattgefunden, der Wald demnach in spontaner Wandlung sich so gestaltet hatte, wie er damals angetroffen wurde, also zweifellos Urwald im strengsten Sinne des Wortes war. Welche Entwicklung aber hatte die Waldbestockung bei Beginn der menschlichen Ansiedlung bereits hinter sich, und ferner, in welchem Stadium ihrer Entwicklung befand sie sich, als der Mensch eingriff? Diese beiden Fragen sind von grundlegender Bedeutung für das Verständnis des Beginns und des geschichtlichen Verlaufs der Waldbautechnik im Spessart. Die exakte Beantwortung der ersten Frage stößt allerdings auf große Schwierigkeiten, weil die drei dafür anwendbaren Forschungsmethoden im Spessart nahezu völlig versagen: die archäologische kann überhaupt nicht herangezogen werden, weil der Spessart erst spät im Mittelalter durch Menschen besiedelt wurde; prähistorische Quellen, wie ehemalige Wohnstätten mit Kohlenresten, aus denen die früheren Holzarten erschlossen werden können, aber auch historische Quellen aus dem Altertum fehlen damit vollständig. Aus demselben Grunde kann die philologische Methode, die Sprachwissenschaft, nicht durch die Ortsnamenkunde und Deutung zu Hilfe kommen. Ebenso aber hat endlich die historisch-pflanzengeographische Methode, die in Dänemark, Schweden und Norwegen, auch in Norddeutschland, Thüringen, Böhmen für die Kenntnis der Entwicklung der Bodenflora, der Pflanzensiedlung und Wandlung so wertvolle Erfolge gezeitigt hat, im Spessart nur ein sehr enges Betätigungsfeld, da keine Torfmoore, „diese prähistorischen Annalen" der pflanzlichen Entwicklungsgeschichte, aus deren Schichtenlagerung und Einschlüssen von Pflanzenresten (Holz, Blätter, Pollen von Blüten) auf die Reihenfolge der Pflanzensiedelungen geschlossen werden kann, vorhanden sind, die Buntsandsteinformation an sich infolge ihrer Wasserdurchlässigkeit, Trockenheit, ihrer mineralogischen Zusammensetzung und der klimatischen Verhältnisse des Spessarts für die Konservierung von Pflanzenresten denkbarst ungeeignet ist. Es bleibt deshalb nur die pflanzenbiologische Forschung möglich, die aus den in voller Ursprünglichkeit vorhandenen Waldzuständen im Mittelalter, die hinlänglich genau bekannt sind, Anhaltspunkte wenigstens für die nächst rückliegende Entwicklungsperiode zu gewinnen sucht, und der Analogieschluß, der Vergleich mit anderen Waldgebieten, deren genetische Pflanzengeographie bekannt ist.

Ohne daß indessen der Nachweis nicht für die Richtigkeit, sondern auch nur für die Wahrscheinlichkeit hier im einzelnen erbracht werden kann, dürfte die Entwicklung[1]) sich in der Art vollzogen haben, daß der während der Eiszeit unvergletscherte Spessart zur Zeit der größten Ausdehnung des Landeises von einer arktischen Vegetation — der Dryasflora mit Salix polaris, Dryas octapetala, Betula nana bedeckt war — es war die Dryasperiode des Spessarts — und alsbald nach dem Abklingen der Glazialzeit die postglaziale Pflanzenwelt von Osten und Westen in breiten Fronten in ihn einrückte. Es wird dann eine Kiefern=Birkenperiode im Spessart angebrochen sein, beginnend mit einer Birken=Aspenzeit, mit Salix caprea und anderen Weiden, der eine Zeit mit der Hegemonie der Kiefer mit Heidelbeere, Wacholder folgte, die schließlich durch die immer zahlreicher eindringenden Laubbäume, Hasel, Linde, Weißdorn, Hartriegel, Hainbuche und gegen Ende die Eiche, gebrochen wurde. Daß Birken, Aspen und die übrigen Laubhölzer in der zweiten Periode bei der Urbestockung des Spessarts nach der arktischen Periode beteiligt waren, darf als sicher angenommen werden; zweifelhaft kann nur sein, ob die Kiefer sich ebenfalls vorfand, wann sie auftrat, und ob in der zweiten Periode scharf abgegrenzte Zeitabschnitte in der angegebenen Reihenfolge sich vorfanden und ablösten. Die Eiche und ihre Quartiermacher verdrängten infolge ihrer biologisch besseren Aus=

---

[1]) J. Hoops, Waldbäume und Kulturpflanzen im germanischen Altertum. Straßburg 1905.

rüstung, besonders der Langlebigkeit und des Regenerationsvermögens der Eiche, die Kiefer vollständig, es begann die Eichenperiode mit der Alleinherrschaft der Eiche, die aber ein Mitleben, ein Weitervegetieren ihrer Trabanten aus dem Geschlechte der Laubhölzer, die sich aus den früheren Epochen durchgerettet hatten, immerhin zuließ. Die Eichenperiode hat mehrere Jahrtausende vor Beginn unserer Zeitrechnung begonnen und reicht mit ihren letzten Ausstrahlungen bis in die historische Zeit, ja bis in die Gegenwart herein.

Da trat für die Eiche ein Feind allerschlimmster Art auf, die Buche, im Kampf ums Dasein durch ihr Schattenerträgnis besonders gut gewappnet, die überall da, wo sie Gelände gewonnen hatte, dieses durch ihren dichten Schluß, die Bodenbeschattung, den Laubabfall zu einer für jede andere Holzart uneinnehmbaren Stellung ausbaute. Der Beginn dieses Kampfes, des Eindringens der Buche von der Peripherie des Spessarts in seinen zentralen Teil, ist auf nicht viel früher als einige Jahrhunderte vor Christi Geburt anzusetzen, da im frühen Mittelalter die Buche den großen Kern des Spessarts gerade erreicht hatte, ja selbst um das Jahr 1600 im innersten Spessart, der am meisten abgelegen und von jeder Nutzung verschont war, größere Flächen reiner Eichenbestockung sich noch vorfanden, wie urkundlich überliefert und beweisbar ist. Mit dem Eindringen der Buche klang die Eichenperiode ab, und es begann die Buchenperiode, die bei ungestörtem Walten der Natur zu einem vollen Sieg der Buche nicht nur über die Eiche, sondern auch über alle Trabanten der Eiche und die Relikten der Vergangenheit geführt hätte.

In dieser Phase gewaltigen Ringens der Eiche mit der Buche trat der Mensch auf den Plan, griff in den grundsätzlich schon entschiedenen Kampf zunächst und ursprünglich zugunsten der Eiche als der für ihn wertvollsten Holzart ein und gab ihm damit eine ganz andere Wendung und einen anderen Ausgang, als ihn die Natur beabsichtigt und bei ungestörtem Walten erzwungen hätte. Die Art und den Verlauf dieses Eingriffes und aller übrigen Einwirkungen des Menschen auf den Wald zu schildern, ist Aufgabe der späteren Darstellung.

Es mag von Interesse sein, daß nach den Urkunden schon um das Jahr 1720 dieser Entwicklungsgang von der Eichen- zur Buchenzeit richtig erkannt wurde. 100 Jahre später stellte ihn dann Klauprecht[1]) durchaus richtig auch in der Begründung dar und zog auch noch die

---

[1]) Vgl. Literaturverzeichnis.

folgende Entwicklungsstufe in den Kreis seiner Betrachtung, wenn er schreibt: „Es findet eine natürliche Umwandlung der Laubholzbestände statt, nämlich des Eichwaldes in Buchwald. Obgleich gegenwärtig beide Holzarten die Bestockung der Fläche ausmachen, so scheint doch allerdings die verbreitete Meinung nicht ganz grundlos zu sein, welche die Buche von Norden aus dem alten Buchonien vorrücken und dem Spessart fremd als eine Schmarotzerpflanze eindringen läßt." „Dies Wandern der Buche und Umwandeln der Eiche bezeugen:

a) die ältesten Wald- und Grenzbereitungen, legale Urkunden über den vormaligen Bestand,

b) der gegenwärtige Bestand selbst, wo in den alten, auch nur wenig lichten Eichwaldungen stets Buchen von weit jüngerem Alter anzutreffen sind, die, dem Drucke trotzend, ihrer Haubarkeit entgegenreifen,

c) das gegenwärtige Verdrängen der Eiche durch den schnellen Wuchs der Buche in der Jugend." „Die Blüten der Eiche sind empfindlicher als die der Buche, ebenso ist die Reife der Eichel mehr von den Atmosphärilien abhängig, deshalb trägt die Buche öfters, mehr und reichlicher Samen; auch in nassen Jahren trägt die Buche Samen; nach einem alten Sprichwort will die Buche täglich eine Ohm Wasser haben; der Buchenaufschlag braucht Schutz in der Jugend, während die Eiche im Schutze des Mutterbestandes bald kränkelt und abstirbt; die Buche wächst im Schatten weiter und überwuchert die Eiche; reine Eichenbestände stellen sich licht, die Buchel wird hineingeschleudert, keimt dort und erdrückt alle Eichen."

Siedlungsgeschichte. Die menschlichen Einwirkungen auf den Waldzustand des inneren Spessarts beginnen erst mit seiner Kolonisation, die mit der Waldbenutzung und damit der Waldbautechnik im Verhältnis von Ursache und Wirkung steht; sie vollzog sich in drei Etappen:

Den Anfang machte die Besiedlung der den Spessart umgrenzenden Mainniederung, des Mainspessarts, die aus der Karolingerzeit, wohl auch aus der Römerzeit datiert. Sie war vor der kurmainzischen Zeit abgeschlossen, erfolgte freiwillig durch eine in der Hauptsache nur Landwirtschaft treibende Bevölkerung in Gewanndörfern, hatte aber keine wesentliche Bedeutung für den abgelegenen, unaufgeschlossenen Wald.

Die zweite Etappe stellt die Besiedelung der nächstfolgenden noch günstig gelegenen Zone des Vorspessarts dar, die auf Geheiß und nach dem Willen von Kurmainz, also zwangsweise sich vollzog in der Form der Streifengutsdörfer (Krausenbach, Heinbuchental, Neudorf, Sommerau, Hobbach, Hessental, Bischbrunn usw.), deren Einwohner Landwirtschaft trieben, daneben aber — das war vor allem die Absicht von Kurmainz bei der Kolonisation — Jagdfronen für die Mainzer Kurfürsten zu leisten hatten. Sie erreichte um das Jahr 1360 ihr Ende. Gleichzeitig damit fand der erste Vorstoß in den inneren, eigentlichen Spessart statt durch die Begründung der Bedienstetenorte Rothenbuch — es wird im Jahre 1318 erstmals, und zwar als Jagdschloß genannt — und Wiesen; er war ausschließlich durch die Jagdbedürfnisse von Kurmainz veranlaßt, das im waldreichsten Innern des Spessarts Jagdangestellte benötigte. Es waren Beamte, Treiber, die Landwirtschaft trat ursprünglich völlig zurück. Die Streifengutsdörfer und Bedienstetenorte hatten wohl Bedarf an Nutz- und Brennholz, an Waldstreu, er war aber infolge der geringen Einwohnerzahl im Anfang nicht bedeutend, konnte von den Streifengutsdörfern an der Peripherie, z. T. in den Gemeindewaldungen und Privathecken leichter und bequemer befriedigt werden, für die beiden Bedienstetenorte schließlich spielte er bei den ungeheuren Vorräten des zentralen Spessarts überhaupt keine Rolle. Erst mit der raschen Bevölkerungszunahme wuchsen die Ansprüche an den Wald und damit der Einfluß auf die Waldwirtschaft.

Eine Gefahr für den Wald, und zwar vom Augenblick ihrer Entstehung an, beschworen die in der dritten Siedlungsetappe, vom 15. Jahrhundert, vielleicht schon Ende des 14. Jahrhunderts, beginnend und abschließend mit der Gründung von Weibersbrunn im Jahre 1688 als südlichst gelegenen, weit vorgeschobenen Posten entstandenen 12 Glashüttendörfer herauf (Ruppertshütten, Wiestal, Heigenbrücken, Heinrichstal, Jakobstal, Habichtstal, Krommental, Neuhütten, Rechtenbach, Frammersbach, Weibersbrunn, Emmerichstal, letzterer Ort außerhalb des Spessarts in unserem Sinne), die Kurmainz im nördlichen Spessart begründete, um in diesem für die Jagd entbehrlichen Gebiete die Holzvorräte gewinnbringend auszunutzen und die Gegend zu bevölkern. Hier lag die Gewinnung und Verwendung der Holzvorräte unmittelbar in der Absicht von Kurmainz. Die Glashütten besorgten das durch ihren Bedarf an Laubholzasche zur Pottaschegewinnung und an Brennholz zur Glasschmelze nur allzu gründlich, schädigten aber gleichzeitig durch ihre extensive Landwirtschaft, besonders die Weidenutzung, den Nachwuchs, durch die Waldstreunutzung nicht nur zum Zwecke der Einstreu in den Stall, sondern auch der Gewinnung von Düngerasche den wichtigsten Produktionsfaktor der Waldwirtschaft, den Boden fast bis zur Grenze der Ertragsfähigkeit und machten so die Laubholzwirtschaft im Lauf der Zeit zur Unmöglichkeit. Die Einführung der Glashüttenindustrie ist somit von integrierender, alles überragender Bedeutung für die Waldbautechnik im Spessart.

B. Die Fragestellung.

Unsere Untersuchung beschäftigt sich nicht mit der Forstwirtschaft im Spessart im ganzen, einem Begriffskomplex, der auch die Forstorganisation, die Verwertung der Forstprodukte, die Abgleichung der Einnahmen und Ausgaben (die Statik), den Forstschutz und insbesondere die Forsteinrichtung neben dem Waldbau in sich schließt, sondern allein mit letzterem. Durch waldbauliche Maßnahmen sucht der menschliche Wille die im „Wald" verkörperten Naturkräfte für seine Interessen nutzbar zu machen; sie finden ihren begrifflichen Ausdruck in den zwecksetzenden Anordnungen des Waldbesitzers, in Verordnungen, Weistümern, Forstordnungen, Wirtschaftsregeln, nach denen in der Praxis in Verbindung mit der Nutzung der Waldprodukte die Wiederverjüngung des Waldes, seine Erziehung und Pflege betrieben wird. Die Vorschriften auf der einen, der praktische Vollzug auf der anderen Seite, der Wille und die Tat, stehen nicht immer im Einklang, ein Gesichtspunkt, der wohl zu beachten ist. Für die wissenschaftliche, geschichtliche Forschung entscheidend kann nur die Absicht, insbesondere die Begründung dieser, des einzuschlagenden Weges sein, nebensächlich sind primär die Fehler der Praxis. Die Eingriffe in den Wald zum Zwecke seiner Verjüngung, Erziehung und Pflege sind technischer Art, sie werden vom Forsttechniker nach einer bestimmten Hiebstechnik ausgeführt und am besten mit Waldbautechnik bezeichnet. Damit soll gleichzeitig der Gegensatz zur Ökonomik betont werden, die nicht in den Kreis der Betrachtung gezogen wird. Die Waldbautechnik umschließt demnach vor allem die Verjüngungsformen des Waldes, seine Erziehung und Pflege durch Durchforstungen, Unterbau. Der Natur des Objektes entsprechend, wird die Methode der natürlichen Verjüngung den Hauptraum beanspruchen. Die künstliche Verjüngung, die zudem erst mit Beginn der 19. Jahrhunderts in ausgedehnterem Maße Eingang im Spessart gefunden hat, hat nichts spezifisch Eigenartiges an sich und entbehrt deshalb des Reizes zur Beschäftigung, der wegen der besonderen Verhältnisse des Spessarts auch der Durchforstungstechnik fehlt.

Die Darstellung der Geschichte der Waldbautechnik im Spessart erfolgt nach Wirtschaftsepochen. Unter einer Wirtschaftsepoche soll eine historische Zeitspanne verstanden werden, während welcher die Waldbautechnik einen besonderen Artcharakter trug, der sie von der vorhergehenden und nachfolgenden Epoche unterscheidet. Selbstredend finden in jeder Epoche Übergänge zu den Grenzepochen statt, aber bestimmend für die Epoche bleibt doch ihre eigenartige, in sich abgeschlossene Waldbautechnik, die mit Epochen politisch wichtiger Ereignisse nicht parallel geht; wenn sie trotzdem zusammenfallen oder wenigstens eine gemeinsame Zäsur haben, so ist das zufällig. Die Anordnung nach Epochen erschien für die bei der Darstellung befolgte kausal=genetische Methode, nach der ein Zustand aus dem vorhergehenden oder einem anderen, nicht forstlichen zu erklären versucht wird, besonders geeignet, aber auch aus anderen Gründen zweckmäßig.

C. Quellen und Literatur.

Quellen. Meine Arbeit stützt sich fast durchweg auf eigene Quellenforschungen, und zwar für die Zeit bis 1814 in den Beständen des Staatsarchivs Würzburg, für die spätere Zeit in den Akten der Regierung von Unterfranken und Aschaffenburg, Kammer der Forsten und der Forstämter im Spessart. Die Durcharbeitung letzterer erfolgte mit Genehmigung des Staatsministeriums der Finanzen, Ministerialforstabteilung, schon in den Jahren 1907 und 1908 aus Anlaß einer anderen Veröffentlichung, jene der Archivalien und sonstiger Urkunden in den Jahren 1922 bis 1924. Es bedarf kaum der Erwähnung, daß sehr zahlreiches Material durchsucht werden mußte, um Anhalte für die insbesondere vor Beginn des 19. Jahrhunderts angewandte Waldbautechnik zu finden; denn soviel über Jagd und Wild, Holztransport und Verwertung, Gegenstände der Forstpolizei geschrieben wurde, über Waldbautechnik ist recht wenig zu finden, und das Wenige steckt zufällig, oft zusammenhanglos unter allen möglichen Betreffen zerstreut, weil die Waldbautechnik weder wissenschaftlich noch praktisch zur Selbständigkeit sich durchgerungen hatte, ihre Kenntnis handwerksmäßig vom Förster auf den Forstlehrling überging, als selbstverständlich vorausgesetzt wurde, auch bei den Kameralisten der Direktionsstellen. Manche Aufklärung geben die Gerichtsakten, in denen die Aussagen der Förster häufig einen Einblick in das angewandte Wirtschaftsverfahren gestatten. Nur als säkulares Ereignis kristallisieren sich in den Forstordnungen und sonstigen Verordnungen bestimmte Regeln aus, die, aus der meist schon länger angewandten und erprobten Technik abstrahiert, als für die Zukunft maßgebend anempfohlen werden. Mit dem Übergang des Spessarts an die Krone Bayern im Jahre 1814 häuft sich das Material allerdings außerordentlich.

Es ist unmöglich, die Quellen im einzelnen anzuführen; in Betracht kommen hauptsächlich die handschriftlichen Ingrossaturbände der Mainzer Bischöfe, die Akten des Mainzer Regierungsarchivs über Forst- und Jagdsachen, die Mainzer Verordnungssammlung, die Spessarter Forstrechnungen, die Gerichtsakten, die Akten der Forstkommission im Staatsarchiv Würzburg, die Forsteinrichtungsakten der Regierungsforstkammer in Würzburg und der Forstämter im Spessart. Die Forstordnungen und einige wichtige Verordnungen der Zeit vor 1800 folgen im Anhang, z. T. in extenso, z. T. auszugsweise mit den für die Waldbautechnik wichtigen Stellen.

Literatur. Entsprechend der Ausdehnung der Waldungen des Spessarts, des wohl größten zusammenhängenden Laubholzgebietes Deutschlands, dann wegen seiner Eigenart und Ursprünglichkeit auf weiten Flächen, des Reichtums an Althölzern, besonders an bis 600-, ja 800 jährigen Alteichen, dem teuersten Handelsholz der Welt, Eigenschaften, die den Spessart von jeher, erst der Jagd halber, später, in steigendem Maße seit Anfang des 18. Jahrhunderts, als hohe Einnahmen abwerfende Staatsdomäne nicht nur zum geschätzten Kleinod, zum Gegenstand großer Fürsorge des jeweiligen Waldbesitzers sondern auch zu einer Weltberühmtheit, schon seit Anfang des 19. Jahrhunderts zum Reiseziel von Forstleuten Deutschlands, ja aller Kulturländer gemacht hat, befaßte sich die Literatur eingehend mit dem Spessart. Aber auch darin ist, von verschwindenden Ausnahmen abgesehen, die Waldbautechnik erst in der neuesten Zeit zu Wort gekommen, in der auch die amtlichen Quellen überreich fließen die ältere Literatur berührt sie meist nur, und das recht oberflächlich oft fehlt der tiefere Einblick in die Geschichte und das Urteil ist schief oder falsch. Viel konnte diese Literatur, so Ausgezeichnetes sich darin im einzelnen findet, meinem Thema nicht bieten. Im allgemeinen behandelt sie, besonders die Zeitschriftenliteratur, Spezialfragen, waldbauliches Detail. Nur Rebel schneidet die meisten brennenden Fragen an und gibt auf 47 Seiten einen geistvollen Querschnitt der gesamten Waldbautechnik der Gegenwart im Spessart. Es sind erschienen

an selbständigen Werken über den Spessart:

St. Behlen, Versuch einer Topographie dieser Waldgegend. Leipzig 1823.

J. L. Klauprecht, Forstliche Statistik des Spessarts. Aschaffenburg 1826.

Der Spessart und seine forstliche Bewirtschaftung. Herausgegeben vom Kgl. Ministerial-Forsteinrichtungs-Bureau. München 1847 und 1869.

„Wirtschaftsregeln für den Spessart", ferner „Die Ergebnisse der ersten Waldstandsrevision für den Spessarter Staatswaldkomplex, abgeschlossen im Sommer 1851" und „Ergebnisse der zweiten Waldstandsrevision usw., abgeschlossen im Herbst 1861" in Heft 2, 6 und 12 der Forstlichen Mitteilungen, herausgegeben vom Kgl. Bayr. Ministerial-Forsteinrichtungs- bzw. Forstbureau, München 1847, 1855 und 1862.

C. Gayer, Die neue Wirtschaftsrichtung in den Staatswaldungen des Spessarts. München 1884.

H. Wolff, Der Spessart, sein Wirtschaftsleben. Aschaffenburg 1905.

K. Vanselow, Die ökonomische Entwicklung der bayerischen Spessartstaatswaldungen 1814—1905. Leipzig 1909.

— Die Staatswaldungen im Spessart. Würzburg 1909.

K. Rebel, Waldbauliches aus Bayern, I. Band, S. 137—184. Diessen vor München 1922.

H. Weber, Die Spessartwaldwirtschaft unter Churmainz. Diss., ungedruckt, München 1922.

Wissenschaftliche Abhandlungen in Zeitschriften, die mit der Waldbautechnik des Spessarts sich befassen:

Anonymus (Gg. L. Hartig), Forstwirtschaftliche Bemerkungen auf einer Reise durch das Vogelsgebirg, das Fuldaische, das Würzburgische und durch den Churmainzer Spessart. Im Jahre 1793. Journal für das Forst- Jagd- und Fischereywesen 1807.

C. Gayer, Über Eichenzucht im Spessart. Monatsschrift für das Forst- und Jagdwesen, 18. Jahrgang. Stuttgart 1874.

C. Gayer, Bestockungswandlungen im Spessart. Monatsschrift für das Forst- und Jagdwesen, 20. Jahrgang. Stuttgart 1876.

Knauth, Die Aufforstung der Laubholzkrüppelbestände im Spessart. Forstwissenschaftliches Zentralblatt, 12. Jahrgang. Berlin 1890.

Sell, Die Eichenheisterbestände im Kgl. Bayr. Forstamte Rothenbuch im Spessart. ibid.

R. Hartig, Untersuchungen über Wachstumsgang und Ertrag der Eichenbestände des Spessarts. Forstlich-naturwissenschaftliche Zeitschrift, 2. Jahrgang. München 1893.

Kraft, Zur Erziehung der Eiche mit besonderer Rücksicht auf den Spessart. Zeitschrift für Forst- und Jagdwesen. 26. Jahrgang. Berlin 1894.

K. Dotzel, Zur Abhandlung des Herrn Oberforstmeisters Kraft von Hannover im 7. Heft der Zeitschrift für Forst- und Jagdwesen 1894 über „Erziehung der Eiche mit besonderer Rücksicht auf den Spessart". Forstlich-naturwissenschaftliche Zeitschrift, 3. Jahrgang. München 1894.

E. (Georg Endres), Die Eichenheisterbestände im Kgl. Forstamt Rohrbrunn. Forstlich-naturwissenschaftliche Zeitschrift, 5. Jahrgang. München 1896.

G. Endres, Die Eichen-Nachzucht im Kgl. Bayr. Forstamt Rohrbrunn (Spessart). Forstwissenschaftliches Zentralblatt, 23. Jahrgang. Berlin 1901.

K. Vanselow, Von der Spessarteiche. Forstwissenschaftliches Zentralblatt, 42. Jahrgang. Berlin 1920.

— Wirtschaftsziele und Wirtschaftsverfahren im Hochspessart. Forstwissenschaftliches Zentralblatt, 45. Jahrgang. Berlin 1923.

— Volkswirtschaft und Wirtschaftsverfahren. ibid.

G. Endres, Eine Lanze für die Eichenwirtschaft im Hochspessart. ibid.

K. Rebel, Eichenwirtschaft im Hochspessart. ibid.

K. Dotzel, Zur Wirtschaft im Hochspessart. Forstwissenschaftliches Zentralblatt, 46. Jahrgang. Berlin 1924.

K. Vanselow, Die erste Forsteinrichtung im Spessart im Jahre 1772. Forstwissenschaftliches Zentralblatt, 47. Jahrgang. Berlin 1925.

— Zwei Forstordnungen aus dem 16. Jahrhundert. ibid.

Diese Literatur wird im Text nicht mehr eigens erwähnt.

2. Die Epoche der Polizeiverordnungen und der Organisation der Forstverwaltung. Der Blenderbetrieb. Anfänge des schlagweisen Hochwalds. Bis zum Jahre 1600.

Solange das große zusammenhängende zentrale Waldgebiet des Spessarts unbewohnt war, hatte Kurmainz keine Veranlassung, für dessen Erhaltung und Schutz besondere Maßnahmen zu treffen. Der geringe örtliche Bedarf der wenig zahlreichen Randbevölkerung konnte leicht befriedigt werden, für die Entstehung und Entwicklung des Holzhandels aber, selbst in das nächstgelegene Maintal, fehlten ursprünglich wegen der Wegelosigkeit alle Voraussetzungen. Die Spessartbäche fanden noch keine Verwendung zur Holztrift. Der Hof zu Mainz hatte reichen Waldbesitz in günstigeren Absatzlagen, aus denen er sich versorgen konnte. Ungestört von Menschenhand verjüngte sich der Wald natürlich wie seit Jahrtausenden. In die stillen Täler und Haine drangen der Hofstaat von Kurmainz und die Grafen von Rieneck nur ein, um den Hirsch, die wehrhafte Sau und den grimmen Wolf zu jagen.

Das alles änderte sich von Grund aus mit der Besiedelung des inneren Spessarts in der zweiten und insbesondere dritten Kolonisationsetappe. Vor allem war es die Glasindustrie, die den größten Einfluß auf die Waldwirtschaft ausübte, ein so gieriger Holzkonsument, daß selbst die schier unerschöpflichen, seit undenklichen Zeiten aufgespeicherten Holzvorräte des Spessarts nicht auf die Dauer ihren Bedarf zu decken schienen. Er äußerte sich in doppelter Weise: einmal benötigten die Glashütten Holz in großen Mengen für ihren Betrieb zur Pottaschegewinnung, einem Hilfsprodukt zur Glasfabrikation, und dann als Brennstoff, Feuerungsmaterial zur Glasschmelze. Aber diese Nutzung ließ sich immerhin regeln, ihre Spuren waren im Walde deutlich sichtbar, jeder Übergriff trat sofort in Erscheinung, bei Gefahr für den Bestand des Waldes, seine Nachhaltigkeit, konnte sogleich Abhilfe getroffen werden. Kurmainz revidierte denn auch alsbald, als Gefahr im Verzug war, seine merkantilistische Wirtschaftspolitik, es ergriff das naheliegendste, aber sicherste Mittel, indem es den Hüttenbetrieb einschränkte und damit die Wurzeln des Übels beseitigte, bevor es sich ausbreiten und den Wald in seiner Existenz gefährden konnte.

Weit schlimmer waren die Einflüsse auf den Wald, die von anderer Seite kamen, die freilich mit dem Glashüttenbetrieb, mit der Kolonisation des Spessarts überhaupt aufs engste zusammenhingen, aber nicht die durchaus notwendige Folge davon hätte sein müssen: es war die Ausbeutung des Waldes in erster Linie durch die Bevölkerung der Glashüttendörfer, später und nicht im gleichen Maße durch die der Bedienstetenorte und der Siedelungen in den Vorbergen des Spessarts, der Streifengutsdörfer, zu ihren eigenen, privaten, landwirtschaftlichen Zwecken. Alle Ansiedlungen hatten bis Mitte des 15. Jahrhunderts ihre Einwohnerzahl stark vermehrt, und proportional damit wuchsen ihre Ansprüche an den Wald. Je weiter sie im Innern des Spessarts gelegen waren, desto rauher wurde das Klima durch die Höhenlage, desto mehr war der Boden das Aufbereitungsprodukt des nährstoffärmeren Hauptbuntsands gegenüber dem fruchtbareren unteren Buntsandstein und den übrigen Formationen (Vorgebirgsformation) in den Vorbergen, desto steiler und ungünstiger war die Lage der Felder am Hang, wo jeder starke Regen und die Schneeschmelze die Ackerkrume abschwemmt und den an sich armen Buntsandstein noch unproduktiver macht. Nach dem baldigen Rückgang der Glasindustrie angewiesen auf den spärlichen Ertrag der Landwirtschaft, suchte der Spessartbauer in seinem harten Kampf ums Dasein aus dem Wald zu holen, was irgendwie der Landwirtschaft frommte, insbesondere erkannte er sehr bald die vorteilhafte Wirkung der Aschendüngung auf die Fruchtbarkeit seiner Felder, und da Holzasche nur zur Pottaschensiederei Verwendung finden durfte, ihr Brand zu anderen Zwecken verboten war, verfiel er auf den Gedanken, die Laubstreu zu sammeln, zu verbrennen und die gewonnene Asche zur Düngung der Wiesen und Felder zu benutzen. Der Gebrauch von Laubstreuasche zur Glasfabrikation war im Spessart niemals üblich, alle derartigen Angaben haben keine Stütze in den Urkunden und sind historisch unhaltbar. Die Idee der Aschendüngung selbst scheint nicht aus dem Spessart zu stammen, Aschendüngung war im Mittelalter auch anderswo vielleicht allgemein verbreitet. Jedenfalls aber waren im Spessart die Bedingungen für ihre Anwendung selten günstig, einmal durch den großen Vorrat des Rohstoffes Streu für die Aschenbereitung, anderseits durch die augenscheinliche Wirksamkeit dieses Kunstdüngers auf dem mineralisch armen, schwer verwitternden Hauptbuntsandsteinboden, an die man im Spessart seit dem Mittelalter bis herein zur Gegenwart wie an ein Zaubermittel glaubt. Daneben fand die Waldstreu von Anfang an Verwendung als Einstreu in den Stallungen als Lager für die Haustiere, weil die Stroherzeugung stets gering war, auch das Stroh, roh und durch Kochen aufgeschlossen, als Rauhfutter diente. Die Nutzung der Waldstreu zu diesem doppelten Zweck war auf die Erzeugungskraft und Nachhaltigkeit des Waldes von viel tiefer greifender Wirkung als die Holznutzung zum Glashüttenbetrieb und zur Deckung des Brenn- und Nutzholzbedarfes der Bevölkerung, welch' letztere sehr bald in geregelte Bahnen gelenkt wurde, während der vernichtende Einfluß der Streunutzung auf die wichtigste Produktionsquelle des Waldes, den Boden, fast zwei Jahrhunderte unerkannt blieb. Nach weiteren hundert Jahren, um das Jahr 1800 erst, gelang dem energischen Dalberg die Beseitigung des Laubaschebrennens; aber inzwischen hatte die andere Verwendungsart der toten Walddecke, als Einstreu in die Stallungen, einen kaum minder schädlichen Umfang angenommen. Seit der Etablierung der Glashüttenindustrie im Spessart zehrte die Streunutzung wie eine furchtbare, schleichende Krankheit, im Gegensatz zur Holznutzung erst nach Menschenaltern an ihren Symptomen kenntlich, am Marke des Spessarts bis in die jüngste Vergangenheit, ja, sie scheint in der Gegenwart bei der ungünstigen Lage der Landwirtschaft und ihren gesteigerten Ansprüchen seine letzte Lebenskraft zermürben zu wollen. Außer zur Deckung des Bedarfs an Streu, an Nutz- und Brennholz benutzten die Bewohner des Spessarts den Wald auch in ausgedehntem Maße zur Viehweide, sie trieben die Schweine zur Mast in den Wald und strebten — das ist die ewige Klage des Waldbesitzers und der Kolonisten — Erweiterungen der Feldfluren an durch Rodung von Neuland.

Das war die Lage gegen Ende des 14. und im 15. Jahrhundert: Starker Bevölkerungszuwachs, nach dem raschen Rückgang der Glasindustrie Not an Geld- und Lebensmitteln, Ausdehnung der Landwirtschaft durch Neurodungen, größere Viehhaltung, steigender Bedarf der vermehrten Bevölkerung an allen Waldprodukten und damit Gefährdung des Waldes und des dem Hof so wichtigen Wildstandes. Kurmainz bekam berechtigte Sorge um die Zukunft seines schönsten Waldbesitzes, und es ist gewiß kein Zufall, daß in jener Zeit die ersten waldwirtschaftlichen Maßnahmen getroffen wurden und von damals die ersten Urkunden stammen, in denen Ansätze zu einer Waldbautechnik zu erblicken sind, zunächst freilich zarte Keime, die lange schlummerten, bis sie sich entfalten konnten. Der Schutz des

Vorhandenen ist naheliegender als ein aktives Eingreifen, die Vorschriften suchten deshalb vor allem die dem Wald von außen drohenden Gefahren fernzuhalten, waren im allgemeinen negativer Natur; es war die Epoche der Forstpolizeiverordnungen.

Das erste und notwendigste aber, die Voraussetzung für den Erfolg letzterer, war die Einrichtung einer sicher funktionierenden Verwaltung über den großen Waldkomplex. Die Organisation mußte den Rahmen spannen, innerhalb dessen alle Verbote wirksam werden konnten. Schon Ende des 13. Jahrhunderts war das „Forstmeisteramt des Spessarts" errichtet worden, in einer Urkunde vom Jahre 1322 wird es erneut erwähnt, aus dem Jahre 1332 ist die erste Ernennungsurkunde des Erzbischofs Gerlach von Nassau an Henne-Geyling, Ritter und Burgmann zu Aschaffenburg, über die Verleihung des Forstmeisteramts zu „Aschaffenburg und über den Wald Spessart" erhalten. Dem Forstmeister zur Seite standen die Förster und reitenden Jäger mit der Verpflichtung, „den Wald zu beforsten und getreulich zu bewahren, schirmen und hüten, so wie es Herkommen ist". Eingehendere Bestimmungen über Organisation und Schutz des Waldes traf dann das sog. Spessarter Försterweistum. Das Jahr seines Erlasses ist nicht bekannt, doch sprechen gelegentliche Erwähnungen in Urkunden und auch der Inhalt für seinen Ursprung aus dem 15. Jahrhundert. Dieses umfangreiche Schriftstück ist so charakteristisch für die damaligen Verhältnisse, daß es im Anhang im Wortlaute folgt. (Vgl. Anhang 1.) Wenn es auch in erster Linie die Regelung der Organisation und der Jagdbefugnisse zum Ziele hatte, so enthielt es doch auch eine Reihe von Vorschriften zum unmittelbaren Schutz des Waldes:

1. Das Roden von Waldland, auch der Waldfeldbau war verboten. Kein neues Dorf durfte gegründet werden, nicht einmal ein „bürgerlicher Bau" neu entstehen, weil jede Neuansiedelung, ja jedes Anwachsen der Bevölkerung neue Ansprüche an den Wald hervorrief und ihn schädigte. Bischof Danielis (1555—1583) erließ sogar einen Erlaß, „daß der numerus der Untertanen zur Conservation der Waldungen restringieret, auch ohne gnädigste Verwilligung in so lange keine angenommen und geduldet werden sollen, bis die dermalige übermäßige Zahl abgegangen und auf den beständig determinierten numerus zurückgefallen sei." Der Wald sollte in seinem Bestand und seiner bisherigen Ausdehnung unversehrt erhalten bleiben.

2. Die Bauholznutzung war von dem Bedarf abhängig und in allen Einzelheiten geregelt; sie war an die ausdrückliche Genehmigung des Forstmeisters gebunden, zur Verhinderung von Mißbrauch die Zeit der Bauholzverwendung vorgeschrieben. Geringwertiges Holz, Urholz, „Ohreholz", das Holz der nicht fruchtbaren Bäume, Dürrholz, das zu Brennzwecken diente, bedurfte gleichfalls der Anweisung, wenn auch der Förster.

3. Die Hauptverbraucher des Holzes und damit scheinbar die größten Waldverderber, die Glashütten, wurden bis auf vier aufgehoben, die verbleibenden in ihrem Betrieb durch Kontingentierung der Arbeiterzahl — vier Knechte, davon zwei Scheider und zwei Aschenbrenner — auf ein vorerst unschädliches Maß eingeschränkt.

4. Die Meilerköhlerei, das Holzaschenbrennen zu Düngungszwecken in der Landwirtschaft wurde beseitigt. Nur der Schmied von Lohr durfte zu seinem eigenen Bedarf gegen bestimmte Gegenleistungen „grobe Kohlen" brennen.

5. Die Ecerich=(Mast=) Nutzung, die im Mittelalter eine bedeutende Rolle spielte, fand ebenfalls ihre Regelung. Über die Weidenutzung wurden keine Bestimmungen erlassen außer der, daß jeder Hüttenmeister zwei Kühe unentgeltlich in den Wald treiben durfte. Die früher begründeten Streifengutsdörfer und die Bediensteten= orte hatten vermutlich uneingeschränktes Weiderecht.

Aus alledem sieht man, mit welcher Sorgfalt die Erzbischöfe von Kurmainz den Spessart betreuten und vor Schaden zu bewahren suchten. Wenn auch waldbautechnische Vorschriften im eigentlichen Sinne im Försterweistum selbst nicht gegeben wurden, so war doch die Einrichtung der Verwaltung und der Erlaß von Forstpolizei= verordnungen die vorbereitende Maßnahme hierzu, der erste Schritt zur Anbahnung einer Technik, die weit früher sich ausgebildet hatte, als sie in Vorschriften zutage tritt. Zerstreute kurze Angaben in Urkunden aller Art, besonders Forstgerichtsakten, Bestallungsurkunden, Berichte über Mißbräuche im Walde an die Hofkammer in Mainz, wiederholte Zitate aus einer verschollenen Waldnutzungsordnung aus dem Jahre 1502 geben darüber einigen Aufschluß. Danach lassen sich in dieser ersten Epoche waldbautechnisch zwei Entwicklungsstadien unterscheiden, die zwar zeitlich aufeinanderfolgten, aber in getrennten Teilen des Spessarts räumlich nebeneinander bestanden:

a) Bis zur Begründung der Glashüttenindustrie war im zentralen Spessart der regellose Blenderbetrieb in Anwendung; man nutzte ursprünglich nach Bedarf dort, wo das benötigte Holzsortiment, das Nutzholz, Bauholz, am zweckmäßigsten zu gewinnen war, in der besten Absatzlage, der bei der Unaufgeschlossenheit des Waldes ausschlaggebende Bedeutung zukam, ohne Rücksicht auf den Nachwuchs, ohne verjüngungstechnische Absicht, nur nach Maßgabe bester Bedarfsbefriedigung. Die Nachhaltigkeit der Nutzung war durch die blenderweise Holzentnahme, die schwach, im Verhältnis zum Vorrat verschwindend war und auch nur Bruchteile des jährlichen Zuwachses im ganzen Walde betrug, sichergestellt. Später wurde diese Regellosigkeit immer mehr eingeschränkt, nicht nur durch die Polizeiverordnungen, die die Anweisung jeder Holznutzung vorschrieben, Fristen und Gebühren dafür festsetzten, Waldschlußzeiten bestimmten, die Nutzung „fruchtbarer Bäume", der Eiche, Buche, des Wildobstes nur ausnahmsweise gestatteten, alles Akte der Wirtschaftlichkeit mit bester Wirkung auch in waldbaulicher Hinsicht, sondern auch dadurch, daß seit Mitte des 16. Jahrhunderts in der Art der Holzanweisung, in der Auswahl der Stämme und des Ortes der Nutzung sich eine gewisse Technik ausbildete, die der Erhaltung des vorhandenen Jungwuchses diente und damit die Wiederverjüngung sichern sollte. In einigen Fällen wird den fruchtbaren Bäumen auch die Funktion der Wiederbesamung neben der Darbietung der Mast für das Wild ausdrücklich zugewiesen. Das aber waren die ersten positiven Maßnahmen im waldbautechnischen Sinn. Wiederverjüngung und Nachhaltigkeit sind zwei untrennbare Begriffe, beides war das klar vorliegende Wirtschaftsziel von Kurmainz, primär und vor allem wegen Erhaltung des Waldes zur Befriedigung des Jagdbedürfnisses, in ganz untergeordnetem Maße zur Versorgung der Bevölkerung mit dem notwendigen Bedarf an Waldprodukten.

b) Mit der Ansiedelung der Glashütten und dem dadurch veranlaßten rasch ansteigenden Bedarf an Holz zur Pottaschenbereitung und industriellen Holzfeuerung wurde dann erstmals im Standortsgebiet der Hütten, im nördlichen Spessart, eine Konzentration der Holznutzung auf bestimmte Waldteile notwendig, und damit geschah der erste Schritt zur schlagweisen Nutzung, der Übergang von der bisherigen Blenderwirtschaft zur Schlagwirtschaft. Angedeutet ist er schon im Försterweistum, wo es heißt, daß die Hüttenleute ihr Holz nur so weit entfernt von der Hütte nutzen sollen, daß sie in die Hütte

Die Epoche der Polizeiverordnungen. Bis zum Jahre 1600. 23

sehen können; aber gegen Mitte des 16. Jahrhunderts wird schon von „Schlägen für die Glashütten" berichtet und damit derselbe Sinn verbunden, wie wir ihn heute noch dem Wort Schlag beilegen. Die Schlagwirtschaft war ja auch in den kurmainzischen, um Erfurt gelegenen Mittelwaldungen und auch in anderen Gegenden nachweisbar schon seit 1494 in Anwendung, im Jahre 1550 befahl sie Kurmainz allgemein in den Gemeinde- und Privatwaldungen seines Bistums, sie war also an sich und im Prinzip keineswegs etwas Fremdes, nur ein auf unversehrte, ursprüngliche „Baumwaldungen", insbesondere im Spessart bisher nicht angewandtes Nutzungsverfahren. Es kam sofort auch in Aufnahme, als die Verhältnisse es erforderten, als die bedingenden Momente, die Voraussetzungen sich so gestalteten wie in anderen Waldgebieten, als der größere Bedarf eine bequemere Befriedigung und eine übersichtliche, geregelte Nutzung erheischte. Dieselbe Problemstellung hatte dieselbe Lösung zur Folge. Es steht ferner nach den Urkunden fest, daß bei dieser Schlagwirtschaft sämtliche Eichen und die Wildobstbäume von der Nutzung verschont blieben; der Begriff der „fruchtbaren Bäume" engte sich damals bereits im Nordspessart auf Eiche und Wildobst ein. Als Grund dieses Überhalts wurde neben der Wildäsung die Ermöglichung der Schweinemast und die Bereitstellung von Bauholz genannt, nirgends aber die Wiederbesamung der genutzten Fläche. Wohl aber finden sich zahlreiche Belege, die den Schutz des vorhandenen Jungwuchses bei der Fällung und Bringung des Holzes anordnen. Im Jahre 1459 wird auch erstmals von einem „Laubmeister" im Spessart berichtet, der „das zu fällende Holz in einem bestimmten Waldteil anwies und die Aufsicht über den Holzhieb zu führen hatte."

Es gilt, diesen schon im 16. Jahrhundert nachweisbaren Unterschied zwischen Nord- und Südspessart zu betonen und festzuhalten; durch die Kolonisation und die dadurch veranlaßte Nutzungsmethode und Waldbautechnik bedingt, verstärkte er sich im Laufe der Jahrhunderte immer mehr. Schon um das Jahr 1700 waren die Bestandsverhältnisse im Industriegebiet viel schlechter als im agrarischen und jagdlich verwendeten Süden, ein Jahrhundert später, um das Jahr 1800, bedeckten Tausende von Hektaren Krüppelbestände den Nordspessart, gegenwärtig aber bietet er mit seiner überwiegenden Nadelholzbestockung ein Bild dar, unvergleichlich der einstigen herrlichen Laubholzbestockung und kaum mehr vergleichbar dem Wald im Südspessart.

3. Die Epoche der Forstordnungen 1600—1773.

Vom breiten Fluß waldwirtschaftlicher Erkenntnis waren, wie aus dem Vorhergehenden hervorgeht, um das Jahr 1600 zwei Rinnsale vorhanden: das eine hatte seinen Ursprung im regellosen Blenderbetrieb; er fand — wie aus Angaben über die Größe der Holznutzung hervorgeht — in so geringem Umfang Anwendung, daß er faktisch merklichen Einfluß auf den Wald im Spessart niemals ausüben konnte, weder bis zum Jahre 1600 noch später, er nahm auch bald eine streng geregelte Form an. Mit der „devastierenden Schleichwirtschaft", dem „unordentlich plätzigen Hauen, das ganze Waldgebiete ausplünderte", hatte er, schon weil die Voraussetzungen, der Holzhandel und starke Besiedlung in der Umgebung, fehlten, nichts gemein. Nur aus schlimmen Erfahrungen in anderen Waldgebieten lassen sich die Schreckgespenste erklären, die Kurmainz aufzeigte, wenn sich um jene Zeit in den Vorschriften die Wendung findet, die später auch in die erste Forstordnung vom Jahre 1666 überging:

„Nachdeme man auch befindet, daß das unordentlich plätzige Hauen, so in den Wäldern hin und wider geschicht, Schaden bringet, dann solche Örter und Plätze zu keiner Heeg gebracht werden können, auch der Wind desto ehender einbrechen, und Schaden thun kan, derentwegen dann ordentliche Gehäw und Schläge angefangen werden müssen: So sollen demnach unsere Forstbeamte über solcher Ordnung dergestalt halten, daß dieselbe Gehäwe also angestellt werden, damit es der Wildbahn und männiglich anhergebrachter Huet und Trifft, so viel müglich unschädlich sey."

Das zweite war der aus der Notwendigkeit konzentrierter Holzgewinnung heraus entstandene Schlagbetrieb, der den Überhalt von fruchtbaren Bäumen in sich schloß. Bei den urkundlichen Berichten über die Anwendung der Schlagwirtschaft in jener Zeit fällt zweierlei auf, eine positive Angabe, daß immer wieder in allen Bestimmungen die Vorschrift wiederkehrt, bei der Fällung und Bringung des Holzes größte Vorsicht auf den Jungwuchs zu nehmen, und negativ der Umstand, daß im Zusammenhang mit dem Schlagbetrieb nicht ein einziges Mal den Überhaltbäumen die Aufgabe der Wiederbesamung der abgeholzten Schlagfläche, die, wie aus gelegentlichen Bemerkungen über den Nutzungsort von Bauholz hervorgeht, nicht unbekannt war, zugewiesen wird. Um diese immerhin sonderbare Erscheinung zu erklären, muß ein Blick auf den Bestockungsaufbau des Spessarts, die Bestandsformen jener Zeit, als menschliche Berührung mit dem Spessart sich erstmals intensiver gestaltete, geworfen werden.

Das Studium der Akten ergibt, daß sich zwei verschiedene Bestandstypen, die naturgemäß durch zahlreiche Übergänge verbunden waren, vorfanden: Im innersten Kern reine oder nahezu reine, mehr oder weniger in sich gleichartige Eichenbestände, äußerlich durch die Durchmesserstärke und Höhe nicht sehr verschieden, in der Hauptsache vielhundertjährige starke Hölzer. Dieser Typ fand sich noch im Jahre 1733, von welcher Zeit sehr eingehende Beschreibungen vorliegen, und rettete sich in seinen letzten Resten bis zur Gegenwart in den noch vorhandenen Eichenlichthölzern durch. Die Tatsache des ursprünglichen Vorhandenseins dieser Hochwaldform mit horizontalem Schluß legt hinsichtlich der Entstehung die Ansicht nahe, daß die Eiche vielleicht stets als gleichartiger Bestand auf großer Fläche vorhanden war, gegen Ende ihres Lebens Hand in Hand mit dem allmählichen Tod einzelner — zuerst der ältesten, kranken, blitzgeschädigten — Individuen und bei der natürlichen Auflichtung des ganzen Bestandes sich auf großer Fläche verjüngte, der Altbestand zugrunde ging, die Verjüngung sich nach und nach ergänzte und im Laufe weiterer Jahrhunderte wieder zu einer gleichartigen, äußerlich scheinbar auch gleichaltrigen Assoziation zusammenwuchs. Daß der Boden dabei verunkrautete, sich vielleicht mit Heidelbeere und Heide überzog, konnte die Eichenverjüngung auf die Dauer nicht verhindern, da die Erfahrung zeigt, daß die Eiche recht wohl darin Fuß fassen und weitergedeihen kann. An lichten Stellen werden sich die Weichhölzer, mancherorts die Wildobstbäume erhalten haben. Im Unterstand aber wuchs üppig die Hasel, die, wie aus einer Reihe von Berichten und aus Namen von Waldteilen hervorgeht, im Mittelalter im Spessart sehr zahlreich vorhanden war, ja örtlich geradezu die Rolle der Buche als Bodenschutzholz unter der Eiche ersetzt zu haben scheint, und als Eindringling mit seinem ersten Vortrupp der neue Usurpator, die Buche. Es war im großen ganzen gesichertes Hinterland mit unbestrittener Herrschaft der Eiche, hier herrschte zeitlich noch die Eichenperiode.

Den Gegensatz hierzu bildeten die im umliegenden Kampfgelände von Buche und Eiche befindlichen Mischbestände dieser beiden Holzarten, wo die Eiche, von der Buche bedrängt, sich nicht mehr ungestört, bald überhaupt nicht mehr oder nur unter ganz besonders günstigen Umständen natürlich verjüngen konnte, aber durch ihre längere Lebensdauer immerhin zäh der Buche sich erwehrte, wenn auch in den Oberstand gedrängt, in lichter Kronenspannung gleich einem Mittelwald mit zahlreichem Oberholz mit fehlenden jüngeren Altersklassen, während neben und unter ihr die schattenfeste Buche blenderwaldartig in allen Altersstufen und Stärken sich eingenistet hatte.

Diese beiden Bestandstypen lassen sich aus den Urkunden des Mittelalters zweifellos abstrahieren. Mehr gleichartige, ja gleichaltrig scheinende Eichenbestände, „lauter schönes Eichenholz", „lauter lichter und masttragender Aichwaldt" — ungleichaltrige und ungleichartige Eichen-Buchen-Mischbestände, „gemengt Holz", „hiebiges, aber gemengt Holz", „schöne Aichen und vermengtes Buchenholz". Nicht ein einziges Mal findet sich eine Angabe von jungem Eichenholz auf belangvollerer Fläche; wo die Eichen älter wurden und verlichteten, siedelte sich in der angebrochenen Buchenperiode unter dem lichten Eichenschirm die Buche an, bevor die lichtbedürftige Eiche Fuß fassen konnte, hielt sich jahre-, jahrzehntelang, bildete zuerst einen lückigen Unterstand, verdichtete sich allmählich und schob sich bei weiterer Lichtung in den Neben-, Zwischen- und schließlich den Hauptstand. Wo aber die Buche ihren Fuß hinsetzt, da wächst ohne menschliches Zutun keine Eiche mehr.

In dem zweiten Bestandstyp, der sich besonders im Nordspessart wegen dessen Lage näher an der Peripherie, von wo die Buche eindrang, vorfand, sehe ich den Schlüssel für die Lösung obengenannter beiden Eigentümlichkeiten. Es bedurfte tatsächlich nur einer vorsichtigen Nutzung eines Teiles des Altholzes, um dem Unterwuchs Licht und Luft zu verschaffen, damit eine neue Generation an Stelle des alten Bestandes zu setzen und die Nachhaltigkeit zu sichern. Es besteht für mich kein Zweifel, daß man ursprünglich nur solche Waldteile zur Schlagwirtschaft bestimmte, die schon mit Vorwuchs unterstellt waren. Daraus erklärt sich die immer wiederkehrende Vorschrift zu sorgfältiger, schonender Gewinnung und Abfuhr, auf die von den ältesten Zeiten an der größte Wert gelegt wurde. Das aber hätte keinen guten Sinn gehabt, wenn die Überhaltstämme den Zweck der Besamung und des Schutzes des Jungwuchses verfolgt hätten. Letztere uns als so wichtig erscheinende Funktionen hatte damals der Überhalt nicht. Er war de facto Schirmstellung, sicherlich nicht absichtlich Besamungsstellung. Erst im Laufe der Zeit, zuerst zu Anfang des 18. Jahrhunderts, als in den Beständen aus noch zu erörternden Gründen der Vorwuchs fehlte, strebte man danach, daß die „fruchtbaren Bäume" auch unbestockten garen Boden besamen, in Verjüngung bringen soll-

Die Epoche der Forstordnungen. 1600—1773.

ten, und in wohl bewußter Absicht noch später, daß sie den Aufschlag durch ihren Schatten biologisch auf das vorteilhafteste für die ersten Lebensjahre beeinflußten. Erst dann waren die Bäume nicht nur deshalb „fruchtbar", weil sie Mast für das Wild und die Schweine lieferten, woher sich ihr Epitheton ornans ableitete, sondern sie wurden fruchtbar im wahren Sinne des Wortes, insofern sie nach Absicht des Wirtschafters Mutterbäume wurden, einer neuen Waldgeneration das Leben schenkten und sie bemutterten. Erst in dieser Zeit zählte man auch die Buche wieder zu den „fruchtbaren Bäumen", nachdem man fast ein Jahrhundert lang diesen Begriff auf Eiche und Wildobst eingeengt hatte.

Die ganze Entwicklung scheint darauf hinzuweisen, daß die Schlagwirtschaft mit Überhaltbetrieb im Spessart ihren Ursprung und ihr Vorbild im Mittelwald hatte. Er war in anderer, dichter bevölkerter Gegend mit milderem Klima aus dem Laubholzurwald aus denselben Gründen entstanden wie der Schlagbetrieb im Glashüttenbezirk des Spessarts. Gesteigerter Bedarf führte hier wie dort zu erhöhter Nutzung, die sich bei unaufgeschlossenem Gelände und primitiven Verhältnissen nur schlagweise, örtlich konzentriert, durchführen ließ, der Übersichtlichkeit und Kontrolle wegen letzten Endes veranlaßt durch die Sorge um Übernutzung, die Wahrung der Nachhaltigkeit. Waren im Mittelwald die Rücksichten auf Erzeugung von stärkerem Holz, von Bauholz für den Überhalt der Oberholzstämme maßgebend, so waren es im Nordspessart jene auf Produktion von Mast zur Wildäsung, dann auch zur Schweinezucht und damit auf die Erhaltung und das Wohl der neu angesiedelten Glasmacher. Nur hinsichtlich der Wiederbestockung der abgenutzten Fläche bestand ein Unterschied von prinzipieller Bedeutung. Hier Stockausschlag, im Spessart aber schon bei der Nutzung vorhandenes Unterholz, Vorwuchs, der freilich, wenn er bei der Fällung und Abfuhr des Holzes beschädigt wurde, schon in jener Zeit auch auf den Stock gesetzt wurde und Ausschläge lieferte. Demgegenüber trug der Blenderbetrieb fast keine Entfaltungsmöglichkeit in sich; für den Spessart wenigstens dürfte es eine spekulative Konstruktion sein, wenn der Schlagbetrieb durch örtliches Zusammenlegen der Einzelnutzung, des Blenderns, entstanden gedacht wird. Die scharfe Antithese, die jene Zeit dem „unordentlich plätzigen Hauen" in der Wirtschaft des „Schlagweishauens" entgegenstellt, spricht dafür, daß man den Blenderbetrieb nicht als entwicklungsfähig erachtete. Es bedurfte der Erfahrung mehrerer hundert Jahre, die im Blenderbetrieb liegenden Keime des Fortschritts zu entdecken, und erst der jüngsten Vergangenheit blieb es vorbehalten, sie als höchste Blüte forstlichen Könnens austreiben und wirksam werden zu lassen. Von den beiden Rinnsalen, die den Fluß der Waldbautechnik speisten, mündet das des alten Blenderbetriebs schon sehr bald, vor dem Jahre 1600, in den zeitlich später entspringenden Lauf des Schlagbetriebes; letzterer nimmt ihn ganz auf, ohne zunächst von ihm Verstärkung und Kräftigung zu erfahren. Diese kommt vielmehr aus dem Schlagbetrieb selbst, auch unbeeinflußt von der Mittelwaldform, aus der er geboren war. Aus dem Überhalt, aus sich selbst heraus entwickelte er seine Gesetze. Nur der Schlagbetrieb muß von jetzt an in seiner Entwicklung verfolgt werden.

Um die Wende des 16. und 17. Jahrhunderts hatte sich im Spessart volkswirtschaftlich abermals eine bedeutende Änderung vollzogen. Der Gesichtspunkt, den Spessart als Einnahmequelle stärker in Anspruch zu nehmen, trat immer mehr in den Vordergrund. Obwohl man mit den Glashütten im Nordspessart so schlechte Erfahrungen gemacht hatte, wagte man doch im Hochspessart erneut den Versuch, mit der Begründung von Glashütten in den entlegenen Bezirken von Weibersbrunn und Rechtenbach sich eine Finanzquelle zu sichern. Freilich war die kaufmännische Grundlage der Betriebe hier eine wesentlich andere; die beiden Hütten wurden als Staatsbetriebe, in Regie geführt, Kurmainz hatte Einfluß auf alle Details und konnte jeder Waldverwüstung vorbeugen; sie nahmen auch keine bedeutende Ausdehnung an. Ihr verderblicher Einfluß war dementsprechend auch ein geringerer. Aber neben der industriellen Ausbeutung an Ort und Stelle kam alsbald ein gesteigerter Bedarf an Holz seitens des Mainzer Hofes selbst und das Streben, durch Verkauf von Brennholz eine Einnahme aus den reichen Waldschätzen des Spessarts zu ziehen. Wegen der fehlenden Wege benutzte man die Spessartbäche zum Triften des Holzes an den Main als die Hauptverkehrsader. Der Schlagbetrieb gewann damit ungeheuer an Ausdehnung und überholte weit den Verlust, den er durch die Einschränkung des Glashüttenbetriebes im Nordspessart erlitten hatte. Sein Anwendungsgebiet, das bei den Glashüttendörfern in einer kreisförmig um die Betriebsstätten gelegenen Zone sich befand, erstreckte sich jetzt auch noch in Streifen entlang den Ufern der Triftbäche, Nutzungszonen, die im Laufe der Zeit immer breiter wurden und erst mit dem Ausbau von

Waldwegen und Landstraßen in ihrer Verbreiterungstendenz zum Stillstand kamen.

Es ist einleuchtend, daß die Waldbautechnik sich in dem Maße vertiefte, als die Ausnutzung des Waldes und damit die Ausdehnung des Schlagbetriebes zunahm. Doch läßt sich an Hand der Urkunden nicht nachweisen, wann die Fortschritte im Wald sich selbst vollzogen; nur die Zeit des Erlasses der Vorschriften ist bekannt. An sie muß sich die Darstellung halten. Da die Vorschriften in dieser Epoche, wenn nicht hauptsächlich, so doch formal in kürzester Form in den sog. Forstordnungen zum Ausdruck kamen, so läßt sich die Zeit von 1600 bis 1773 als die Epoche der Forstordnungen bezeichnen. Für den Spessart wurde die erste Forstordnung im eigentlichen Sinn im Jahre 1666 erlassen; eine bis auf die Einleitung, die die Begründung des Neuerlasses gibt, wörtliche Abschrift stellen jene vom Jahre 1679 und 1692 dar, die im Jahre 1729 auszugsweise als „kurmainzische resp. kurzgefaßte und erneuerte Waldordnung" abermals gedruckt und streng anempfohlen wurde. Deren waldbautechnischer Inhalt erhebt sich wohl nicht wesentlich über den Stand der ersten Epoche, aber er wird durch diese Forstordnungen und ihre Kommentare erstmals genau bekannt. Einen entscheidenden Fortschritt bedeutete aber die Forstordnung vom Jahre 1744, die de lege wenigstens bis zum Jahre 1787 in Geltung blieb, in Wirklichkeit aber in seinen waldbaulichen Bestimmungen mit dem Jahre 1773, dem Inkrafttreten des ersten Forsteinrichtungswerkes im Spessart, und dem Erlaß der General-Verordnung im Jahre 1774 praktisch unwirksam wurde. Hiernach gliedert sich diese Epoche in zwei Abschnitte.

A. Die Zeit von 1600—1730.

Schon im Jahre 1614 oder 1616 hatte Kurmainz eine allgemeine Anweisung für Forst- und Jagdsachen erlassen, die wiederholt erwähnt, aber nicht auffindbar ist, auch in Kurmainz selbst, vielleicht infolge der Kriegszeiten, völlig in Vergessenheit geraten zu sein scheint. Es ist anzunehmen, daß sie hauptsächlich polizeilichen Inhalt hatte, Organisationsfragen und Jagdangelegenheiten behandelte. Der Dreißigjährige Krieg mit allen seinen Hemmungen auf das Wirtschaftsleben verhinderte in der Folge jede Entwicklung. Das erste forstliche Lebenszeichen war dann „deß Hochwürdigsten Fürsten und Herrn / Herrn Johann Philipsen / deß Heiligen Stuhls zu Maintz

Erbischoffen / deß Heiligen Römischen Reichs durch Germanien Erz-Cantzlers / und Churfürsten / Bischoffen zu Würtzburg / und Wormbs / und Hertzogen zu Francken / Waldt- Forst- Jagt- Wild- Weydwercks- und Fischerey-Ordnung. Aufgerichtet und publicirt im Jahre 1666." Diese Forstordnung faßte vermutlich die bisherige Übung normativ zusammen; die in ihr enthaltenen Bestimmungen hatten schon lange, vermutlich seit Einführung der ersten Schläge im Spessart, Geltung.

Um ihre waldbaulichen Anordnungen zu verstehen, ist zu berücksichtigen, daß nach wie vor der Spessart das vornehmste Jagdgebiet von Kurmainz war. In ihm fand die leidenschaftliche Jagdliebe der Erzbischöfe und ihres Hofstaates ihre Befriedigung, in erster Linie aus diesem Grunde, um dem Wild die Eichel- und Buchelmast zu bieten, wurde er mit größter Sorgfalt umhegt, und deshalb war die Nutzung von Eichenholz von alters her im Spessart rundweg verboten. Nur in besonderen Fällen war es dem Forstmeister vorbehalten, Eichenholz in geringen Mengen und dann fast nur in Dürrholz abzugeben. Aus einer Spessarter Forstrechnung vom Jahre 1680 geht hervor, daß in diesem Jahre 1047 Stämme Bauholz und 374 andere Bäume der Bevölkerung überlassen wurden, während man für herrschaftliche Zwecke 305 Stämme benötigte. Unter diesen im ganzen 1726 Stämmen befand sich neben Eichen- auch Buchenholz, das als Bauholz wegen seiner geringeren Dimensionen und besseren Bearbeitungsfähigkeit mehr begehrt war als Eichenholz. Dieser Nutzholzverbrauch ist selbstredend für ein Waldgebiet von nahezu 40000 ha ohne jede Bedeutung und waldbaulich durchaus einflußlos. Die Schonung der Eichen war im 17. Jahrhundert so streng, daß Eichen in Massen im Spessart verfaulten. Andreas Biber, Laubmeister im Spessart, konstatierte noch im Jahre 1733, daß allein „an liegenden, aber lauter abgestandenen, hie und da in diesem gantzen Wald befindlichen rindenlosen Aichbäumen" in dem Wald-Aschaffer, Hainer, Wiestaler, Rothenbucher und Rechtenbacher Forst 82000 Stecken Holz im Spessart sich befinden und als Garnisonholz sofort genutzt werden können, und Georg Ludwig Hartig berichtet vom Jahre 1793, daß zahllose verfaulte oder verfaulende Stämme ihm bei seiner Bereisung des Spessarts den Weg sperrten. Mit der Konservierung aller Eichen und einzelner masttragender Buchen sowie der Wirtschaft auf der Großfläche, also dem Überhaltbetrieb und der Schlagwirtschaft, mußte sich jede waldbautechnische Maßnahme abfinden.

Die Verjüngungsform, wie sie in diesem Zeitabschnitt durch die ersten Forstordnungen[1]) anbefohlen wurde, war demnach schlagweise Nutzung auf der Großfläche mit Überhalt. (Vgl. graphische Darstellung im Anhang 3, Abb. 5.) Als Überhalt kamen in Betracht:

1. die gesunden fruchtbaren Bäume, nach dem Vorhergehenden die sämtlichen gesunden Alteichen und bei ihrem Fehlen als Ersatz masttragende Buchen;

2. gleichzeitig auf dem Morgen 16 Hegereiser in erster Linie von Eichen, wo diese fehlten, ebenfalls von Buchen. Der Begriff „Hegereiser" war dem Mittelwaldbetrieb entnommen und bedeutete Stämme des laufenden Umtriebs — „Laß- oder Hegereiser sind die, welche seit der vorigen Abholzung vom Samen oder vom Stamme aufgewachsen sind" —; die Hegereiser sollten so stufig erwachsen sein, daß sie standfest waren, vom Schnee und Wind nicht „untergedruckt" werden konnten.

Man ging, wie in der ersten Epoche, von der Voraussetzung aus, daß die Schlagfläche beim Hieb mit Vorwuchs so reich bestanden war, daß die sorgfältige Fällung und Bringung des Holzes allein genügte, um die neue Generation zu sichern. Neu ist aber, daß die Nachzucht der Eiche erstmals durch positive Maßnahmen betont wurde, nämlich durch den Überhalt der Hegereiser, indem der Gedanke sich durchsetzte, daß mit der Reservierung der alten fruchtbaren Bäume allein, von denen Jahr für Jahr durch den natürlichen Tod, durch Dürrewerden, Windwurf, Windbruch, Blitzschlag ein Teil ausschied, die Nachzucht der Hauptholzart nicht gesichert sei, vielmehr jüngere Stämme als Ersatz nötig waren ganz wie beim Mittelwaldbetrieb. Zweifellos sah man schon damals, daß Eichenvorwuchs in den Beständen fehlte oder unter dem Schatten des Überhalts sich nur sehr vereinzelt, mehr zufällig, einstellte. Hier war ja der gegebene Ort für die schattenliebende Buche, die sich unter dem Eichenüberhalt wohlfühlte und prächtiges Gedeihen fand.

Erstmals tauchte auch der Gedanke der Durchforstungen auf:

„Vor allen Dingen haben unsere Forst-Beambte in acht zu nehmen / daß an Ort und Enden / wo das junge Gewächs durcheinander stehet / und eins vor dem andern nicht fortkommen kan / sondern verdürbet / die Lattenstangen / Hopffenstangen / Eichene- und Bürdene Reiffstangen / und dergleichen herauß genommen / zu Nutzen gebracht / und dem übrigen Holtz und Stangen zum Fortwuchs gelüfftet und Raum gemacht werde."

---

[1]) Vgl. Abdruck der Forstordnung vom Jahre 1679 im Anhang 2.

Die beiden Bestimmungsgründe für Durchforstungen, Beeinflussung des verbleibenden Bestandes und Verschaffen einer Nutzung durch das entnommene Holz, werden darin klar geschieden.

Das Bild von der waldbaulichen Erkenntnis jener Zeit wäre aber unvollkommen, wenn man nicht kurz auch die zahlreichen Gebote und Verbote berühren würde, die auch in dieser Epoche den Schutz des Waldes bezweckten und unter das Kapitel der Polizeiverordnungen fallen. Mit steigender Sorge sah Kurmainz den Rückgang des Waldes im Spessart überall da, wo stärkere Ansiedlungen waren, insbesondere in der Umgebung der Glashüttendörfer. Aber auch in den in den Verkehrszentren gelegenen übrigen Waldungen von Kurmainz nahm der Holzvorrat sichtlich ab, das Gespenst der Holznot erschien warnend überall in deutschen Landen und wirkte sich auch in zahlreichen Verordnungen für den Spessart aus. Sie lassen sich in dieser Epoche in zwei Gruppen teilen: Die erste Gruppe war auf eine Ökonomisierung des Holzverbrauchs gerichtet. Sie sollte vor allem jedes Holzsortiment dem Zwecke zuführen, dem es am besten dienen konnte, Nutz- und Werkholz wurde streng vom Brennholz gesondert, von letzterem nur das schlechteste zum Kohlenbrennen angewiesen (alte gefallene, ungesunde, krumme, kurze, struppige, knörzige Bäume, Faulholz, Afterschläge); beeidigte Zimmerleute sollten das Nutzholz fällen, weil sie die nötigen Ausmaße und Eigenschaften des Holzes am besten kannten und nicht Stämme gefällt wurden, die nachträglich ungeeignet für die Verwendung waren. Alle Holznutzung auch in dieser Zeit durfte nur auf Anweisung des Forstmeisters, des Laubmeisters oder Försters geschehen und wurde strengstens kontrolliert. Aber auch der Verbrauch des Holzes sollte eine Einschränkung erfahren. Es wurde anbefohlen, die Schindeln auf den Dächern abzuschaffen und an ihrer Stelle Ziegeln zu benutzen, die Umzäunungen der Felder zu schonen, damit nicht zu häufig eine Erneuerung der Zaunstecken und Riegel nötig war, und möglichst durch natürliche Hecken zu ersetzen.

Die zweite wichtigere Gruppe erstrebte unmittelbar die Sicherung der Nachhaltigkeit durch den Schutz des Waldes im weitesten Sinn. Ganz allgemein kommt der Nachhaltigkeitsgedanke zum Ausdruck in Wendungen: wie „die Forstknechte sollen damit umgehen, daß eine beständige Nutzung bestehe und die Gehölze nicht über Ertrag angegriffen werden" oder „durch gebührliche Heegung und Schonung sei ein immerwährender fortgängiger Nutz durch jährliche ordentliche Waldgeding zu erschaffen". Im einzelnen sollte die Nachhaltigkeit

Die Zeit von 1600—1730.

durch Wegräumen von Reisig und Spänen aus dem Jungwuchs, durch schonende Abfuhr des Holzes, Beseitigung der Schleppbüsche und Ersatz durch Hemmketten, durch den Schutz der Jungwüchse vor Weidevieh aller Art und Grasnutzung mittels der Sichel, den Schutz der Stangenhölzer vor frevelhafter Entnahme von Nutzstangen, Anweisung des Holzes möglichst an Orten, wo es am wenigsten Schaden macht, durch Anweisgebühren u. dgl. gewährleistet werden.

Die Entwicklung der Waldwirtschaft um die Wende des 18. Jahrhunderts spielt sich im Rahmen dieser Polizeiverordnungen ab. Viele Aktenbündel sind angefüllt mit Klagen der Forstbeamten über die waldschädigende Tätigkeit der Bevölkerung bei der Holznutzung, Weide, beim Pottaschebrennen, Dutzende von Reiseberichten der zur Inspektion in den Spessart entsandten Kameralisten aus Mainz bestätigen den Rückgang des Waldes und legen seine Ursachen in ausführlichen, z. T. ein sehr gutes Verständnis der naturgesetzlichen Grundlagen verratenden Protokollen nieder. So wurde man erstmals in jener Zeit nach Ausweis der Akten zur Erkenntnis geführt, daß nicht die Holznutzung ausschließlich oder hauptsächlich den unterschiedlichen, viel schlechteren Zustand des Waldes im Nordspessart gegenüber jenem im Südspessart herbeigeführt habe, sondern das Laubaschebrennen und die Streunutzung überhaupt. Hofkammerrat Dilenius führt im Jahre 1720 darüber sehr bemerkenswert aus:

„Damit man gleichwohl erkenne, wie sehr alle Ökonomisten das Brennen in den Waldungen apprehendieren, so tut die Ordnung der oberen und unteren Kurpfalz das Waldbrennen verbieten in Buch- und Eichenwäldern, wo man aber Hackwälder anordnet, da sagt die Ordnung, daß man 10 Schritt um die Bäume das Moos und Reisig hinwegräume, damit das Feuer kein Schaden verursache. In der Bay. Waldordnung, wo die Untertanen weit härter gehalten und ärmer werden als im hohen Erzstift, würde zuvorderst das Brennen verboten, hingegen das Laub zum Unterstreuen erlaubt, jedoch an Orten, wo der Mangel an Stroh sich erzeiget, weil gleichwohl der Nutzen nicht allzeit vermehrt wird, das sich etliche einbilden, daß durch das Abräumen das junge Holz besseren Raum zum Wachsen bekomme, indem die Erfahrung gibt, daß wegen Aufraffen der Blätter den Bäumen ein erprießlicher Dung und in der schneidenden Winterkälte die warme Decke denselben weggenommen werde, als hat man den Unterthanen die Vorsehung gethan, daß man den Unterthanen in etlichen Orten in den Wäldern den Holzmist und das von den Bäumen abgefallene Laub und Reisig zusammenzubringen und wegzuführen erlaubet, so mit dieser Bedingung und Verwarnung hingegen geschehen muß, daß sie sich nicht sollen gelüsten lassen, mit scharfen engen eisernen Rechen dieses zu verrichten, durch welches öfters im Zusammenziehen die jungen Bäumlein samt den Wurzeln ausgerissen werden, sondern sollen es mit stumpfen und hölzernen Rechen verrichten, die weite Zähne haben. Zum andern nicht alles Laub und Genüß von der Erden wegnehmen, sondern nur obenher abräumen und das unterste den jungen Gewüchsen zur Deck und Wärme überlassen."

Die Folge davon waren dann neue kurmainzische Verordnungen. Wir führen im Anhang 4 eine von den vielen beispielsweise im Wortlaut an. Die Häufigkeit dieser Erlasse läßt zwar darauf schließen, daß die Bestimmungen wenig und schlecht befolgt wurden, aber andererseits dokumentiert sich doch darin auch der ernste und bestimmte Wille der Mainzer Regierung, unter allen Umständen mit den erkannten Mißständen aufzuräumen und einen besseren Waldzustand herzustellen. Daß dieses Ziel in zäher Arbeit angebahnt und erreicht wurde, darüber besteht kein Zweifel. Es erscheint deshalb auch fast als selbstverständlich, daß Kurmainz gegen Ende dieses Zeitabschnittes über den weiteren Begriff der Nachhaltigkeit, der nur die Wiederbestockung des Waldbestandes zum Inhalt hatte, hinausschreitend sich zahlenmäßig Rechenschaft ablegte über die Holzvorräte im Spessart, um auf Grund dieser Angaben genaue Disposition über die Nutzung der Zukunft zu treffen, Nutzung und Vorrat in Einklang zu bringen.

Mit dieser Aufgabe wurde der beste Kenner des Spessarts, der Laubmeister Biber, beauftragt, der seinen Wohnsitz im Zentrum dieses ausgedehnten Waldgebietes, in Rothenbuch, hatte, mit allen Verhältnissen aus vieljähriger unmittelbarer lebendiger Anschauung vertraut war und in einem 50 Seiten großen Gutachten mit knappen Worten ein äußerst anschauliches Bild des damaligen Zustandes des Spessarts hinsichtlich Holzart, Altersklassen, nutzbarem Vorrat, Verwendungsmöglichkeit, Abfuhrgelegenheit, Kosten u. dgl. entwirft, wie es kaum für ein anderes Waldgebiet vorhanden ist. Im Anhang 4 lassen wir den Abschnitt über das Revier Rothenbuch in Abschrift folgen; auf den Inhalt selbst werden wir später eingehen.

Die Zeit nach dem Dreißigjährigen Kriege bis zum ersten Drittel des 18. Jahrhunderts war für die Spessartwaldwirtschaft in jeder Hinsicht glücklich und fortschrittlich zu nennen. Sie verdrängte endgültig die Betriebsform des Blenderbetriebs und führte als unbedingtes Erfordernis einer intensiveren, durchsichtigen und nachhaltigen Ausnutzung der Holzvorräte den Schlagbetrieb ein. Doch bei ihm kam sie über die räumliche Konzentration nicht hinaus, selbst die einfachsten technischen Anfänge der Benutzung des Altholzes zur Besamungs- und Schirmstellung blieben verborgen. Aber es lag ein zwingende Notwendigkeit dazu auch nicht vor; denn infolge der natür

lichen Urwaldbestockung, örtlich auch der Anwendung des Blender=
betriebs in früherer Zeit, war der Boden auf den Schlagflächen so
reich mit Buchenjungwuchs bestockt, daß das Hinwegräumen des
Buchenaltholzes und der Überhalt der Alteichen genügte, um einer
jungen Generation zum weiteren Gedeihen zu verhelfen. Diese ein=
fache Waldbautechnik konnte aber von dem Augenblick an nicht mehr
genügen, als die Voraussetzung dazu, das Vorhandensein von Bu=
chenvorwuchs, nicht mehr gegeben war. Das aber war der Fall, als
die ersten Waldteile hiebsreif wurden, die einmal bereits im Schlag=
betrieb verjüngt worden waren. Die ersten Verjüngungen im Schlag=
betrieb im großen geschahen im 16. Jahrhundert; die daraus ent=
standenen Althölzer standen um das Jahr 1700 hiebsreif und hiebs=
bereit für den Abtrieb zur Verfügung. Sie zeigten gegenüber der
Urwaldbestockung eine wesentlich andere Struktur, waren gleich=
altriger, nach der Räumung des Altholzes im Schluß aufgewachsen
und damit gleichartiger, mit relativem Horizontalschluß, auch im
Alter dicht geschlossen, ließen wenig Licht auf den Boden und keinen
Raum für natürliche Verjüngung. Diese Bestände natürlich zu ver=
jüngen, war das Problem des zweiten Abschnittes dieser Epoche.

B. Die Zeit von 1730—1773.

Wie die Verordnungen bisher im wesentlichen polizeilichen Inhalt
hatten, negativ wirkten, so nahm die über die ersten Anfänge nicht
hinauskommende Entwickelung der Waldbautechnik einen passiven
Standpunkt hinsichtlich der Jungwuchsbegründung, der Verjüngung
der Altholzbestände ein: wo Buchenvorwuchs vorhanden war — und
er war, wie wir gesehen haben, in den meisten Urwaldbeständen in=
folge der Art ihrer Entstehung, der Mischbestockung aus Licht= und
Schattholzart, zum Teil auch des früheren Blenderbetriebs vor=
handen, auch die Urkunden erwähnen ihn, B i b e r[1] weist sogar zahlen=
mäßig für den ganzen Spessart die mit Vorwuchs unterstellten Wald=
teile nach, denen auch vom jagdlichen Gesichtspunkte aus besondere
Bedeutung zukam —, da wurden Schläge geführt, wo er fehlte, un=
terblieben sie. Aber schon mit Beginn des 18. Jahrhunderts nahm
letztere Bestandskategorie eine sehr große Fläche ein, besonders im
Nordspessart und entlang den Floßbächen, dort, wo die Schläge zuerst
und in großem Umfang geführt wurden. Die Forstverwaltung kam
in ein sehr unangenehmes Dilemma, indem sie einerseits Brennholz

---

[1] Vgl. Anhang 5.

für den Hof und die Garnisonen von Kurmainz liefern sollte, anderseits Bestände mit Jungwuchs fehlten und der Angriff von Beständen ohne solchen die Gefahr der „Veräsung" mit sich brachte. Der Zwang der Not schuf neue Wege. Die Verlegenheit bewirkte, daß an die Stelle der bisherigen Passivität ein aktives Vorgehen trat, ein Eingreifen in den Wald mit dem Zwecke, auf dem vegetationslosen, nur von Altholz überstandenen Boden den fehlenden Aufschlag planmäßig hervorzurufen, das Altholz zielbewußt zur Besamung der Schlagfläche und zum besseren Gedeihen, zum Schutz des Jungwuchses, also als Mutterbestand und weiter als Schutzstellung zu verwenden. Der Umschwung gegenüber der Vergangenheit war außerordentlich, er bedeutete nichts weniger als das erste Eindringen naturwissenschaftlicher Erkenntnis in die Waldbautechnik: auf Grund seines durch Beobachtung der biologischen Eigenschaften der Holzarten, ihres Verhaltens bei der Naturverjüngung gewonnenen Wissens verließ der Forstmann sich von jetzt an nicht mehr darauf, daß die Natur zufällig waltete, Jungwuchs erzeugte nach ihren Gesetzen ohne menschliches Zutun, den er freistellte und zum neuen Bestand erzog, er war nicht mehr der Diener und Nachläufer der Natur, sondern er versuchte, über die Naturkräfte zu herrschen, machte sie sich dienstbar, leitete sie so, daß sie zu der Zeit und an jenem Ort, wann und wo es der menschliche Wille beabsichtigte, eine neue Generation erzeugte, die er nach bestimmten Regeln ihren biologischen Ansprüchen entsprechend pflegte, bis sie zur soziologischen Selbständigkeit gelangt waren. Früher nur Nutzung bei vorhandener Verjüngung, jetzt Nutzung mit dem Zweck der Erzeugung von Verjüngung.

Wann dieser Übergang stattfand, läßt sich nur ungefähr bestimmen. Ebenso schwierig ist es, anzugeben, ob die Erfahrungen, die dem neuen Vorgehen zugrunde lagen, im Spessart selbst, beim bisherigen Schlagbetrieb gesammelt oder ob sie, in anderen Waldgebieten gewonnen, von außen her in den Spessart gebracht und zur Anwendung empfohlen wurden. Während in den Gutachten der Kammerräte Reigersberg und Dillenius vom Jahre 1719 und 1720 noch keine Anklänge davon zu finden sind, vielmehr alles Heil noch von Polizeiverordnungen erwartet wird, indem der Mangel an Vorwuchs auf die Streunutzung, die Weide, auch die Windwirkung zurückgeführt wird, Momente, die sicher mitgespielt haben, finden sich im Jahre 1725 und insbesondere im Jahre 1733 schon deutliche Hinweise auf die neue Technik; sie muß also in diesem Jahrzehnt allgemein Eingang in den Spessart gefunden haben. Nach den Akten über „Rug- und Förstergerichte in und vor dem Spessart" aus diesem Jahre wurden Holzhauer bestraft, weil sie „Samenbuchen, zu Waldrecht stehen gelassene drei- und vierspältige Buchen, die vom Jäger und reitenden Förster zum Zeichen, daß sie stehenbleiben sollten, gezeichnet und geplättet worden waren" mit anderen Buchen umgehauen hatten. Auch Biber spricht von Jungwuchs und aufstehendem Oberholz, das „für gnädigste Herrschaft" in den nächsten Jahren genutzt werden kann. Klar und bestimmt aber kommt die veränderte Waldbautechnik in der „Kurfürstlich Mainzischen erneuert- und verbesserte Wald-Forst- und Jagd- auch Fischerey-Ordnung" vom 5. November 1744[1]) zum Ausdruck, und zwar in so vorzüglicher Form, daß die viel gepriesene und als Markstein in der Geschichte der Waldbautechnik anerkannte systematische Darstellung G. L. Hartigs in seinem Buch „Anweisung zur Holzzucht", erstmals erschienen 1791, formell wohl, aber inhaltlich keineswegs einen Fortschritt bedeutete. Da die Forstordnung vom Jahre 1744 in den meisten anderen Punkten mit der vom Jahre 1666 übereinstimmt, folgt im Anhang 6 nur eine Abschrift des die Waldbautechnik behandelnden „Achten Kapitels: von Hegung des Holzes" in den wichtigen §§ 9 mit 20.

Hieraus und aus den Erläuterungen, die die Urkunden geben, läßt sich die folgende Darstellung des damaligen Wirtschaftsverfahrens ableiten: an erster Stelle stand

I. Die natürliche Verjüngung.

1. Die Schlagfläche kam zu diesem Zweck in möglichst gleichmäßige Schirmstellung, indem bei der ersten Hiebsführung stehenblieben:

a) die „gesunden fruchtbaren Bäume", wozu vor allem die Alteichen, die „Apfel-, Birn-, Speierlings- und dergleichen wilde Obstbäume" zählten, als Ersatz auch Altbuchen,

b) die „nötigen Heege-Reiser von Eichen und Buchen, darunter aber sonderlich das Eichenholz, so viel zum geraden Fortwachs dienlich" und

c) „hin und wieder gesunde Heister", im Gegensatz zu den Hegereisern, die aus zwischenständigem, schwächerem Holz bestanden, „haubares Holz".

Die Stämme unter a und b hatten analog den Bestimmungen in

---

[1]) Die gleichen waldbaulichen Anordnungen finden sich schon in der Hanau-Münzenbergischen Forstordnung vom Jahre 1736.

dem vorhergehenden Zeitabschnitt den Zweck, als Überhalt in den nächsten Umtrieb einzuwachsen; im Gegensatz zu den früheren Forstordnungen wurde aber die Festsetzung der Zahl der Hegereiser auf 16 Stämme je Morgen fallengelassen und ihre Bestimmung dem Ermessen des Wirtschafters — die „nötige" Zahl — anheimgestellt. Gleichzeitig sollten beide Kategorien auch Samen abwerfen und den angekommenen Aufschlag vor Vertrocknung durch die Sonne bewahren, welch' beiden Funktionen die Heister (c) a u s s c h l i e ß l i c h dienten. Der Überhalt der „fruchtbaren" Bäume geschah aus Gründen der Wildäsung und Mast, der Hegereiser ähnlich wie beim Oberholz im Mittelwald zum Ersatz abgehender Oberholzstämme, aus Nachhaltigkeitsgründen. Entfernt wurden kranke, kümmernde Stämme, „was oben in Wipfeln trocken und dürr und am Stamm hohl wird, weil es von Jahren zu Jahren abnimmt, und endlich gar niederfällt", und alles übrige Holz, soweit es nicht zum Überhalt (a und b) und insbesondere als Schutzstellung notwendig war; sie sollte nicht zu „licht gehauen" werden, „damit die Sonne das Erdreich nicht vertrockne und dem jungen Anflug den Nahrungssaft entziehe". Die Erhaltung der Bodenfeuchtigkeit war also Grund und Maßstab für die Stärke der Schirmstellung; von ihren Elementen war a konstant, b nahezu konstant, im übrigen am einflußlosesten, c variabel.

Der Anhieb einer Schlagfläche sollte in der Regel in einem Samenjahr selbst erfolgen, entweder im Frühjahr vor Samenabfall, wenn die Aussicht auf ein Mastjahr sich durch die Stärke der Knospen anzeigte — dieses Moment wird einmal erwähnt — oder im Herbst und Winter des Samenjahres. Doch scheint die Führung des Anhiebes ohne Rücksicht auf ein Samenjahr nicht ausgeschlossen gewesen zu sein, vielleicht wählte man in sterilen Jahren Bestände mit Vorwuchs aus.

Da man Vorbereitungshiebe nicht kannte, die Bodengare somit häufig fehlte, sollte der Boden durch Eintrieb von Vieh (Hornvieh und Schweinen) für die Mast aufnahmefähig gemacht und die abgefallene Mast durch zwei- bis dreimaliges Durchtreiben der Schweineherde gedeckt werden.

2. Ein Lichtungshieb fand statt, wenn der Aufschlag „ein Knie hoch und drüber erwachsen war und die Austrocknung des Erdreichs nicht so sehr mehr zu befürchten war". Der Hieb entnahm nur Heister (c) und wurde gleichmäßig auf ganzer Fläche geführt, ohne Rücksicht auf unbesamte Stellen; normalerweise sollte er auch der Endhieb sein.

3. Doch sollte ein zweiter Lichtungshieb folgen, „wenn der junge Aufwuchs Manns lang erwachsen", aber nur dann, wenn etwa beim ersten Lichtungshieb Heister übersehen wurden, die zusammen mit dem Überhalt den Jungwuchs zu sehr beschattet hätten oder zum Überhalt ungeeignet gewesen wären, oder Überhälter durch die Freistellung gelitten hatten.

II. Die künstliche Verjüngung war eine sekundäre Maßnahme und diente als Ersatz überall da, wo die Naturverjüngung versagte, in Hutwäldern, auf verhärtetem oder verunkrautetem Boden. Sie wurde ausgeführt

1. durch Pflanzung von Eichen-, Buchen- und Hainbuchen-Wildlingen;

2. durch Saat von Eicheln, Bucheln und Kiefernsamen je nach Standortsgüte, und zwar nach gründlicher Bodenbearbeitung durch Umackern oder Hacken;

3. durch Saat und Pflanzen von Erlen an sumpfigen, nassen Stellen und

4. gelegentlich durch Pflanzen von Eschen und Ulmen.

III. Die Bestandspflege hatte folgende Aufgaben:

1. Verbissener oder sonst beschädigter Aufschlag wurde auf den Stock gesetzt; Dornen „in vollem Safte ausgehauen", damit sie erstickten;

2. junges Stangenholz „bis eines Manns hoch" aufgeastet, „ausgeschneidelt";

3. wenn notwendig, sollte „untüchtige (Weichholz) und unterdrückte Stangen und Krackelholz" ausgeläutert werden;

4. eine Durchforstung in zu dicht stehendem Holz stattfinden, wie schon im vorhergehenden Zeitabschnitt mit dem doppelten Zweck der Einnahmegewinnung durch das genutzte Holz und der Erziehung des verbleibenden, und endlich

5. für Schutz vor Weide und Grasnutzung gesorgt werden.

Die Theorie des Dunkelschlags (Schirmschlags) war somit im Spessart im ersten Drittel des 18. Jahrhunderts in den Grundsätzen hinsichtlich des Besamungshiebes und der Lichthiebe ausgebildet, aber nicht hinsichtlich der dritten Hiebsstufe, des Vorbereitungshiebes, die G g. L. Hartig den Besamungs- oder Dunkelschlag nannte. (Vgl. graphische Darstellung im Anhang 3, Abb. 6). Doch waren Boden und Bestand für die Verjüngung vorbereitende Maßnahmen bei dem damaligen Zustand des Bodens und der Bestände, die erst eine einzige

Wirtschaftsumtriebszeit hinter sich hatten und infolge ihrer Entstehung aus Vorwuchs und ihres immerhin noch unregelmäßigen Bestockungsaufbaus den Boden nicht so dicht abschlossen wie Bestände späterer Zeit, keineswegs unbedingt notwendig, um so weniger, als Eintrieb von Rindvieh und Schweinen guten Ersatz bot. Soweit Begründungen gegeben werden, sind sie durchaus zutreffend. Vom Standpunkt der Gegenwart gesehen, scheinen sie freilich oft lückenhaft und einseitig; so wenn als Funktion des Schirmstandes der Schutz des Aufschlages gegen Frost nicht erwähnt wird. Diese Aufgabe aber übernahm wohl genügend der zahlreiche Überhalt, so daß eine besondere Anführung überflüssig erscheint. Unbekannt war sie nicht. Die Wirtschaftsregeln — von solchen kann man wohl erstmals sprechen — waren sehr freiheitlich gegeben, sie ließen dem individuellen Ermessen des Wirtschafters einen weiten Spielraum. Sie konnten es um so leichter, als die Verjüngungsfreudigkeit der Bestände offenbar weit größer war als später und damit Fehler sich leichter ausglichen. Als zweiter großer Fortschritt — neben der Ausbildung des Dunkelschlags — muß die allgemeine Einführung der Kunstverjüngung betrachtet werden. Im Spessart fand sie aber in diesem Zeitabschnitt noch keine umfangreichere Anwendung; die Urkunden erwähnen sie kaum einmal. Die darüber erlassenen Bestimmungen hatten Bedeutung für den übrigen Waldbesitz von Kurmainz, für den ja die Forstordnung in gleicher Weise Geltung hatte. Für den Spessart kamen wohl auch nur ausnahmsweise die Vorschriften über Aufasten in Betracht.

Es drängt sich die Frage auf, ob diese Lehren sich auch auf die Praxis übertrugen. Waren die Forstmeister, reitenden Förster, Förster und Jäger fähig, sie zu begreifen und erfolgreich zu verwerten? Wenn man die aus Anlaß der ersten bayrischen Forsteinrichtung 1836 bis 1837 angefertigten sehr genauen Beschreibungen von Beständen, die in der Zeit von 1740 bis 1770 etwa begründet wurden, liest, möchte man nicht daran zweifeln, daß die natürliche Verjüngung sich glatt vollzog. Außerdem existieren heute noch Althölzer, wie Abt. Krone, Metzger u. a. des Forstamts Rothenbuch, die aus jener Verjüngungstechnik hervorgingen und unter billiger Berücksichtigung des Alters, der Streunutzung, des Frevels ein günstiges Urteil rechtfertigen. Auch in den unzähligen Protokollen über Waldvisitationen jener Zeit verschwinden die wenige Jahrzehnte vorher häufigen Bedenken über den Nachwuchs vollständig. Freilich, alter, verbutteter

Vorwuchs, Stockausschläge, beschädigte Pflanzen sind in großem Umfang mit dem neu entstandenen Aufschlag in den künftigen Bestand eingewachsen. Aber das stand dem Wirtschaftsziel jener Zeit, der Buchenbrennholzproduktion, nicht entgegen.

Doch ein schwerer Schatten fällt auf das sonst so lichte Bild: In diesem Zeitabschnitt schwoll die stets hochgehende Woge der Jagdleidenschaft der Mainzer Kurfürsten ins ungemessene. Es war die Regierungszeit der beiden jagdlustigsten Herren in der Mainzer Geschichte, der Kurfürsten J. F. Carl von Ostein (1743—1763) und E. J. Breidenbach (1763—1774), die sich jedes Jahr mehrere Monate im Jagdschloß zu Rothenbuch aufhielten, um kostspielige „Prunk-, Lust- und Zeugjagden" abzuhalten, bei denen ganze Berghänge mit Jagdzeug umstellt wurden. Diese übertriebene Jagdliebe hatte die doppelte Wirkung, einmal daß der stark angewachsene Wildstand den Wald schädigte, dann aber noch die weit verderblichere mittelbare — dieser Zusammenhang ist unverkennbar —, daß Kurmainz der Bevölkerung, die durch die Jagdfronen in kaum glaublicher Weise in Anspruch genommen wurde, als Äquivalent dafür außerordentliche Konzessionen in der Ausübung der Waldnutzungen, besonders der Streunutzung, machte, trotz der längst gewonnenen Erkenntnis von ihrer Schädlichkeit. Der Jagd wegen wich die Strenge des ersten Drittels des Jahrhunderts, die dem Wald so segensreich war, immer mehr einer schwächlichen Milde, immer laxer wurden die Polizeiverordnungen gehandhabt, immer stärker die waldschädlichen Eingriffe der Bevölkerung. Damit bahnte sich auch in dem abseits des Industriegebiets gelegenen südlichen Teil des Spessarts, in der Gegend um Hain, Waldaschaff, Rothenbuch, Weibersbrunn, Bischbrunn, ein Rückgang der Boden- und Bestandsgüte an, der schließlich zur Umwandlung in Nadelholz, ähnlich wie im Nordspessart, zwang.

Aber trotzdem, in diesem Zeitabschnitt hat die Waldbautechnik in ihrer Entwicklungskurve den ersten, überragenden Höhepunkt erreicht. Dann senkt sich die Kurve: in der folgenden Epoche trat ein Rückschritt ein. Ihr blieb es vorbehalten, daß die Schwester des Waldbaus, die Forsteinrichtung, einen gewaltigen Schritt vorwärts tun konnte, und ihr Verdienst auf waldbaulichem Gebiet war es, ein Hindernis des Fortschritts beseitigt zu haben, das schon die vorhergehende Zeit störend für den Erfolg ihrer Lehren empfunden hatte, an dem sie aber nicht energisch zu rütteln wagte, den absoluten Eichenüberhalt.

4. Die Epoche der ersten Forsteinrichtung. Der relative Eichenüberhalt. 1773—1790.

Bis Mitte des 18. Jahrhunderts diente der Spessart nach dem Willen von Kurmainz folgenden Zwecken: vor allem der Jagd, in zweiter Linie der Brennholz-, in untergeordnetem Maße auch der Nutzholznutzung für den Eigenbedarf des Hofstaates und der fiskalischen Glashüttenbetriebe und endlich dem Verkauf des Holzes. In letzterer Hinsicht hatte sich allmählich bis zum Anbruch dieser Epoche eine wesentliche Wandlung vollzogen: der Verkauf nicht nur von Brennholz, sondern auch der früher fast unveräußerlichen Alteichen, und zwar vorerst der abständigen, allein entbehrlich scheinenden, als Kommerzialholz, Schiffbauholz an den Rhein, die Niederlande, drängte sich immer mehr in den Vordergrund, weil der große Aufwand des Mainzer Hofes in steigendem Maße Geld benötigte. Wie die Jagd den übertriebenen, absoluten Eichenüberhalt veranlaßt hatte, wie neben dem Bemühen um die Instandhaltung der Wildfuhr die Sorge um die Sicherung des künftigen Eigenbedarfs die Ursache war zum Erlaß der zahlreichen Polizeiverordnungen, um — passiv — den Wald vor Schaden zu bewahren, und später der waldbaulichen Vorschriften, die den Waldbestand aktiv in zur Erfüllung seiner Aufgabe geeignetem, leistungsfähigem Zustand zu erhalten strebten, so drängte jetzt der Umstand, daß seit Mitte des Jahrhunderts infolge der veränderten Zeitläufte, man möchte fast sagen parallel gehend mit der stets dräuenden, wachsenden Geldnot, die reichen Holzvorräte des Spessarts vom Standpunkt der Erwerbswirtschaft, des Verkaufs von Holz als Einnahmequelle für den kaum mehr erschwinglichen Finanzbedarf von Kurmainz angesehen wurden, mit Macht dazu, daß wie schon einmal im Jahre 1733, als Bibers umfangreiches Gutachten entstand, erneut schwere Bedenken auftauchten, ob Vorrat, Zuwachs und Nutzung sich in Harmonie befänden und damit die Nachhaltigkeit der Einnahmequelle gesichert wäre. Kurmainz wollte jetzt den positiven Nachweis, die schriftliche Garantie für die Stetigkeit, ja Ewigkeit der Waldrente. Aus diesem Gedankengang heraus entstand das erste berühmte Forsteinrichtungswerk im Spessart in den Jahren 1766—1772, das auch waldbautechnisch von größtem Einfluß werden sollte.

Die Wirkung ging von der angewandten Methode der Ertrags-

Die Epoche der ersten Forsteinrichtung. 1773—1790.

regelung aus, die auf der primitivsten Grundlage, der reinen Flächen=
teilung, der Einteilung jedes der dreizehn Spessartreviere in so viele
gleiche Jahresschläge, als die Umtriebszeit Jahre umfaßte, beruhte,
ein Verfahren, das in Kurmainz für die einfachen Verhältnisse des
Nieder= und Mittelwalds seit dem 14. Jahrhundert bekannt, geläufig
und erprobt war und nun für den unregelmäßigeren Bestockungs=
aufbau des Spessarts Anwendung fand. Als Umtriebszeit wurden
80 Jahre bestimmt, da die Buche als die Hauptholzart erschien und
man als Wirtschaftsziel vierspältiges Stammholz normierte, das man
in dieser Zeit zu erziehen hoffte. Theoretisch sollte in jedem Revier
jährlich ein einziger solcher Schlag oder Distrikt zum Angriff kommen,
doch reihte man der Absatzlage wegen schon im Forsteinrichtungswerk
jährlich mehrere Distrikte mit Teilflächen zum Angriff ein, die zu=
sammen den nachhaltigen Ertrag liefern sollten. Mit dieser schema=
tischen Festlegung auf kleinere Flächen und den jährlichen flächen=
weisen Hiebsfortschritt verließ man aber die bisherige freie Wirtschaft
auf der ungebundenen Großfläche, man verließ, um diesen aus ande=
rem Anlaß in späterer Zeit entstandenen Ausdruck zu gebrauchen,
die Wirtschaft in Periodenschlägen, wie sie bisher Regel war und wie
sie die seit dem ersten Drittel des Jahrhunderts geübte natürliche
Buchenverjüngung als condicio sine qua non forderte, in Flächen,
deren Größen entsprechend dem Intervall in der Wiederkehr der
Buchenmastjahre ($= a$) ein ebensolches Vielfaches der Jahresschlag=
fläche ($= f$), demnach a f betrugen. Notgedrungen entstand dadurch
ein Konflikt mit der Handhabung der traditionellen Art der Buchen=
verjüngung mit ihren drei Hiebsstufen. Es zeugt für die Tiefe der
Einsicht, daß Kurmainz ihn sofort erkannte und kurz nach Abschluß
des Forsteinrichtungswerkes dementsprechend neue Vorschriften für
die waldbautechnische Behandlung der durch die Forsteinrichtung ge=
schaffenen Jahresschlagflächen erließ; sie erfolgten in der im Anhang
unter 7 im Wortlaut mitgeteilten Generalverordnung, der später
noch einige erläuternde Verfügungen folgten.

Danach gipfelte nunmehr das Verjüngungsverfahren in folgendem:
I. Naturverjüngung.

1. Der im Forsteinrichtungswerk für das treffende Jahr vorge=
sehene Distrikt (Schlag) oder seine Teilfläche kam — ohne Rücksicht
auf ein Samenjahr — in Schirmstellung, die gebildet wurde

a) durch Entfernung „des haubaren Eichenholzes, so den in
80 Jahren wieder vorgehenden Hieb nicht mehr ohne Beschädigung

des hinkünftigen jungen Anflugs oder Stangenholzes auszuhalten, oder wegen seiner Vielheit und allzu dicken Stande den Anflug zu verdämpfen scheinet",

b) durch Stehenlassen der „nötigen" Hegereiser und

c) der zum Fruchttragen tauglichen Samenbäume; „sie sollen nicht zu dick und nicht zu licht stehen belassen, sondern hiebei auf die Lage des Schlages, ob solcher an einem Berge oder auf der Fläche liege, und ob solcher auf der Sommer- oder auf der Winterseite sich befindet, bestens gesehen werden, da in ersterem Falle wenigstens alle 18 bis 20 Schritte ein Samenbaum erforderlich, im zweiten Falle aber alle 22 bis 24 Schritte hinlänglich sind."

Alles andere Material wurde genutzt.

Hegereiser und Samenbäume sollten in dem Bestreben, die Eichennachzucht zu fördern, möglichst aus Eichen bestehen, da „deren Nachwachs sehr selten und unsicher" ist, nur ersatzweise aus Buchen. Wegen Mangel an Eichen dürften in der Regel Buchen verwendet worden sein.

Diese Schirmstellung hatte die Funktion des bisherigen Samenschlags und zugleich

2. des Licht- und Abtriebsschlags, von denen keine Rede mehr ist.

II. Die Kunstverjüngung

trat an Stelle der Naturverjüngung, wenn „in dem zweiten, höchstens dritten Jahre sich noch kein Nachwuchs hervortat", und zwar nach Bodenbearbeitung durch Saat von Eicheln, Bucheln und Nadelholz (Kiefer, Fichte und Lärche) je nach Bodenbeschaffenheit, ausnahmsweise durch Pflanzung von Wildlingen dieser Holzarten; „es wäre sogleich die Veranstaltung zu treffen, daß die öden und lichten Plätze gezackert oder umgehackt, mit dem schicklichsten Samen beworfen, oder letztere, wo solche wegen allenfalls unentbehrlicher Viehtrift nicht in eine Heege gelegt werden können, mit jungen Stämmlein besetzt, folglich diesen mit allnötigen Mitteln schleunigst zu Hilfe geeilet werde."

III. Die Bestandspflege beschränkte sich darauf, „alles Eintreiben des Viehes, Grasen, Mähen und überhaupt, was einem Schlage nur schädlich fallen könnte, schärfstens zu untersagen."

Der Unterschied der neuen Waldbautechnik (vgl. graphische Darstellung im Anhang 3, Abb. 7) gegenüber jener des vorhergehenden Zeitabschnittes ist in die Augen springend. Die starre Schlageinteilung, der Übergang vom Periodenschlag zum Jahresschlag, bedingte bei dem damaligen Stand der Technik auch eine gebundene Wirtschaft. Die Zahl der Hiebe schrumpfte auf einen, den bisherigen Samenschlag zusammen; da er die Aufgabe der Lichtungshiebe mit übernehmen mußte, war in der Stärke der Schlagstellungen ein Kompromiß unter Samen-, erster und zweiter Lichtstellung notwendig, die im ganzen eine sehr lichte erstmalige Schirmstellung zur Folge hatte. In dieser Hinsicht lehnte sich die neue Technik unter Preisgabe der Tradition, besonders der Bestimmungen vom Jahre 1744, reaktionär an die Vorschriften der ersten Forstordnung vom Jahre 1666 und die frühere Übung und in nicht zu verkennender Weise an die Praxis des weitverbreiteten Mittelwaldbetriebes an, dem ja auch das Verfahren der Betriebsregelung entnommen war. Die lichte Schlagstellung ermöglichte eine schärfere Auswahl des Eichenüberhalts, was anderseits die Wirtschaftsabsicht von Kurmainz, den kaum begonnenen, aber schon blühenden Kommerzialholzhandel als willkommene Einnahmequelle zu beleben, gleichfalls forderte. So verschwand der jahrhundertelang streng anbefohlene und mit allen Konsequenzen durchgeführte „absolute" Eichenüberhalt und machte der waldbaulich wie ökonomisch gleich vorteilhaften Maßnahme des „relativen" Eichenüberhalts Platz. Die Schlagstellung war auf ein einziges Samenjahr eingestellt und entsprach nach ihrem Stärkegrad mehr den biologischen Erfordernissen der Eichen- denn der Buchennachzucht. Trat ein Eichen- oder Buchenmastjahr aber innerhalb der dem Anhieb folgenden drei Jahre nicht ein, so wäre die Schlagfläche verunkrautet; dem beugte in folgerichtiger Durchführung des Prinzips die Vorschrift vor, die Kunstverjüngung, und zwar im Normalfall durch Saat, an Stelle der Naturverjüngung treten zu lassen; oft ersetzte sie jedoch Stockausschlag, der dem Kernwuchs durchaus gleichwertig erachtet wurde. Auch hierin dokumentiert sich das Eindringen von dem Hochwald fremden, dem Mittelwald entsprungenen Gedanken; ihm ist auch zuzuschreiben, daß man, wie früher schon in den Hegereisern, so jetzt auch in den Samenbäumen, wenn sie ihre erste Aufgabe der Besamung erfüllt hatten, nichts anderes als einen Ersatz des Oberholzes sah, des Überhaltes, der durch die stärkere Nutzung des Ersatzes auch bedürftiger war.

Aus dieser Gesamtsituation heraus erklärt sich die Waldbaupraxis dieser Epoche, die in unerbittlicher Strenge die viel gepriesenen Wirtschaftsregeln durchführte, und der Zustand jener Waldteile, die damals nach Maßgabe des Forsteinrichtungsplanes zum Angriff kamen und z. T. als lebendige Zeugen noch in die Gegenwart hereinragen. Da die natürliche Verjüngung, wie ohne weiteres anzunehmen ist, oft versagte, begnügte man sich mit jeder Vorwuchspflanze und mit Stockausschlag, den man, da Eicheln und Bucheln zur Saat in Nichtmastjahren schwer zu beschaffen waren, mit Nadelholzsaat zu einer Vollbestockung zu ergänzen suchte. Trat ein Eichenmastjahr ein, so waren die Aussichten für das Gelingen einer natürlichen Eichenverjüngung verhältnismäßig noch am besten, und tatsächlich entstammen jener Zeit die ersten Eichenbestände, die — von der einzigen Ausnahme der später zu besprechenden Altheisterbestände abgesehen — seit dem Jahre 1500, vielleicht seit 1450, im Spessart durch Naturverjüngung entstanden sind. Sonst aber datiert aus jener Zeit, mit dem Jahre 1773 beginnend, die Aufnahme der Kunstverjüngung, der Saat und Pflanzung der Eiche, das Eindringen des Nadelholzes und der Rückgang der Buche — an Hand des ersten Forsteinrichtungswerkes und seiner vortrefflich erhaltenen Karten läßt sich in der Regel einwandfrei nahezu jeder Schlag nachweisen — als Folge des ersten Forsteinrichtungsverfahrens und, als charakteristisches Beispiel, der sogleich unrettbar fast in seine Abhängigkeit geratenen Waldbautechnik. Daß es so kommen mußte, dafür ist die psychologische Erklärung einfach genug: der Blickpunkt war auf die Ertragsregelung, die Sicherung der Nachhaltigkeit gerichtet; sie sollte maßgebend für die Zukunft geregelt werden, das war die Leitidee jener Zeit. Im Hintergrund gedrängt stand schmollend die Waldbautechnik, die, ihrer Alleinherrschaft beraubt, der Ertragsregelung sich fügen und anpassen mußte. Solange letztere aber noch in den ersten Anfängen, in den Kinderschuhen steckte, gelang es nicht, ihre Forderungen mit jenen des Waldbaus ausgleichend und ohne Nachteil für die beiden Partner zu vereinen. Die schon ältere, mehr durchgebildete Waldbautechnik war der elastischere Faktor gegenüber der zur Starrheit neigenden Forsteinrichtung und mußte nachgeben, um so mehr, als technisch wenig verständige Kameralisten in jener Zeit an leitender Stelle standen, denen, übrigens ganz der Zeittendenz entsprechend, an der Nachhaltigkeit des Ertrages, dem Füllen der Kassen, alles, der Technik selbst aber recht wenig gelegen war.

Wie es einen hohen Entwicklungsgrad beweist, daß die Anpassung der Waldbautechnik an das Schema der Forsteinrichtung überhaupt diskutierbar war, der Waldbau sich ein regulatives Verhältnis zur

Die Epoche der ersten Forsteinrichtung. 1773—1790.

neuen Realität der Forsteinrichtung zu erarbeiten strebte, so erscheint es auch als fast selbstverständlich, daß bald nach dem Inkrafttreten der Wirtschaftsregeln ihre Mängel erkannt und Abhilfe zu leisten versucht wurde. Vielleicht glaubte man ursprünglich, die Ursache des Mißerfolges liege nicht in den Bestimmungen der Generalverordnung, sondern in der Unzulänglichkeit der Kenntnisse der Forstbeamten, weil die Frage nach einer Neuorganisation der Forstverwaltung, die freilich dringend notwendig war, in den ersten Jahren nach Inkrafttreten des Forsteinrichtungswerkes eifrigst besprochen wurde und ihre Beantwortung darin fand, daß die Instruktionen der Forstmeister, Oberförster und Revierjäger neue Fassungen erhielten, in denen gerade die Durchführung der neuen Waldbautechnik in der Praxis im Mittelpunkt stand, aber auch die Zahl der Beamten vermehrt und als Novum zwei forsttechnisch gebildete „Waldvisitatores" aufgestellt wurden, nachdem die Institution eines „General-Visitations-Comissario" des gesamten Mainzer Waldbesitzes, der unabhängig von kameralistischer Bevormundung hätte walten sollen, nicht durchdringen konnte. Um die Emanzipation von ihr entbrannte ein Federkrieg; es war besonders der Oberjägermeister Freiherr von Clodh, der mit erfreulichem Mut der Vielwisserei der Kameralisten entgegentrat, so wenn er in einem Gutachten vom Jahre 1773 schon an den Erbischof berichtete: „Die kurfürstlichen Amtskeller, insonderheit die neu angesetzten, haben nicht die mindeste Wissenschaft von dem Forstwesen und verstehen von den Einteilungstabellen nicht so viel, daß sie wissen, was für Nummern und wie viel in jeder gehauen werden solle" usw. Doch fand man bald die richtige Spur wieder: nach einer flüchtigen, wenn auch unglücklichen Existenz von etwas über 10 Jahren waren die im Jahre 1774 aufgestellten Waldbaugrundsätze, wenigstens soweit sie die natürliche Verjüngung betrafen, wieder verlassen, wie aus einer ganzen Reihe von Urkunden hervorgeht. So heißt es in einem „Extractus Protocolli Camerae Electoralis Aulicae de dato Mainz den 7.ten Jänner 1784. Conclusum: fiat Generale an die Kurfürstlichen Beamten: Es seye nochmalen zu erinnern, daß dieselbe bey Anlegung von Waldschlägen in hochstämmigen Buchwaldungen die genaue Beachtung dahin zu nehmen hätten, daß das verkrupte Zeuch und zurückgebliebene Gestengel, sodann die schwere Stämme vorderfamst herausgenommen, die Saamenbäume aber von Mittelgattungsstämmen dergestalten stehen gelassen werden, daß die Äste oben ziemlich zusammen reichen, auch eine ziemlich dunkle Beschatt- und Beschützung sowohl gegen die Frühjahrsfröste als allzustark ausbrennende Sommerhitze verursachen, und dabei zu Mast- und Samenjahren den nötigen Samen abwerfen mögen, und daß auf den Hohen und Sommerseiten, zumal auf schlechtem, kißigtem, sandigem und trockenem, magerem, oder gar lettigt und thonigtem Boden die Saamenbäume tüchter als in Gründen oder tiefen und winterseitigen Lagen auf besserem fetterem Boden stehen belassen würden. gez. Freiherr von Dienheim." Im nämlichen Jahre wurde auch wieder von einer Ausläuterung, einem Lichthieb also, gesprochen, in einem Gutachten wenige Jahre später finden sich folgende höchst beachtenswerte Ausführungen, die auch einen Ausweg aus den starren Jahresschlägen aufzeigen:

„... Endlich muß noch einem Einwurfe begegnet werden, welchen man mir selbst bei einer Unterredung von verschiedenen Entheilungsmethoden wider das Nummerieren der Schläge gemacht hat: nämlich daß es sich oft eräugen könne, daß beim ersten Abtreiben ein dunkelgehauener Schlag das Quantum der nötigen Consumtion nicht ausbeute und dadurch noch ein Schlag angegriffen werden müsse. Bei dem ersten Aushiebe bleiben gewöhnlich so viele Stämme stehen, daß sie mit den Ästen einander erreichen, daß sie dem Boden Saamen genug zum Aufkeimen, Laub genug zur Winterdecke und Schutz genug gegen die große Hitze heißer Sommer geben. (In Thälern, welche Berge beschatten, und auf Einhängen der Winterseite, wo die Sonnenwärme seltener und nicht so wirksam als anderen Orten ist, müssen die Schläge gleich zum ersten Male etwas stärker ausgehauen und durch die Handsaat unterstützt werden. Das erste ist notwendig, wenn die Keime durch die ewige Feuchtigkeit nicht verfaulen sollen, und das zweite, weil sonst zwischen den Saamenbäumen, die um so viel weiter auseinander stehen, sich immer kleine Blößen ergeben, die man am besten im nächsten Spätjahre aus der Hand mit Eicheln und Buchen besaamt). In diesem Zustand bleibt der Schlag so lang von dem weiteren Hiebe verschont, bis die natürliche Aussaat, dann der wirkliche Aufschlag erfolgt ist, bis die Pflanzen gegen Kälte und Hitze erstarkt und belaubt genug sind, und kein Gras mehr aufkommen lassen. Dieses erfolgt nach Lokalumständen im fünften, sechsten oder siebenten Jahre, mithin auch der gänzliche Abtrieb alsdann (aber mitten im Winter) bis auf alle Land- und Schiffsbaueichen, welche bis auf den künftigen Hieb wahrscheinlich aushalten" ... „Ist nun der erste dunkle Aushieb für

Die Epoche der ersten Forsteinrichtung. 1773—1790.

die Consumtion nicht zureichend, so greift man die folgende haubare Nummer an, und notiert in der Eintheilungstabelle, mit wie viel Morgen man in derselben zu Ergänzung der unzulänglichen Nummer nachgeholfen habe. Diese Lücke ersetzt man wieder aus einem mehr als die Consumtion ausbeutenden Schlag."

Überall bekundet sich gegen Ende dieser kurzen, aber sehr markanten Epoche ein neuer Aufstieg aus dem Wellental der Kurve, eine wesentliche Weiterentwicklung in der Ausbildung der Naturverjüngung, des Schirmschlags, die nicht nur in der Überwindung der Vorschriften der Generalverordnung von 1774 sich äußerte, sondern auch einen gewaltigen Schritt über den Kulminationspunkt der vorhergehenden Epoche hinaus machte. Erstmals wurden die Stammklassen und die Stärke der Beschattung genau angegeben; die Lichtungshiebe kamen wieder zur Einführung; das Streben nach natürlicher Verjüngung trat wieder in den Vordergrund; von der übertriebenen Vorliebe zur Kunstverjüngung der ersten Jahre rückte man ab, ohne ihre Berechtigung bei Versagen der Naturverjüngung zu verkennen; durch die Loslösung vom Jahresschlag und dem Übergang zum Periodenschlag bahnte sich wiederum eine freiere, der Naturverjüngung entsprechendere Wirtschaft an. Wenn in einem Akt vom Jahre 1835 bei einem geschichtlichen Rückblick generell von der Zeit von 1770 bis 1814 gesagt wird: „... Ebensowenig wurde selbst die nach dem Alter und den Beständen mögliche Reihenfolge eingehalten. Der Anhieb, auf den nicht selten die ganze Hiebsmanipulation sich beschränkte, traf lediglich Buchenholz, und zwar die schönsten, wüchsigsten Stämme, während die astreichsten, älteren und daher mehr zur Mast und zum Schutze des Wildes geeigneten Stämme belassen wurden. Das Eichenholz hingegen wurde ohne Rücksicht auf Nachzucht zu jener Zeit genutzt, wo sich gerade Liebhaber vorfanden, und dann wohl mit aus beteiligtem Interesse des gering bezahlten Personals die gesundesten, schlanksten, zur Versilberung am meisten geeigneten Stämme gewählt", so ist das Urteil in dieser Allgemeinheit und zeitlichen Ausdehnung als geschichtlich kaum haltbar, zum mindesten sehr stark übertrieben zu bezeichnen. Gewiß war das erste Dezennium nach Abschluß der Vorarbeiten zur ersten Forsteinrichtung waldwirtschaftlich kein glückliches, aber nach dem kurzen Rückschlag begann sehr bald ein an die frühere Vergangenheit anknüpfender und sie organisch weiterentwickelnder Fortschritt: das gilt nach dem oben Angeführten von der Naturverjüngung, besonders aber auch von der künstlichen Verjüngung, die unter besonderen Umständen in der nächsten Epoche ihre gesicherte Grundlegung erhielt, es trifft zu hinsichtlich eines der größten Hemmnisse der gedeihlichen Fortbildung der Waldbautechnik, des in der Praxis immer noch sehr ungeregelten Eichenüberhalts und der verderblichsten aller Schädigungen für den Wald, des wieder in flotte Übung gekommenen Laubaschebrennens zu Düngungszwecken in der Landwirtschaft.

5. Die Epoche von 1790—1814.
Die Grundlagen der künstlichen Verjüngung. Die Regelung des Eichenüberhalts. Die Fortbildung des Schirmschlags.

Das Forsteinrichtungswerk vom Jahre 1773, das in Kurmainz mit großer Begeisterung aufgenommen und nicht nur dort, sondern in ganz Deutschland, ja über die Grenzen hinaus als ein Meisterwerk gepriesen wurde und tatsächlich die Unterlage für eine geregelte Nutzung des Spessarts hätte abgeben können, fand schon im Jahre 1790 oder kurz darauf ein wenig rühmliches Ende. Wenn auch verschiedene andere Ursachen dabei mitwirkten, die sich hätten beheben lassen, ohne daß es nötig gewesen wäre, das Betriebswerk in seiner Gesamtheit fallenzulassen, wie etwa die aufgetretenen Unstimmigkeiten zwischen Hiebsergebnis und Voranschlag, so war für diesen schweren Entschluß doch letzten Endes der Umstand entscheidend, daß Waldbau und Forsteinrichtung nicht auf ein harmonisches Verhältnis abgestimmt waren, daß für die Buchenverjüngungstechnik, den Schirmschlag, die räumliche Ordnung des Jahresschlags nicht paßte, der Übergang zum Periodenschlag nicht gefunden werden konnte, auch der starke Eichenüberhalt immer weniger mit der natürlichen Buchenverjüngung zu vereinbaren war. Die Auflassung des Forsteinrichtungswerkes bedeutete somit einen Sieg der Produktionstechnik über ihre jüngere Schwester, die Betriebslehre, der Natur über die Ökonomik, in deren beengten Rahmen sich der Waldbau nicht einspannen ließ. Diesen tieferen Grund erkannten ohne Zweifel die in der Buchenwirtschaft groß gewordenen und darin geschulten Forstleute von Kurmainz auch, es blieb aber einem Fremden, dem Markgräflich Badischen Oberforstmeister von Tettenborn vorbehalten, das scheinbar so gut fundierte Gebäude des Forsteinrichtungswerkes zu Fall gebracht und damit auch äußerlich den Anlaß zu einer ruhigen Weiterentwicklung der Waldbautechnik gegeben zu haben.

Tettenborn, der in dem Rufe eines sehr tüchtigen Forstmannes stand, und, nach seiner Tätigkeit im Spessart zu schließen, dieses Urteil vollauf verdiente, wurde von dem in peinliche Verlegenheit geratenen Kurmainz berufen, um über verschiedene ihm vorgelegte Fragen über das Forsteinrichtungswerk des Spessarts ein Gutachten abzugeben, darunter auch über die des Eichenüberhalts und der Buchenwirtschaft. Dieser Aufgabe unterzog er sich mit dem unbefangenen Blick des nach keiner Seite gebundenen, von der Vergangenheit unbeeinflußten, nur der Sache dienenden Unparteiischen — es war ein glücklicher Gedanke und ein guter Griff des Kurfürsten und Erzbischofs Emmerich Josef, einen fern stehenden, unabhängigen, von dem damals im alternden Kurmainz in hoher Blüte stehenden Bureaukratismus und Nepotismus nicht angekränkelten Mann zu bestimmen und erforderte nicht gewöhnlichen Mut — und er legte in einem 247 Seiten langen „Waldbesichtigungsprotokoll der Churfürstlich Mainzischen Waldungen des Spessarts im Jahre 1790" außer den forsteinrichtungstechnischen auch seine auf örtliche Befunde gestützten waldbaulichen Ansichten nieder, die sofort als verbindlich für den Spessart erklärt wurden. Sie erstreckten sich auf den Eichenüberhalt, die Buchenumtriebszeit und die Kunstverjüngung.

Hinsichtlich des Eichenüberhaltes lautete sein Urteil:

„Mehrere Reviere des Spessarts besitzen einen solchen unendlichen Reichtum an Eichenholz, daß nicht nur allein wenige dergleichen in Deutschland anzutreffen, sondern auch wegen diesem Umfange die Wertbestimmung der Eichen sehr schwer erscheint. Diese alten Eichenvorräte haben durch Nichtbenutzung schon viele Hunderttausende an Wert verloren, und werden wegen ihrer Abständigkeit, bei täglicher Abnahme, noch viele Hunderttausende verlieren. Denn der Spessart war ein Urwald, die riesenhaften Eichen stunden in geschlossenen Hölzern, unter welchen sie gedrungen aufwuchsen: daher ihre unbeschreibliche Länge und gerade Schäfte: das Laub blieb liegen: der Wildstand war in damaligen Zeiten wegen den vielen in Deutschland vorhandenen Raubtieren sehr geringe. Umstände, die sich jetzt ungemein geändert haben. Die Waldgegend ward bevölkert, übler Forsthaushalt lichtete die Waldungen, den Rest gab der vermehrte Wildbestand und der Streubedarf, daher der täglich zunehmende Abgang dieser Hölzer nicht mehr zu wundern.

Jede Ersparniß mit ihnen ist aber höchst unwirtschaftlich, denn wer ist mir Bürge, daß die täglich so schnell abnehmenden alten Eichen die Zeit aushalten, wohin ich deren Antrieb ersetzen will: bis sie die Reihenfolge des Hiebes trifft, wird der Nutzholzgehalt verschwunden seyn und ihr Gewinn nur untaugliches Scheidholz abwerfen.

Man hat oberflächlich (ganz bestimmt mehr) in dem Spessart 161 800 abgängige Holländer- und Nutzstämme gezählt; wollte man deren Umtrieb auf 300 Jahre setzen, so kämen auf das Jahr 539 Stämme. Welcher Vernünftige wird aber solche Vorschläge machen, denn noch zwanzig bis dreißig, höchstens vierzig Jahre halten dergleichen Stämme aus. Die Veräußerung des abgängigen alten Eichenholzes ist daher unbedingt nötig, wenn irgend noch etwas damit soll gewonnen werden; es kann auch deren Aushieb um so eher geschehen, da nach der obenstehenden Tabelle der noch im Wachstum stehende Eichwald aus 281 500 Stück junger Stämme besteht, worunter die angehende Bäume schon eine zu jedem Gebrauch taugliche Größe erreicht haben. Da nun die meisten angehende Bäume noch dreißig bis vierzig Jahre im kräftigen Wachstum stehen, auch fernere siebenzig bis achtzig Jahre vollkommen gesund bleiben, und bis dahin das ganz geringe Holz angewachsen seyn wird, so mag dem Walde nicht zu viel geschehen, wenn jährlich 3000 bis 4000 Stämme zum Abhiebe gelangen.

Fängt man dabei an, auch einige Kosten auf Wiederemporbringung der verödeten Distrikte, auf Eichelkämpe x zu verwenden, so wird nach 100 Jahren mehr Holz im Spessart seyn, als bei dieser allzugroßen Wirthschaft des Eichenholzes wirklich da ist."

Bei seinen Erörterungen über die **Buchenwirtschaft** lehnte Tettenborn die 80jährige Umtriebszeit und die darauf aufgebaute Schlageinteilung ab, äußerte ganz allgemein Bedenken über die Festsetzung einer einheitlichen Umtriebszeit für Gebiete größeren Umfangs mit den unvermeidlichen Standortsverschiedenheiten, kam aber als ein Mann, der vermutlich der Buchenwirtschaft ferner stand, dem in der Anwendung des Schirmschlags auf Jahresschläge liegenden Kardinalfehler nicht auf den Grund; vielleicht auch — und das ist wahrscheinlich — war die Praxis über die Bestimmungen der Generalverordnung vom Jahre 1774 bereits hinausgewachsen und eine Diskussion damit überflüssig geworden. Tettenborn geht auf die Frage der Buchennachzucht nicht ein.

Um so vollständiger und sicherer ist sein Urteil über die **künstliche Verjüngung.** Er entwirft einen Kulturplan für die dreizehn Forstreviere des Spessarts mit Angabe der jährlichen Kulturfläche, der dazu notwendigen Samenmenge, ausgeschieden nach Holzarten (Lärche, Rottanne und Kiefer) und der Kosten, und äußert sich in zahlreichen Wiederholungen über die Kunstverjüngung, wovon einige Proben nur folgen mögen:

„Unter den Verbesserungen des Forstwesens behauptet Aussaat und Pflanzung die erste Stelle. Manche Forstbediente scheinen diesen Wert nicht anzuerkennen. Unkunde geprüfter Grundsätze und die daraus entstehenden mannigfaltigen Fehler und verkehrte Behandlungen scheinen diesen Kaltsinn veranlaßt zu haben. Der Forstmann muß seinen Boden und die für denselben schickliche Holzart genau kennen, von den mächtigen Vorteilen überzeugt sein, die zumal die Einmischung anderer Holzarten unter die nicht allzu dick von der Natur angeflogenen Hölzer gewährt."

„Wohl weiß der Forstmann, daß Eichen, allein gesäet, den langsamsten Wuchs machen, vermischt man sie aber mit anderen Holzarten, so werden sie diesen gleich wachsen. Es ist daher leicht zu erachten, daß die in dem Spessart angelegte Eichenkämpe nie den Wuchs erlangen werden, den man sich von ihnen versprechen könnte, wenn sie mit Lerchen, Rotthannen und Forlen gemischt wären, die im Bischbrunner Revier einen so unglaublich schönen Wuchs haben. In den Revieren Bischbrunn, Rohrbrunn, Altenbuch, Krausenbach, Rothenbuch, Lohrerstraß und im Waldaschaffer Reviere erfordert die starke Wildfuhr, daß die nach obiger Tabelle bestimmt anzusäende Flächengröße umzäunt werde. Die einzuzäunende Distrikte sind wund zu machen, mit Spätjahr, wenn es Eicheln gibt, mit solchen, im Frühjahre darauf mit den drei Sorten Nadelholzsaamen und mit Hafer zu besäen, welcher letztere im ersten Jahre, wenn er hoch abgeschnitten, gegen die Winterkälte schützt.

Trifft die Besaamung Distrikte, wo noch altes Eichenholz vorfindlich, kann es zur Besaamung und Beschattung einige Jahre belassen, hiernach bei Schnee herausgehauen und abgeführet werden. Diejenige Eichbäume, die man aber glaubt, daß sie 100 Jahre noch aushalten und zuwachsen, bleiben unangetastet, damit, wenn Nadelhölzer einmal ausgehen, man starke Hauptbäume habe, die den Distrikt wieder verjüngend in Hochwald umwandeln."

„Mit den schon angelegten Eichenkämpen könnte der Anfang gemacht, unter die schon aufgegangene junge Eichen Nadelholz im Frühjahr auf abgehenden Schnee gesäet werden: man würde dann in einigen Jahren viele Rotthannen, Lerchen x erziehen, womit man nach 4 Jahren große Strecken bepflanzen könnte."

„In Betreff der degrabierten Forste Heinrichsthal, Schöllkrippen, Sailauf, Wiesthal und Hain, so können wegen zu großer Ausdehnung die zu besäende Distrikte bei ihnen nicht zugemacht werden: hier bleibt nichts übrig, als die Saat mit Rotthannen und Forlen in die Heide, doch ganz dicht zu veranstalten, an welchem guten Erfolge gewiß nicht zu zweifeln, da die Heide den jungen Pflanzen in der ersten Jugend denjenigen Schutz gegen Hitze und Kälte gewährt, so an anderen Orten die Mitsaat des Hafers erzeugt. Einzig und allein dürfen diese öde Plätze der letztgenannten Reviere nur mit Nadelholz in Stande gebracht werden, weil solches durch den Abfall der Nadeln den Boden bessert und ihn zur Tragung des Laubholzes wieder tauglich macht."

„Sobald der Same hervorkeimt, werden die abgängigsten Standbäume ausgehauen, die übrigen, welche mit dem Nadelholz ausdauern, bleiben stehen, um Saamen zu künftigen Laubholze zu haben. Die mit Moos überwachsenen Stellen werden vor der Besaamung mit dem Rechen gereinigt und die mit Gras überzogenen umgehackt und alsdann besäet, 18 bis 20 Pfd. Saamen, halb Rotthannen, halb Forlen auf den Morgen."

„Es findet sich eine Menge holzleerer, blos mit unbedeutendem Buschwerk bewachsene Plätze. Am vorteilhaftesten wäre es, diese schlechte Distrikte zu

Nadelholz umzuschaffen. In dem Falle würde sogleich bei abfallendem Laube abgehauen, das Reisig distriktsweise verbrannt und die Asche auf die zu besäende Plätze umhergestreut und alsdann eingesäet, das Frühjahr darauf."

Das Hauptverdienst Tettenborns lag aber weniger in diesen wohl ausgezeichneten waldbaulichen Ausführungen als vor allem auf anderem Gebiet: er sah nicht nur den tatsächlichen, auf weiten Flächen verwahrlosten Zustand des Spessarts und erkannte seine Ursache — darin unterschied er sich kaum von den kurmainzischen Forstbeamten —, sondern er war der erste, der den Mut zum offenen Bekenntnis dieser Wahrheit hatte, den Mut, Kurmainz zahlenmäßig nüchtern darzustellen, welche Wirkung die von ihm besonders im letzten halben Jahrhundert befolgte Agrar= und Forstpolitik, die mangelhafte Handhabung des Forstschutzes, die Übergriffe der Bevölkerung in der Streu= und Weidenutzung und als der Übel größtes und tiefster Grund für alle anderen Schäden die Jagdleidenschaft des Mainzer Hofes, die übertriebene Wildhege und der ungeheure Wildstand auf den Wald ausgeübt hat. Wie beweiskräftig Zahlen sind, zeigte der Erfolg: es fiel Kurzmainz wie Schuppen von den Augen, das Gutachten wirkte wie ein Blitz aus heiterem Himmel, seit Tettenborns Anwesenheit im Spessart begann eine neue Ära in der Mainzer Forstverwaltung in all ihren Verzweigungen, wozu freilich die besonders günstigen übrigen Zeitumstände das ihre beitrugen. Kurmainz wurde in die große Politik gezogen, sein Geldbedarf steigerte sich von Jahr zu Jahr, das große Holzreservoir des Spessarts bildete das Rückgrat seiner Finanzen. Die Jagd schied als Wirtschaftszweck des Spessarts aus, nachdem sie ein Jahrtausend lang so einflußreich gewesen war und gerade in den letzten Jahrzehnten ihrer Herrlichkeit die üppigsten Blüten getrieben hatte; die Ausbeutung des Holzes im großen Stil setzte ein. Die eben der Jagd wegen seit der Kolonisation des Spessarts aufgespeicherten Alteichenvorräte, diese zu Schiffsbauholz, als „Holländerholz" begehrte und teuer bezahlte Handelsware, wurden genutzt und verwertet, soweit sie nur absetzbar waren. An Stelle der von Tettenborn vorgeschlagenen Nutzungsquote wurden 6000 bis 8000 Stück Alteichenstämme je Jahr gefällt. Die Brennholznutzung wurde gleichfalls gesteigert; sie erreichte eine Höhe von durchschnittlich 23 400 Klafter gegenüber der Hiebsatzfestsetzung des Forsteinrichtungszweckes vom Jahre 1773 mit 17 926 Klafter und dem Vorschlag Tettenborns von 9504 Klafter. Diese „Exploitation" im eigentlichsten Sinne des Wortes setzte sich in der folgenden Zeit fort, als der altehrwürdige, aber innerlich doch morsche Bau des Mainzer Kurstaates im Jahre 1803 zusammenstürzte, an seine Stelle das kurzlebige Fürstentum Aschaffenburg und später das Großherzogtum Frankfurt trat, als der geniale Karl von Dalberg, Kurerzkanzler und Fürstprimas, für seine weitblickenden außen- und innenpolitischen Ziele reicher Mittel bedurfte. Während man so den Spessart als reiche Einnahmequelle erst recht schätzen lernte, wuchs rückwirkend im selben Maße das Interesse an seiner Erhaltung und der Nachhaltigkeit der Nutzung, das in erhöhten Aufwendungen für die Kunstverjüngung unproduktiver Flächen, in der Sorgfalt und Pflege der Naturverjüngung, in seinem Schutz vor Schädigungen durch Menschen und Jagd zum Ausdruck kam. Als der Spessart im Jahre 1814 an Bayern überging, war die Waldbautechnik im Vergleich zum Stand im Beginn der Epoche mächtig vorangeschritten:

1. In der natürlichen Verjüngung der Buchenbestände war man nach dem Rückschlag im Jahrzehnt 1773/1783 zu den alten, aber doch in vielem verbesserten und schärfer gefaßten Grundsätzen in Anlehnung an die Forstordnung vom Jahre 1744 zurückgekehrt. Der 80jährige „Stangenholzbetrieb" wurde verlassen, die Umtriebszeit auf 140 Jahre festgesetzt. Nach dem Erscheinen der Schrift von Gg. L. Hartig, „Anweisung zur Holzzucht für Förster", 1. Aufl. 1791, 6. Aufl. 1808, sprechen die Verordnungen ohne weiteres von Samenhauungen nach den Hartigschen Prinzipien und verweisen die Forstbeamten unmittelbar auf diese Schrift und die darin vertretenen Lehren. Der Jahresschlag war längst erlassen, „es ist schlechterdings nötig, die Hauungen so wenig zerstreut wie möglich anzulegen, und das in jedem Forste jährlich zu fällende Holz an einem, zwei oder drei Orten, nach Maßgabe der Umstände zu hauen", der Hieb konzentrierte sich wieder auf den Periodenschlag, Dunkel-, Licht- und Abtriebsschlag erfolgte nach den Regeln Hartigs, der schulgerechte Schirmschlag hatte endgültig Eingang gefunden. (Vgl. hierzu die graphische Darstellung im Anhang 3, Abb. 8.) Nur an einem Übel krankte die Wirtschaft noch stark, das sich aus der Vergangenheit vererbt hatte, an der wahllosen Benutzung des Vorwuchses zur Neubegründung der Bestände.

2. Mit dem Wegfall der Jagd und dem steigenden Geldbedarf des Waldeigentümers verschwand, in der Theorie wenigstens, auch der bisherige „relative" Eichenüberhalt als Wirtschaftsziel immer

mehr; er beschränkte sich schließlich auf einige „jüngere Eichstämme pro Morgen", also einen Teil der bisherigen Hegereiser. Damit aber konnte die natürliche Buchenverjüngung sich erst wahrhaft frei entfalten. Praktisch war es freilich oft noch schwer, die Anordnung, beim Abtriebsschlag auch die überständigen Alteichen zu nutzen und zu verwerten, durchzuführen, weil sich häufig keine Kaufliebhaber fanden. Dann mag wohl der später gerügte Fall eingetreten sein, daß „die Hiebe sich auf die Nutzung des immer noch bloß in großen Partien und ohne Rücksicht auf wirtschaftliche Zweckmäßigkeit verwerteten Holländerholzes beschränkten und dann — reine Finanzspekulation — immer nur die schlanksten, kräftigsten und astreinen Stämme traf, während die Reinigung an dem minder wertvollen und dem Jungholze bei weitem schädlicheren, abständigen Oberholze, keinen bedeutenden Geldgewinn gewährend, versäumt blieb". Da die Nutzung der Alteichen die Nachhaltigkeit in Frage stellte, die nunmehr auch durch den Überhalt der wenigen Hegereiser nicht mehr garantiert war, so datiert aus jener Zeit als unmittelbare Gegenwirkung erstmals der Gedanke der planmäßigen künstlichen Nachzucht der Eiche, und zwar auf der Großfläche durch Saat, ausnahmsweise nur durch Pflanzung. Aus dieser Epoche stammen denn auch die ältesten Eichenkulturen im Spessart (Weißer Stein, Eichrand des Forstamts Rothenbuch).

3. Ebenso gewann die Kunstverjüngung der Nadelhölzer an Ausdehnung, und zwar im allgemeinen in Befolgung der von Tettenborn angegebenen Saatmethode. „Pflanzungen jeder einheimischen Holzart findet man zwar einige, jedoch immer ohne größere Flächenausdehnung und ohne Belang." Fast in jedem Revier wurde eine eigene „Baumschule und im Revier Rothenbuch sogar eine Pflanzung exotischer Holzarten zur Erforschung jener Holzarten, deren Anzucht dem Spessarts-Klima entsprechen möchte", angelegt.

So stand die Waldbautechnik auf fester, sicherer Grundlage; weniger der Ausbau, denn die verständige Anwendung im Walde, den Vollzug zu garantieren, war die nächstliegende Aufgabe des bayrischen Staates, die er auch in einer gründlichen Reorganisation der Forstverwaltung im Spessart, im Ersatz der übernommenen Jäger durch vorgebildete und geschulte Forstbeamte zu lösen suchte.

Die alte Zeit schließt mit Karl von Dalberg ab. Gleichzeitig leitet er, wie politisch, so auch forstwirtschaftlich, über in die neuere Zeit und zur Gegenwart, nicht nur in Theorie und Praxis der Waldbautechnik, sondern unmittelbarer und lebendiger dadurch, daß zahlreiche jetzt vorhandene Bestände noch seine Regierungszeit miterlebt haben, sie und andere in dieser Zeit begründete zum größten Teil die Verjüngungsbestände von heute darstellen oder wie die ältesten Eichenstangenhölzer Gegenstand besonderer Aufmerksamkeit des gegenwärtigen Wirtschafters sind. Bevor der Fluß der Entwicklung weitergleitet, soll aber eine Rast gemacht werden, um rückwärtsblickend den Erfolg der Vergangenheit abzuwägen und den tatsächlichen Zustand aufzuzeigen, in dem der Spessart an Bayern kam.

6. Rückblick. Kritik. Hemmungen der Wirtschaft. Der Tatbestand im Jahre 1814.

Hätte die Waldvegetation sich ungestört weiterentwickeln können, wäre der Spessart sich selbst überlassen worden, so wäre er allmählich in ein reines Buchengebiet übergegangen, in dem in der Gegenwart noch einzeln, horst- und bestandsweise die uralten Eichenriesen der Vergangenheit mit dürren Astspitzen über das Buchenmeer emporgeragt hätten, bis auch sie durch den natürlichen Tod, durch Sturm und Blitzschlag endgültig und ohne Nachkommen den Platz geräumt hätten, den sie jahrtausendelang behauptet hatten. In diesen natürlichen Entwicklungsgang aber hat der Mensch abändernd eingegriffen. Der „wirtschaftende" Mensch hat die Waldnatur in seinen persönlichen Dienst gespannt, er hat sie zu seiner Bedarfsbefriedigung benutzt und aus Selbsterhaltungstrieb, Sorge für die Zukunft gleichzeitig Maßnahmen für die Wiederverjüngung des Waldes, die Dauer der Möglichkeit der Bedarfsdeckung, die Nachhaltigkeit des Waldertrages getroffen. Welcher Art sie waren und welchen Beweggründen im einzelnen sie entsprangen, haben die Abschnitte II mit V dargelegt. Waren diese Maßnahmen an sich gut und zweckmäßig, konnten sie ihrem Sinn und Wesen nach die ihnen gestellte Aufgabe erfüllen? Das ist die eine Frage, die sich aufdrängt und die auf eine im allgemeinen abstrakte Kritik der waldbaulichen Theorie der bisherigen Epochen hinausläuft. Die zweite aber ist die, welchen Erfolg die Vorschriften zeitigten, wie sich der Spessart tatsächlich, in der Wirklichkeit gestaltet hat, welche Umstände, besonders Hemmungen maßgebend waren, daß die Anwendung in der Praxis vielleicht ein anderes Bild gestaltete, als es die waldbaulichen Anordnungen, die Wirtschaftsregeln spekulativ entwarfen und beabsichtigten.

A. Kritik der Wirtschaftsregeln.

Solange der Spessart nur der Befriedigung des Jagdbedürfnisses der Mainzer Kurfürsten und ihres Hofstaates und zur Deckung des geringen Gegenbedarfes an Brenn= und Nutzholz diente, erfüllten die forstpolizeilichen Vorschriften, die die Holznutzung im ganzen sehr einschränkten und ihre Art und Weise regelten, um die Wiederverjüngung im großen und ganzen sich aber nicht kümmerten, vollauf ihren Zweck, der in der Erhaltung des Waldes schlechthin, in der Sicherung der Nachhaltigkeit im weitesten Sinne bestand. So wie der Wald seit Jahrtausenden sich behauptet hatte, so wuchs er auch jetzt, fast unbehelligt, weiter; er verjüngte sich ohne Zutun des Menschen in dem Maße, als die alten Stämme ausschieden oder die geringe Nutzung ebenso zufällig die Bedingungen dazu durch die Einwirkung von Sonne und Regen, Licht und Luft darbot. Der regellose, gelegentliche Blenderbetrieb in der eingeschränkten Form hat dem Spessart nicht geschadet und seinen Zustand kaum verändert; er war eine harmlose, die primitivste Nutzungsform, keine wirtschaftliche Betriebsform.

Eine solche stellte erst der mit steigendem Bedarf für die Glashütten, das Floßholz zum Eigenbedarf und Verkauf, die Manufakturen, das Kohlholz und zuletzt das Eichenkommerzialholz notwendige und seit Mitte des 16. Jahrhunderts angewandte Schlagbetrieb dar, der bequeme, übersichtliche Nutzung und gesicherte Verjüngung — erst nur die natürliche, die letzten Jahrzehnte auch die künstliche — planmäßig zu verbinden suchte und seiner Idee, seinem grundlegenden Prinzip nach unverändert, in der Art seiner Ausführung aber variierend bis zur Gegenwart weiterbesteht, mit dem Jahre 1814 aber zu einem gewissen Abschluß gekommen war. Während dieser ganzen langen Periode vom Jahre 1550 bis 1814 war sein Charakteristikum die Überhaltwirtschaft, die in ihrer Intensität bis zum Jahre 1774 sich völlig gleich blieb, von da bis zum Jahre 1814 nachließ, um später dann fast völlig zu verschwinden, und die dem Spessart von jeher, in seinem mehr unberührten südlichen Teil, dem Hochspessart, bis heute den Stempel der Eigenart aufgedrückt hat. Der Über-

Kritik der Wirtschaftsregeln.

halt war ein Akt der Wirtschaftlichkeit zur Erlangung eines idealen Gutes, der Befriedigung des Jagdbedürfnisses, dann wohl auch materieller Güter, der Einnahme aus Eichelmast, Gewinnung von Nutzholz; er erstrebte zu diesem Zweck die Reservierung der hierfür am wertvollsten scheinenden Holzart, der Eiche, ersatzweise der Buche, nicht oder nur nebensächlich zur Wiederverjüngung durch Samenabfall, die man als selbstverständlich hinnahm. Die Ergänzung abgehender Individuen, der Nachhalt, wurde durch den Überhalt der Hegereiser zu erreichen gesucht. Gemeinsam war dieser Periode ferner die außerordentlich große Ausdehnung der Schlagfläche auf 20, 30 und mehr Hektar, die nur in der auf das Jahr 1773 folgenden Zeit und da vorübergehend eine Einschränkung erfuhr, und das selbstverständliche Streben nach Naturverjüngung durch Schirmstellung, die nicht unter dem Einfluß des umgebenden Vollbestandes stand und als „ungedeckte Schirmstellung"[1]) bezeichnet werden kann. Die im Spessart bis 1814 angewandten Verfahren der ungedeckten Schirmstellung lassen sich systematisch in zwei Gruppen scheiden:

I. Die Wirtschaft benutzt beim Abtrieb des hiebsreifen Holzes, der Ernte, die schon a priori vorhandene Verjüngung, den Vorwuchs, womit — im Gegensatz zum Aufschlag — der unbeabsichtigt, nicht planmäßig entstandene Jungwuchs verstanden werden soll, zur Wiederbestockung der Schlagfläche, erst in zweiter Linie und sehr nachgeordnet erstrebt sie diese durch die Überhaltstellung. Der Vorbereitungsschlag und der Samenschlag, ein Hieb im Samenjahr selbst, vor, während oder nach dem Samenabfall, war hier gleichsam vorweggenommen, von der Natur ohne Zutun des Menschen geschaffen, schon vorhanden, während die Lichtungsschläge einschließlich Abtriebsschlag zu einem Hieb zusammenschrumpften, der einzigen Hauung überhaupt. Eine langsame Auflichtung war im allgemeinen ja entbehrlich, da der Vorwuchs im Zeitpunkt des Angriffs meist seine soziologische Selbständigkeit erreicht hatte. Es war eine passive Schirmschlagverjüngung, ihre primitivste Form, die Urform, der Typ der Forstordnungen von 1666, 1679, 1692 und 1729, der Zeit von 1550 bis 1730.

II. Dem steht gegenüber die aktive Schirmschlagverjüngung, die vom unbesamten Boden ausgeht und den Nachwuchs, den Aufschlag,

---

[1]) Vgl. meine Abhandlung „Zur Systematik der Betriebsformen", Allgem. Forst- und Jagdzeitung, 1924, Heft 10.

zielbewußt und planmäßig durch Hiebseingriffe — Fällungsstufen — in den aufstehenden Altholzbestand, durch biologische Einwirkungen hervorzurufen und zu erhalten strebt, nur sekundär etwa vorhandenen Vorwuchs zur Verjüngung verwendet. In der Regel vollzieht sich das in folgendem Rhythmus: Der Angriffsbestand und der Boden wird durch einen oder mehrere Hiebe zur besseren Samenproduktion, Keimbettbereitung, allgemeinen Nachzuchtbegründung erst geeignet gemacht, vorbereitet — Vorbereitungsschlag —; im Samenjahr selbst folgt zur unmittelbaren Unterstützung der natürlichen Verjüngung ein grundsätzlich einmaliger Eingriff, der Samenhieb, während eine Reihe weiterer Hiebe die noch aufstehenden Mutterbäume nach dem Grad besonders des Lichtbedarfs des Nachwuchses entfernen — Lichtungshiebe, Nachhiebe, der letzte heißt Endhieb, Abtriebs-, Räumungsschlag. Der Lichtbedarf ist aber nur ein Faktor, der bei dieser Fällungsstufe mitspricht und sie beeinflußt; ebenso wichtig sind andere, Witterungseinflüsse, wie Wärme- und Feuchtigkeitszufuhr, Schutz gegen Frost, gegen Verunkrautung des Bodens. In dem Maß, in dem der Jungwuchs Besitz ergreift, weicht der Mutterbestand, bis er verschwindet, wenn die Verjüngung soziologisch selbständig geworden ist. Der Samenschlag ist nichts anderes als der erste, hinsichtlich der Zeit der Vornahme starr festgesetzte Lichtungshieb, der freilich dem ersten Lichtbedürfnis des Jungwuchses mit Rücksicht auf den Fällungsschaden vorangeht und noch andere Zwecke verfolgen kann, oder auch der letzte von mehreren Vorbereitungshieben. Der Dunkel- und Besamungsschlag Gg. L. Hartigs deckt sich mit dem Vorbereitungsschlag obiger Definition.

Die im Spessart seit dem Jahre 1730 üblichen Verjüngungsformen legen, je nachdem sie von der Anwendung dieser Fällungsstufen Gebrauch machten, folgende weitere Einteilung nahe:

1. Ein Vorbereitungshieb findet nicht statt, der Angriff beginnt mit dem Samenschlag (im Frühjahr, wenn die Blütenknospen eine Mast erwarten lassen, im Herbst während des Samenabfalls oder im Winter), der erste Lichthieb folgt bei kniehohem, der zweite bei mannshohem Aufschlag. In Nichtmastjahren wird der Bedarf an Holz gedeckt durch Nutzung in Vorwuchsbeständen, durch Lichthiebe in Verjüngungsbeständen. Hierher zählte die Verjüngungstechnik nach der Forstordnung vom Jahre 1744. Vorbereitungshiebe waren wegen des lichteren Bestandsschlusses, der Mischung mit Alteichen entbehrlich.

2. Der Angriff beginnt mit einer Auflockerung des Bestandes, ohne Rücksicht auf ein Mastjahr, in einem Hiebsgange, der demnach Boden und Bestand für eine künftige Mast vorbereitet, einem Vorbereitungshieb, der zufällig, wenn ein Mastjahr gleichzeitig im selben Jahre eintritt, einen Besamungshieb einschließt, dem aber normal und absichtlich ein Samenhieb nicht folgt, und zwar

a) auch ohne Lichtungsschlag: Typ der Generalverordnung vom Jahre 1774;

b) mit zwei folgenden Lichtschlägen: Schirmschlag nach G. L. Hartig. Sein „Dunkel- oder Besamungsschlag" war nichts anderes als ein Vorbereitungshieb, sein Lichtschlag und sein Abtriebsschlag waren Lichtungshiebe.

An diese systematische Übersicht, die mit der geschichtlichen Entwicklung übereinstimmt, läßt sich gleichzeitig auch die Würdigung der einzelnen Verjüngungsverfahren in bester Weise anschließen. Dabei darf allerdings keinen Augenblick das Moment des Eichenüberhalts unberücksichtigt bleiben.

Das Verfahren I, die passive Schirmschlagverjüngung, war stigmatisiert durch die grundsätzliche Benutzung des Vorwuchses zur Verjüngung der Schläge. Dieser Vorwuchs wurde unbesehen, ungemustert hingenommen, wie er sich vorfand. Er war im allgemeinen lange unter Druck gestanden, sehr ungleichalterig, „verbuttet", vom Wild und Weidevieh verbissen. Durch die Fällung und Abfuhr erlitt er weiteren Schaden. Die plötzliche Freistellung war nicht von Vorteil, andererseits überschattete ihn der starke Überhalt von Eichen und ersatzweise von Mastbuchen, der zudem auf die Freistellung durch Ausbildung der Krone reagierte und dann noch mehr drückte. Neuer Aufschlag von Buche konnte zufällig entstehen, schwerer Eichenaufschlag. Mühsam nur schob sich die junge Generation, langsam wüchsig, von Anfang an geschwächt unter dem Überhalt in die Höhe. Das Resultat mußten astige, nutzholzuntüchtige Schäfte sein, um so mehr, als jede Bestandspflege in Wirklichkeit fehlte. Der Schwerpunkt der Wirtschaft lag im Überhalt. Als er gegen Ende des 18. Jahrhunderts durch den aufblühenden Eichenholzhandel entfernt wurde, machten solche Waldteile den Eindruck von Krüppelbeständen infolge der geringen Bestands-, nicht der Bodenbonität. Diese Wirtschaftsform stand Pate bei dem in der bayrischen Zeit um 1820 eingeführten Kompositionsbetrieb; lebendig vor Augen steht sie heute noch in einigen Beständen, so in Abt. Metzger, Krone, Eller usw. des Forstamts Rothenbuch (Tafel 1).

Die unter II. genannten Verfahren waren theoretisch auf neuen Aufschlag eingestellt, sie benutzten aber praktisch fast jeden Vorwuchs, wenngleich auch nicht ohne alle Musterung. Die Güte der Jungwüchse und der daraus entstandenen Bestände war meist umgekehrt proportional dem Umfang der Vorwuchsbenutzung. Der Schwerpunkt der Wirtschaft begann sich langsam auf die Erzeugung einer neuen Generation zu verschieben.

Außerordentlich vorteilhaft hebt sich sogleich die Verjüngungsform II, 1 von der Vergangenheit ab. Die Einstellung des ersten Angriffs auf ein Samenjahr machte sie frei von jedem Fatalismus und schloß im Zusammenhalt mit der Bodenbearbeitung durch Vieh-, besonders Schweineeintrieb und unter Berücksichtigung des damaligen, auf weiter Fläche gesunden Bodenzustandes einen Mißerfolg fast aus, zumal wenn die Fällung während des Samenabfalls oder nach ihm erfolgte, wie es die Regel war. Dem entstandenen Aufschlag galt nun das weitere Augenmerk, dessen Gedeihen selbst nutzholzuntüchtige Eichen geopfert wurden — wenn auch sehr ausnahmsweise — und der durch Lichtungshiebe weitere Pflege genoß. Das Ergebnis mußte dementsprechend ein wesentlich besseres sein, besonders da, wo die Voraussetzung erfüllt war, die diese Verjüngungsmethode immerhin erforderte, ein ausgebildetes Forstbeamtentum.

Als durchaus realistisch charakterisiert sich das Verfahren II, 2a, das der Generalverordnung vom Jahre 1774. Sachlich, im Bann der mit der ersten Ertragsregelung in den Spessart eingezogenen nüchternen Denkweise, trug es, objektiv abwägend, ihrer Schwäche bewußt, schon im voraus allen Eventualitäten Rechnung: glückte die Naturverjüngung, so war es gut; aber das geschah, da der Angriff mechanisch Jahr für Jahr den vorher, auf 80 Jahre voraus, bestimmten Schlag ohne Rücksicht auf ein Samenjahr traf, mehr zufällig, nicht als Erfolg zielsicherer Wirtschaft. Blieb aber ein Mastjahr länger aus, so mußte bei der lichten Schirmstellung der Boden verunkrauten. Dem Mißlingen beugte die Kunstverjüngung vor, die denn auch, wenigstens ergänzend, die Regel gebildet hat. Das Verfahren war für die Waldverhältnisse des Spessarts verfehlt, es fristete auch nur ein kurzes, fast ephemeres Dasein.

Der schulgerechte Schirmschlag nach G. L. Hartig — II, 2b —, das, optimistischer, fest in der Naturverjüngung verankert war, baute den Vorbereitungsschlag der Generalverordnung aus und übernahm die beiden Lichtungshiebe der Forstordnung von 1744, doch nicht ihren Samenschlag, was zweifellos ein Mangel war. Angewandt auf geschonte Böden trug er aber wegen seiner zweckmäßigeren Schirmstellung mit größerer Sicherheit die Aussicht auf Erfolg in sich. Die Stärke der Hartigschen Methode lag aber neben dem Inhalt in der Form, in der erstmals erfolgten klassischen, normativen Darstellung und richtigen, überzeugenden Begründung jeder Maßnahme, in der leicht begreiflichen Fassung seiner Regeln, die auch dem weniger gebildeten Förster die Anwendung ermöglichten, in der Umprägung der durch langjährige Erfahrung gewonnenen Theorie in gangbare Scheidemünze. Waldbaulich hatte deshalb das Hartigsche Verfahren den besten Erfolg; doch nahmen daran auch der Übergang zum relativen Eichenüberhalt und der höhere Bildungsgrad der Forstbeamten, der allgemeine Fortschritt der Zeit einen nicht geringen Anteil.

Das Wirtschaftsziel aller Verfahren war die Reservierung der Eichen und Nachzucht von Eiche und Buche. Erstere gelang am besten da, wo die Eichen verhältnismäßig dicht, in lichter Kronenspannung standen. War das nicht der Fall, so bedeutete die unvermittelte Freistellung einen schweren Eingriff in die bisherigen Lebensbedingungen, der sich durch Zopftrocknis, Windwurf, Zuwachsrückgang, Wasserreiserbildung, Rindenbrand äußerte. Viele Tausende von Stämmen fanden dadurch ein frühzeitiges Ende. Diejenigen freilich, die die Gefahren überstanden haben, sind jetzt der Stolz des Spessarts; dem Überhalt verdankt Bayern seine wertvollstes Waldprodukt. Nahezu keinen Erfolg erzielten aber sämtliche Verfahren mit der natürlichen Eichenverjüngung; sie trugen der Biologie der Eiche zu wenig Rechnung, paßten besser für die Verjüngung der Buche, wozu noch die Gefahr kam, die der Eiche durch Wild und Weidevieh drohte. Auch die Nachzucht der Eiche durch Überhalt von Hegereisern versagte, weil die dazu notwendigen oder wenigstens geeigneten Stämme fehlten. Mit Ausnahme der sog. Altheisterbestände, die besonderen Verhältnissen ihr Dasein verdanken, entstanden im Spessart vom Jahre 1550 bis zum Ausgang des 18. Jahrhunderts, nahezu 250 Jahre lang, fast keine Eichenverjüngungen. Die Verjüngungsformen waren der Buchennachzucht besser angepaßt.

Von den Regeln G. L. Hartigs abgesehen, fehlte allen Vorschriften in gleichem Maß die Rücksicht auf die räumliche Ordnung, im großen hinsichtlich des Waldaufbaus, der Hiebszugsbildung, im kleinen hinsichtlich des Schutzes des Jungwuchses gegen die Schäden der Fällung und Bringung des Altholzes. Wenn auch die restlose Aufarbeitung der Buche zu Brennholz diese Schäden milderte, so steigerten sie sich um so mehr, als die Alteichennutzung begann, bei der jede Bringungstechnik an den Ausmaßen und dem Gewicht der Alteichen scheiterte, die räumliche Ordnung allein durch Bildung von Rückungszonen Abhilfe schaffen konnte.

B. Erfolg in der Praxis.

Die Wirtschaftsvorschriften im Spessart boten im großen ganzen — abgesehen von dem Jahrzehnt 1773/83 — bei dem ungeschwächten, produktionsfreudigen Boden und der unmittelbar aus dem Urwald hervorgegangenen oder diesem noch angehörigen Bestockung die Möglichkeit, neben der Reservierung der Eichenalthölzer, wenn auch aus den angeführten Gründen nicht Eichen-, so doch geschlossene Buchenbestände zu erzeugen, die freilich den Anforderungen an Nutzholzqualität nicht in allen Dingen entsprochen hätten. Welches war das tatsächliche Ergebnis? Außer an den Resten, die sich bis zur Gegenwart durchgerettet, aber infolge der inzwischen eingetretenen Bestandspflege und anderer Einwirkungen ihre forstliche Physiognomie verändert haben, läßt es sich nachweisen durch frühere Statistiken und Waldbeschreibungen. Beide Beweise stehen in ziemlich reicher Auswahl zur Verfügung und ermöglichen einigermaßen die Erfassung der früheren Holzartenverteilung und des vergangenen Waldzustandes.

Statistik. 1. Im Jahr 1733. Nach der von mir nach einem besonderen Schlüssel auf Grund der Angaben des Laubmeisters Biber gefertigten Übersicht, die wegen der ungenügenden Vermessung des Spessarts zu jener Zeit selbstredend nur ungefähren Anhalt bieten kann und auch nur bedingte Glaubwürdigkeit beansprucht, vgl. Anhang 8, ergibt sich:

a) In diesem Jahre trugen bestimmt noch 17560 ha im wesentlichen Urwaldbestockung, d. h. die Bestockung war ohne irgendwelche waldbauliche Tätigkeit durch das freie Walten der Natur entstanden. Davon waren 13430 ha Eichenbestände, und zwar 6620 ha reine Eichen, 1900 ha mit vereinzelten Altbuchen, 4910 ha mit jüngeren Buchen durch- und unterstellt, und nur 4130 ha waren so stark mit Buchen gemischt, daß Buchenschläge sich darin verlohnten.

b) 740 ha Urwaldbestände standen in Verjüngung, d. h. in ihnen war der Vorwuchs zum Teil freigestellt, zum Teil war wohl der Samenschlag nach den Grundsätzen geführt, wie ihn später die Forstordnung vom Jahre 1744 allgemein befahl.

c) 17460 ha Fläche war schon einmal wirtschaftlich genutzt, die „Schläge" waren bereits über sie hinweggegangen, ihre Bestockung war also ein Produkt menschlicher Tätigkeit. Diese Fläche war nicht mehr Urwald, sie stand im ersten Umtrieb nach dem Urwald, war bereits Wirtschaftswald, zum größten Teil durch Freistellung des Buchenvorwuchses entstanden. Unterstellt man in der Zeit vor 1733 im Spessart eine durchschnittlich jährliche Nutzungsmasse von rund 20000 fm, eine Zahl, die sich auf Grund der Angaben über die tatsächliche Nutzung von Kurmainz einschließlich der Glashütten- und Floßholzschläge errechnen läßt, und nimmt man weiter unter Berücksichtigung des Eichenüberhalts und des blenderwaldartigen Waldaufbaus einen durchschnittlichen nutzbaren Buchenvorrat von 200 fm an, so errechnet sich daraus eine jährliche Nutzungsfläche von (20000 : 200 =) 100 ha. Demnach wäre die Schlagwirtschaft seit rund (1760 : 100 =) 175 Jahren, vom Jahre 1733 zurückgerechnet, seit dem Jahre 1558 in Übung, ein Ergebnis, das mit den urkundlichen Belegen annähernd übereinstimmt und unsere Annahme unter II (S. 23) stützt.

b) 850 ha waren mit Birken- und Wacholdergebüsch („Rauschen und Strauch") bestandene, schlechte Waldteile und 100 ha „Frevelschläge"; 950 ha demnach bereits im Jahre 1733 „Krüppelbestände".

e) Eichen waren 14390 ha vorhanden; rechnet man hierzu als Minimum 30% der Buchenbestände für die Überhalteichen oder 6699 ha, so ergibt sich eine gesamte Eichenfläche von 21089 ha, der eine Buchenfläche gegenübersteht von 22330 — 6699 = 15631 ha. Die Eiche übertraf noch die Buche an Fläche ganz bedeutend.

f) An Jungeichen werden nur die Eichenaltheister mit 800 ha, damals dem Revier Rothenbuch und Rechtenbach, jetzt dem Forstamt Rohrbrunn und Lohr-West zugeteilt, und 160 ha im Revier Sailauf genannt.

2. Im Jahre 1790. Eine weitere Statistik stellte von Tettenborn im Jahre 1790 auf; sie bezieht sich nur auf 26870 ha, hat aber die aus Anlaß der ersten Forsteinrichtung 1766 bis 1772 durchgeführte Flächenvermessung zur Unterlage. Doch war sie in der Hauptsache nur das Ergebnis einer einmaligen, wenn auch sehr gründlichen Be-

reisung. (Vgl. Anhang 9.) Wenn sie deshalb in den meisten Punkten mit den Angaben Bibers nicht vergleichsfähig ist, so zeigt sie doch das starke Vordringen der Buche in den dazwischen liegenden 57 Jahren und mit erschreckender Deutlichkeit die Zunahme der Krüppelbestände, die, obwohl Tettenborns Angaben von einer gesamten Waldfläche von nur 26 870 ha ausgehen, auf 5495 ha angewachsen waren, gegenüber dem Jahre 1733 um 4545 ha. Geht man wieder von einer jährlichen Nutzungsfläche von 100 ha aus, so wären von der Gesamtnutzungsfläche dieser Zeit von 5700 ha nur 1155 ha mit vollem Erfolg natürlich verjüngt worden, der Rest aber als mißglückte Verjüngungen zu beachten. Doch ist ein solcher Schluß abwegig. Wenn auch ein Bruchteil auf das Konto mißlungener Angriffshiebe, besonders der Zeit von 1773—1783, zu setzen ist, so entstand die größere Fläche der Krüppelbestände doch aus den Stangenhölzern, die durch das fortgesetzte Streurechen große Dürrholzanfälle boten, durchlöchert wurden, dem Holzfrevel besonders ausgesetzt waren und durch die rücksichtslose Nutzung des Eichenüberhalts.

3. Endlich läßt sich aus der Seite 50 meines Buches „Die ökonomische Entwicklung der Spessartstaatswaldungen" angegebenen Übersicht nachweisen, daß die ersten Nadelholzbestände in der Zeit von 1756—1776 begründet wurden, nämlich 5 ha Kiefern- und Lärchenbestände, in der Zeit von 1776—1796 folgten dann 95 ha Kiefern- und Lärchen- und 34 ha Fichtenbestände, von 1796—1816 aber 265 ha Kiefern- und Lärchen- und 45 ha Fichtenbestände. Das Nadelholz hielt von da mit immer größerem Gefolge seinen Einzug in den Spessart, der heute noch nicht beendet ist. Für die vor dem Jahre 1800 natürlich und künstlich begründeten Eichen einschließlich aller Eichenbeimischung in Buchen- und Nadelholzbeständen, demnach die jetzt über 100 jährigen Eichen, aber ohne die Alteichen und Eichenaltheister gibt die Übersicht über die land- und forstwirtschaftliche Bodenbenutzung im Jahre 1900 die wohl zu hoch gegriffene Zahl von 470 ha an.

Waldbeschreibungen. Über den früheren Waldzustand stehen bis zum Jahre 1700 nur spärliche, meist sehr allgemein gehaltene Nachrichten zur Verfügung. So begründete die Forstordnung vom Jahre 1666 ihr Erscheinen damit, „daß der Wald durch die Kriegstrublen sehr heruntergekommen sei" (im ganzen Kurfürstentum), und die folgenden Forstordnungen erklärten, die früheren „seien bisher wenig oder an teils Orten gar nicht befolgt worden", der Waldzustand sei schlecht u. dgl.

Erfolg in der Praxis.

Im Jahre 1719 erstatteten die beiden Hof- und Kammerräte Reigersberg und Dillenius einen 44 Seiten langen, sehr gründlichen Inspektionsbericht: „Relatio über die aus Churf. gnädigster Verordnung beschehene Besichtigung deren Waldungen, Schlägen und Floßbächen des Spessarts, auch die darin alt und neu Röder betr., wie solche sich dermalen befinden und hier nichts erhalten oder vielmehr in besten Stand zu bringen seyn möchte", der auf ein recht trübes Bild des Waldzustandes im Nordspessart schließen läßt: die besten Floßholzschläge seien durch Weide, Aschebrennen, Holzfrevel verwüstet, die Rodeflächen hätten zugenommen, der Bedarf könne in Zukunft nicht mehr gedeckt werden. Doch beschränkte sich der Bericht in der Hauptsache auf die Angabe der Ursachen des Rückgangs und machte Vorschläge polizeilicher Art zu deren Abstellung.

Erst das Biber'sche Verzeichnis vom Jahre 1733 gab die Holzarten und den haubaren Holzvorrat für die einzelnen Waldorte (Distrikte) an; es erwähnt dabei eine größere Anzahl, die überhaupt keine Nutzung oder nur eine sehr geringe liefern, in denen aber auch kein Jungwuchs vorhanden ist, es schätzt die Masse des im Spessart vorhandenen Alteichendürrholzes auf 82000 Stecken, des haubaren Buchenholzes auf 579800 Stecken, je Hektar Waldfläche auf durchschnittlich 15,4 Stecken.

Ähnlich dem Gutachten vom Jahre 1719 befaßte sich das des Oberforstmeisters von Tettenborn seinem Zweck entsprechend mehr mit den Mitteln zur Hebung des Waldzustandes, aber neben solchen polizeilicher auch mit denen waldbautechnischer Art, als mit einer Schilderung des Waldes selbst, die wir erst aus einer klassischen Reisebeschreibung G. L. Hartigs vom Jahre 1793 erhalten, aus der wir auszugsweise einige Stellen folgen lassen. Hartig schreibt: „... bald darauf kam ich in die Buchenhochwaldungen, die mit schönen, großen Teils Holländer-Eichen durchsprengt sind. Die Besamungsschläge hatte man bei der ersten Hauung viel zu licht gestellt. Da, wo, vielleicht gegen den Willen des Försters, die Samenbäume etwas häufiger und dunkler standen, war schöner Buchenaufschlag; wo man aber die Samenbäume einzeln geordnet hatte, war der Boden stark mit Gras überwachsen, und die in demselben einzeln aufgekeimten Pflänzchen waren von dem dort in Menge befindlichen Wildbret aller Art sehr verbissen, weil es durch das in den lichten Schlägen häufig wachsende Gras dorthin gelockt wird. Viele, teils von selbst umgefallene, teils zu Bauholz umgehauene und falsch befundene, sehr lange und dicke

Eichbäume moderten hier und versperrten uns oft den Weg...
Nahe bei diesem vorzüglich schönen Eichenbestand sah ich einen Schlag
im Buchwalde. Man hatte den verbissenen und verkrüppelten buchenen Unterwuchs, welcher unter den nicht sehr geschlossen gestandenen,
alten Buchbäumen aufgewachsen war, stehen gelassen, und die alten
Buchbäume bis auf einzelne Saatbäume, weggehauen. Durch den
Fall dieser schweren Stämme war der meiste schon mannshohe Unterwuchs ruiniert worden, die wenigen Samenbäume, welche man
stehengelassen hatte, konnten nun die entstandenen Blößen nicht mehr
hinlänglich besamen, und die Pflanzen waren überhaupt von dem
dort befindlichen allzu häufigen Wildbret sehr verbissen. Wie kann
nun bei solchen Umständen ein neuer Holzbestand erfolgen, der dem
alten abgehauenen nur von ferne gleichkommt!... Es ist ein großer
Schaden, daß man die außerordentlich vielen anbrüchigen Eichen im
Spessart nicht so geschwind zu benutzen sucht als es nur möglich ist.
Jährlich gehen viele Tausende von Kubikschuhen Holz an diesen
riesenmäßigen Stämmen durch die Fäulnis verloren, und eine nicht
minder beträchtliche Holzmasse wird durch die unterlassenen Plänterungen und durch das zu hohe Abhauen aller Stämme der Verwesung
geopfert... Unfern... fand ich wieder neue und ältere Schläge im
Buchenhochwald. Man hatte alles im Druck der alten Stämme aufgewachsene und sehr verbissene Gerten- und Stangenholz stehengelassen und die alten Bäume größten Teils weg gehauen, welche den
meisten Teil des verkrüppelten Unterwuchses beim Fall zerschmettert
hatten. Der junge Anwuchs steht also natürlicher Weise sehr horstweise und ungleich — und die noch übrigen Samenbäume reichen
nicht hin, die vielen entstandenen Blößen gehörig zu besamen. Mancher 15 bis 20 jährige Distrikt sieht daher von weitem sehr gut aus;
wenn man die Sache aber in der Nähe untersucht, so findet man, daß
beinahe jedes Stämmchen über der Erde in mehrere Zweige geteilt
ist, und daß der durchs Verbeißen und andere Beschädigung entstandene sperrhafte Wuchs dem jungen Wald ein so dicht geschlossenes
Aussehen gibt. — Doch fand ich auch mitunter einige Distrikte, die
mit schönen einschäftigen Gerten und Stangenholze prangten."

Im allgemeinen geht ein durchaus pessimistischer Zug durch die
Waldbeschreibungen des Spessarts. Zwei Jahrhunderte lang wird
bei jeder Gelegenheit betont, daß das Wachstum, die Holzvorräte,
die Güte der Spessartwälder nachlasse; die Waldbeschreibungen gelangen immer wieder zu dieser, von der Statistik gestützten Erkenntnis.

Dabei darf man freilich die seelischen und politischen Gesichtspunkte, unter denen fast alle diese Urteile sich bildeten, nicht außer acht lassen: man fürchtete schon vom Beginn des 17. Jahrhunderts an die kommende Holznot, auf die sehr häufig verwiesen wird, die wie ein Gespenst in immer schrecklicherer Gestalt die Menschen ängstigte und zu Schwarzsehern machte. Die Beamten konnten der Hofkammer und den Kurfürsten keinen größeren Gefallen erweisen, als wenn sie in recht düsteren Farben malten, der Grad des Pessimismus galt geradezu als Maßstab wirtschaftlicher Einsicht. Auf der Unterlage solcher Berichte fußend, ließen sich die polizeilichen Verordnungen leicht rechtfertigen. Trotz allem aber läßt sich nicht von der Hand weisen, daß der Spessart im Jahre 1814 ein wenig erfreuliches Bild darbot, daß die Vorschriften hätten Besseres leisten können.

C. Hemmungen der Wirtschaft.

Welches waren die Ursachen dieses Waldrückganges, der zweifellos seit Beginn einer geregelten Forstwirtschaft, von Mitte des 16. Jahrhunderts bis zu Anfang des 19. Jahrhunderts, in steigendem Maße im Spessart festzustellen ist? Was bewirkte den Kontrast zwischen Absicht und Erfolg, was hemmte die praktische Auswirkung der guten Theorie im Walde?

Es war vor allem nicht eine übertriebene Holznutzung, nicht ein Raubbau an Holz. Es läßt sich aktenmäßig nachweisen, daß Kurmainz bis gegen das Jahr 1750 etwa kaum mehr als 20000 fm Holz jährlich aus dem über 37000 ha großen Waldgebiet des Spessarts nutzte; erst von dieser Zeit an stieg der Abnutzungssatz, der dann in den beiden letzten Epochen kurmainzischer Verwaltung, von 1773—1814, von etwa 50000 fm allmählich bis 65000 fm im Jahr anstieg. Aber was bedeuten selbst diese Sätze gegen eine Fällung, die auf der Grundlage strengster Nachhaltigkeit berechnet ist, von durchschnittlich jährlich 150000 fm auf derselben Fläche in der Gegenwart, wenn man erwägt, daß bis gegen Ende des 18. Jahrhunderts die Altholzflächen weit überwogen, während jetzt ein geregeltes Altersklassenverhältnis besteht? Auch die Holznutzung der Glashüttenbetriebe und die Köhlerei hat den Wald nicht in der Art geschädigt, daß Krüppelbestände in der erwähnten Ausdehnung entstehen konnten, einmal, weil der Glashüttenbetrieb schon seit dem Jahre 1450 sehr eingeschränkt, der Bedarf an Pottasche und Brennholz relativ gering war, die Hütten an die forstpflegliche Nutzung gebunden waren, die strenge überwacht wurde. Auch die Holznutzung der Bevölkerung bewegte sich in engen Grenzen.

Ebensowenig fehlte es an natürlicher Verjüngung; die Urkunden berichten von dem Vorwuchs, der, wie es ganz selbstverständlich ist, in reichster Fülle sich einstellte und tatsächlich nur der Freistellung bedurfte, um neue Bestände zu bilden.

Die Gründe für den Wachstumsrückgang weiter Gebiete, besonders im Nordspessart, und das Entstehen der 8800 ha Blößen, die im Jahre 1814 die bayrische Forstverwaltung als Erbe übernahm, lagen auf anderem Gebiete:

1. Die Forstbeamten waren an Haupt und Gliedern forstlich wenig gebildet, z. T. geradezu forstliche Laien. Die höheren Beamten, aus dem Kameralistentum hervorgegangen, sahen auf Äußerlichkeiten, waren in einem starken Bureaukratismus erzogen und ihm ergeben, entbehrten des praktischen Blicks für die Waldwirtschaft und drangen nicht in die Technik des Waldbaus ein. Ihre Stärke ruhte in der Verwaltung, in der Ausbildung einer durchaus vorbildlichen Organisation des Kurmainzer Forstwesens und der Forstpolizei, der sie aber nur zu oft eine nachdrückliche Durchführung in der Praxis nicht zu sichern vermochten. Die Reigersberg und Dillenius im ersten, Clodt und Deslock im letzten Drittel des 18. Jahrhunderts waren vereinzelte rühmliche Erscheinungen, sie wurden die Träger des Fortschritts. Für die Vollzugsbeamten, die Oberförster, Revierförster, Förster und Jäger wurden fast bis Mitte des 18. Jahrhunderts forsttechnische Kenntnisse als Voraussetzung für die Anstellung überhaupt nicht verlangt in der Annahme, daß die Praxis allein sie vermittelt; so waren diese in der Mehrzahl nicht in der Lage, die Vorschriften sachgemäß anzuwenden. Die höheren Stellen waren meist dem Adel vorbehalten, der Vollzug ruhte ursprünglich fast ausschließlich in den Händen der Forsthübner, deren Huben erblich, sogar käuflich waren, später von niederen militärischen Dienstgraden, die man durch Belehnung mit einer Försterstelle abfand. Es kann nicht wundernehmen, daß unter diesen Verhältnissen die schlecht bezahlten äußeren Beamten oft auch moralisch auf niederer Stufe standen. Die Gerichtsakten des 17. und z. T. des 18. Jahrhunderts geben einen tiefen Einblick in diese trostlosen Zustände, die übrigens keine Eigenart des Spessarts darstellen, sondern eine fast allgemeine Erscheinung der damaligen Zeit waren. Klauprecht geißelt sie zutreffend mit den Worten: „Die Wirtschaft lag in Händen von Menschen, denen wissen-

schaftliche forstliche Kultur ein Greuel, der alte gemächliche Schlendrian dagegen lieb und teuer war, die alle diejenigen entfernt hielten, welche etwa Aufschlüsse geben konnten." Erst im 18. Jahrhundert bahnte sich eine merkliche Besserung an, die im engen Zusammenhang mit der Ausbildung der Forstwirtschaftslehre überhaupt steht.

2. Als zweiter Hemmungsgrund ist die Jagd zu nennen, die von Beginn einer Forstwirtschaft im Spessart an das Leitmotiv für sie abgab. Erst die Wildfuhr, dann die Holznutzung! Der Jagd wegen wurden die Eichen übergehalten, eine Maßnahme, die die Entwicklung der Waldbautechnik außerordentlich hinderte; des Wildes wegen war der dichteste Vorwuchs erwünscht, wurden Nachhiebe, Reinigungen und Durchforstungen unterlassen. Um die Bevölkerung für die wochenlange, jedes Maß überschreitende Inanspruchnahme zu Jagdfronen zu entlohnen, sie gefügig zu machen, räumte man ihr immer größere Vergünstigungen im Walde ein und handhabte die Forstpolizei lässig. Seit Ende des 18. Jahrhunderts erst wagen es die Mutigsten, Klagen zu erheben über Wildschaden, über verbissene Kulturen, die sich nicht mehr erholen. Besonders der Mainz gegenüber unabhängige Tettenborn rückte in seinem Gutachten vom Jahre 1790 diese Frage in das rechte Licht und empfahl als einziges, aber sicheres Abhülfemittel die Einzäunung der Jungwüchse und rücksichtslosen Abschuß im Zaun. Die natürliche Verjüngung der Eiche war, abgesehen davon, daß die Wirtschaftsvorschriften die Buche begünstigten, bei der Vorliebe des Rot- und Rehwildes für die Jungeiche ein Ding der Unmöglichkeit, die spätere Kunstverjüngung der Eiche und der Nadelhölzer wenigstens sehr erschwert. Klauprecht, der um die Wende des 18. und 19. Jahrhunderts und in der Folgezeit noch diese Verhältnisse selbst beobachtete, äußert sich darüber im Jahre 1826: „Es schaudert jeden Gebildeten, den Gräuel der Verwüstung anzusehen, und mit Zuverlässigkeit will man behaupten: ‚Die meisten Eichenkulturen, die seit dem Jahre eilf gemacht wurden, seyen ruiniert; was seit 20 Jahren gesäet, gebaut, gepflanzt worden, sey verloren; es gebe Reviere und Eichenschläge, in denen man bequem 12 000, sage zwölftausend, Wellen von ausgebrochenem sechs bis zehnjährigen Eichen Kernaufschlag zusammenbinden könne, und wo Buchenschläge waren, seyen solche durch die Rehe verbissen und stünden als Rauschen da.' Es blüht daher nur noch einzig und allein die Hoffnung, daß der großherzige Kronprinz von Bayern gewiß nicht das Verschwinden der vaterländischen Eichen will; es ist dieß das

Treiben forstlicher Finsterlinge und Menschen, die schon früher durch üble schlechte Wirthschaft den Spessart halb ruinirt, und durch solche Vorschläge und Jagdteufeleuen vollends die Verwüstung ausgießen wollen." Dieses Urteil bezieht sich auf eine Zeit, in der die Blütezeit der Jagd längst entschwunden war!

Doch sollen die guten Seiten, die der intensive Jagdbetrieb mit sich brachte, nicht verkannt und hier verschwiegen werden: abgesehen davon, daß der fast absolute, Jahrhunderte geübte Eichenüberhalt dem 19. Jahrhundert die ungeheuren Alteichenvorräte überliefert hat, die eine äußerst ergiebige Einnahmequelle bis heute und für die Zukunft darstellen, hielt Kurmainz in dem vor allem der Jagd gewidmeten Hochspessart die Besiedelung und die damit zusammenhängenden Beschädigungen durch die Bevölkerung fern. Im Hochspessart kamen deshalb, weil die Hemmungen der Wirtschaft zum Teil fehlten, die waldbautechnischen Maßnahmen am reinsten zum Ausdruck, er war trotz der Jagd und wegen ihr das im besten Zustand befindliche Gebiet des Spessarts.

3. Denn noch verheerender waren die Eingriffe der Bevölkerung in die Waldsubstanz. Sie gaben den Ausschlag für den Rückgang des Waldes und den schlechten Erfolg der technischen Vorschriften, ein Ausfluß jener unglücklichen Siedelungspolitik von Kurmainz, durch die die Glashüttendörfer im inneren Spessart entstanden. Ihre Bewohner fanden nur so lange leidliche Lebensbedingungen, als das Einkommen aus dem Industriebetrieb den kärglichen Ertrag der Landwirtschaft und die Naturalbezüge aus der vergünstigungsweise gewährten Waldnutzung ergänzten. Als aber mit der Auflassung oder Einschränkung der Hüttenbetriebe die bare Einnahme sich minderte oder wegfiel, da zog die Not in den Spessart ein, es entstand ein erbitterter, fast verzweifelter Kampf ums Dasein. Was die Feldwirtschaft nicht leisten konnte, das mußte der Wald liefern, und hier kann man wirklich von einer Ausplünderung des Waldes sprechen. Das ist der Schlüssel zum Verständnis des Waldrückganges, dessen wahre Ursache schon die Hofkammerräte Reigersberg und Dillenius klar erkannten, als sie im Jahre 1719 an den Kurfürsten und Erzbischof berichteten: „Das ärgste ist, daß acht Dorfschaften sich im Spessart befinden, welche vor dieser Zeit durch die Glasmacher darin erbaut und nach und nach erweitert worden sind, die auch nichts Eigentümliches, sondern was sie an Wäldern und Feldern besitzen, teils von gnädigster Herrschaft, teils durch unzulässiges Ausroden, Ab-

hauung der Waldungen und Verwüstung des Holzes an sich gebracht und sich nun dergestalten ausgebreitet haben, daß an vielen Orten die Berg und Täler, so zum Floßen dienlich, mit dem besten Buchenholz besetzt gewesen, ausgehauen, das Zugehängte ausgerissen, eigenmächtig beweidet, mithin auch das, was angeflogen, notwendig nicht in die Höhe hat können gebracht werden, und wie es demnach rätlich sein will, diesem Wesen zu steuern, wenn man anders die Hofstatt mit Holz beständig versehen will, sodann daß die Eichenmastung weder dem Herrn noch dem Unterthan vergehe, drittens daß für gnädigste Herrschaft Pfähle und Daubholz aus dem Wald gewonnen und anher geliefert werde, viertens daß Aschaffenburg und andere am Main gelegene Orte auch damit versehen werden, nit zu geschweigen dessen, was der Bauer zum Bau und eigenen Brennholz bedürftig sein mag, und zu dem fahren, dessen Schloß, Festung und andere Gebäue erfordern"... „Der Spessart ist acht Stunden lang und breit und darin befinden sich acht Dörfer, zwei Spiegel- und drei Glashütten. Diese alle wollen Holz ohne Abgang brennen, die Dörfer solches z. T. verkaufen, ihre Nahrung und Schatzung davon ziehen und bezahlen, ihr Vieh daraus unterhalten, der Herrschaft aber nichts davon entrichten und in zehn Jahren werden weder die Herrschaft noch die Garnison noch die Unterthanen davon etwas erhalten können."

Als verderblichster Eingriff und an erster Stelle ist die Streunutzung, und zwar zum Zweck des Laubaschebrennens für Düngezwecke zu bezeichnen, nur nachgeordnet zur Einstreu für die Haustiere. Sie war das größte Unglück, das über den Spessart kommen konnte, das Todesurteil für den Laubwald; für ihre schädliche Einwirkung auf Boden und Bestand bildet der Spessart vielleicht das großartigste, am sinnfälligsten sich einprägende, in den bedingenden Momenten leicht erkennbare und zahlenmäßig beweisbare Beispiel in der Forstgeschichte. Sie traf den Wald wirklich am Lebensnerv und hätte zu seinem Untergang geführt, wenn nicht gegen Ende der jüngsten Epoche in letzter Stunde der Retter in der Person Dalbergs erschienen wäre, der mit einem Federstrich das Laubaschebrennen verbot und rücksichtslos die Durchführung sicherte, eine Tat von überragender Größe, die sich in der Gegenwart etwa vergleichen ließe mit einem Erlaß der bayerischen Forstverwaltung, in der die Nutzung von Waldstreu als Einstreu in die Ställe abgeschafft würde. Alle anderen Eingriffe und Übergriffe der Bevölkerung treten an Bedeutung zurück, so einen breiten Raum sie auch in den Akten einnehmen. Es mag genügen, diese Hemmungen der Waldwirtschaft aufzuzählen: die Viehweide, besonders die Ziegenweide, die Einzelweite mit „privaten" Hirten, die Nachtweide, das Weiden in Hegen und Schlägen, das durch Verbeißen und Niedertreten des Jungwuchses die Verjüngung gefährdete; die Holzabfuhr durch den Jungwuchs, die Benutzung von „Schleppreissern, mit denen die Fuhrleute im Herunterfahren der Berg Verwüstung unserer Wald zufügen" (1616), „der Schaden der Waldung wird dadurch vermehrt, daß so oft und viel ein Bauer durch und gegen Thal fährt, die schönsten jungen Eichen und Buchen abhaut, um die Röder einzuzäunen, sowie Klaffeln nehmen und damit das Laufen der Räder einhalten, anstatt daß eine anmachende Kette solches verhüten könnte" (1719), zu starke und ungeregelte Holznutzung insofern, als die Holzhauer mehr fällen als angewiesen wurde, „das schönste und beste Gehölz frevelten und verkauften und damit das Eckerich verdürben", die Nutzung grünen Holzes seitens der Bevölkerung zum eigenen Bedarf, obwohl überall dürres Holz in Mengen zu Boden liegt. Man kann sich kaum einen waldschädlichen Eingriff vorstellen, der den Spessart nicht getroffen hätte. Dementsprechend war denn auch der Waldzustand, den Bayern bei der Übernahme des Spessarts vorfand und der sie vor waldbauliche Aufgaben von großer Tragweite stellte. Die bayerische Forsteinrichtungs-Kommission schließt im Jahre 1836 rückblickend auf die Vergangenheit einen Bericht: „Es ist nicht zu leugnen, daß die churmainzische Regierung diesem traurigen Zustande eines beträchtlichen Teils der Spessartwaldungen gegen Ende des vorigen und Anfangs dieses Jahrhunderts lebhaftes Interesse schenkte. Viele und scharfe Verordnungen beweisen dieses, und manche Spessartsbewohner können sich erinnern, daß häufig Frevler, vorzüglich des Laubaschenbrennens, durch ausgesandte Landjäger in die Correktionshäuser abgeführt wurden. Die gefährlichsten Frevel wurden auch in dieser Zeit beseitigt, allein die Folgen können noch lange nicht verwischt werden."

D. Der Tatbestand im Jahre 1814.

Die vier großen Epochen in der Geschichte der Waldbautechnik haben dem Spessart ihren Stempel aufgedrückt, charakteristische Waldbilder geschaffen, die sich im Jahre 1814 in folgenden Bestandstypen verkörperten:

a) Aus der 1. Epoche und dem ersten Abschnitt der 2. Epoche, aus der Zeit des Blenderbetriebs und Eichenüberhalts, des passiven Dunkelschlags, aus der Zeit vom Beginn einer Nutzung bis in die ersten Jahrzehnte des 18. Jahrhunderts, stammten alle im Jahre 1814 nahezu haubaren, etwa 100 Jahre alten und älteren Bestände. Es waren — je nach ihrer Lage zu den Verkehrs- und Bevölkerungszentren und damit den Quellen der Eingriffe in den Wald —

α) im Hochspessart vor allem die mit Eichenüberhältern gemischten Buchenbestände, die Buchen infolge ihrer dichten Begründung z. T. astrein und vollholzig, ebenso die Eichen, die Überbleibsel des Urwaldes, fast alle mindestens 300 Jahre alt und älter, die in geschlossenen Reinbeständen vor der Zeit der Bucheninvasion aufgewachsen waren. Reste solcher Bestände fanden sich aber in wechselnder Ausdehnung auch im Nordspessart. Dieser Waldtyp war der schönste und wertvollste, dem Urwald am nächsten stehende, der am wenigsten durch menschliche Einwirkung gelitten hatte. (Tafel 1.)

β) Im ganzen Spessart verbreitet lichte Eichenwaldungen, 5300 ha umfassend, aus Buchen-, Eichen-Mischbeständen hervorgegangen, in denen die in die Eichen eingedrungenen Buchen entfernt wurden, ohne daß sie sich natürlich verjüngt hatten, oder der Jungwuchs zugrunde gegangen war. Der Boden war mit Heidelbeere und Heide bedeckt oder sonst verunkrautet. Das Alter der Eichen war wie bei α über 300 Jahre. (Tafel 2.)

Diese beiden Bestandskategorien haben sich in ihren letzten Resten bis in die Gegenwart herüber gerettet (Abt. Metzger, Vomigrain des Forstamts Rothenbuch, im Forstamt Rohrbrunn, Lohr-West), die Alteichen sind das hochwertigste Produkt des Spessarts, im Erdstammstück besonders Fournierholz.

b) Aus dem zweiten Abschnitt der 2. Epoche, der Zeit des aktiven Dunkelschlags, der ersten Hochkonjunktur waldbaulicher Technik, gingen die im Jahre 1814 60- bis 100jährigen Bestände hervor, in der Hauptsache Buchen, weniger mit ungleichaltrigen Vorwüchsen gemengt, mit einzelnen besser wüchsigen und zahlreichen schlechten, den unverkäuflichen Alteichen durchstellt.

c) Aus der 3. Epoche, besonders der Zeit der Jahresschlagflächen des 80jährigen Umtriebs, waren die 20- bis 60jährigen Mittelhölzer erwachsen, meist Vorwüchse von Buchen, zerstreut Jungeichen- und Nadelholzgruppen, mit zahlreichen Blößen und Schlag-

lücken, schlechtem Überhaltmaterial, zum großen Teil später Krüppelbestände liefernd.

b) Aus jüngster Zeit stammten die aus der Anwendung von
G g. L. Hartigs Schulregeln des Dunkelschlags hervorgegangenen
Buchenjungwüchse der Verjüngungsbestände, auf weiten Flächen
noch reichlich mit Überhalt von Eichen und Nachhiebsresten von
Buchen überstellt, und die S. 56 genannten Eichen- und Nadel-
holzkulturen.

Dazu kommen als Sonderfälle, nicht aus der Waldbautechnik selbst
planmäßig oder unmittelbar hervorgegangen:

e) Die aus allen Epochen stammenden, schon im Jahre 1763 von
Laubmeister Biber auf fast 900 ha geschätzten Buchenkrüppel-
bestände mit 8800 ha im Nordspessart, in den Revieren Sailauf,
Schöllkrippen, Heinrichsthal, Frammersbach und Partenstein, die
Folgen der Eingriffe und Übergriffe der Bevölkerung, besonders der
Streunutzung, des Laubaschenbrennens, der Weide, z. T. der ver-
fehlten Wirtschaft der 3. Epoche, der Nutzung der Alteichen; die bayerische Forsteinrichtung beschreibt sie im ersten Drittel des 19. Jahrhunderts also: „Die gegen die Ortschaften vorstoßenden Gehänge und
Anhöhen sind z. T. gänzlich entwaldet, mit dichter Heide überzogen.
Weit hinein in diese Heideberge einzelne zerstreute Buchen- und
Eichenstockausschläge, traurige Zeugen einer frühern Bewaldung mit
edlen Holzarten. Tiefer in den Bergen mehrten sich die Buchen-
büsche (sog. Rauschen) und Stangen, teils Stockausschläge, teils ver-
kümmerte Kernwüchse. Große Strecken waren mit solchem hoff-
nungslosen, verbutteten Gesträppe und dürftigen Gestänge bewach-
sen. An sie reihten sich andere Flächen an mit einzelnen, kurzen,
knorrigen, entästeten und gipfeldürren Buchen nebst einem elenden
Gesträppe zwischen hoher Heide, oder mit zwar mehr geschlossenen
und langwüchsigen, aber ungleichaltrigen, rückgängigen Buchen mit
alten Eichen. Noch tiefer hinein zeigte sich erst bessere Bestockung. So
hatten Kahlhiebe oder das Übermaß des unverständigsten Femel-
betriebes[1]), verbunden mit exzessivem Frevel jeder Art, die ehemaligen Bestände bis zur niederen Stufe der Verkrüppelung herabgebracht,
auf welcher sie nur noch als Kulturobjekte angesprochen werden konnten, deren Gesamtfläche für den ganzen Spessart, einschließlich der
auch in den übrigen Revieren vorhandenen Blößen, vermagerten

---

[1]) Diese Begründung ist irrig, wie aus dem Vorhergehenden sich ergibt.

Gehänge und herabgekommenen Bestandsteile über ein Viertel seines Waldareals einnahm." Als durchschnittlicher Holzvorrat wurden je Tagwerk zehn Klafter Holz ermittelt!

f) Die Eichen=Altheisterbestände, durchschnittlich 200jährige fast reine Eichen mit ganz vereinzelten gleich alten Buchen und wenigem horstweise beigemischten Buchenstangenholz jüngeren, verschiedenen Alters und zahlreicheren Alteichen bis zu 500 Jahren und wohl auch älter. Diese nach einem Spessarter Lokalausdruck, der einen schwä=cheren, 30 bis 50 cm dicken Stamm als „Heister" bezeichnet im Gegen=satz zur mächtigen Alteiche, dem „Baum" (Abteilungen Bomig, Bomigrain), benannten Bestände befanden sich neben weniger um=fangreichen Flächen in den benachbarten Revieren in einem geschlosse=nen Komplex mit einer Ausdehnung von etwas über 500 ha im Revier Rothenbuch (jetzt im Forstamt Rohrbrunn) im Distrikt Geiersberg (Tafel 3). Sie sind heute das größte Kleinod des Spes=sarts. Richtige Kinder des Zufalls, verdanken sie ihr Dasein beson=deren Umständen.

An ihrer Stelle müssen einst am Geiersberg besonders schöne, dicht geschlossene, astreine, gradschaftige und vollholzige, wie überall im Spessartzentrum, nahezu reine Eichenbestände gestanden haben, im Alter und in den Dimensionen etwa den jetzt rund 300jährigen Eichen=heistern vergleichbar mit ungefähr 30 m Höhe, 50 cm Brusthöhen=durchmesser ohne Rinde, Schaftformzahl 47—48. Wegen dieser Eigenschaften und weil ihr Standort verhältnismäßig günstig lag zur damaligen Hauptverkehrsader des Spessarts, der ältesten Straße des Spessarts Aschaffenburg—Marktheidenfeld—Würzburg, wurde in diesem Waldteil das Bauholz zur Aufführung des in den Jahren 1605—1614 erbauten Aschaffenburger Schlosses genutzt, aber ver=mutlich auch zur Errichtung einer Anzahl anderer Gebäude in und in der Umgebung von Aschaffenburg. Der Holzbedarf zum Schloß=bau, der an seinen Außenfronten im Norden und Süden je 85 m, im Osten und Westen je 87 m mißt, von vier mächtigen Türmen flankiert ist, war bei der verschwenderischen Bauweise ein ganz ge=waltiger. Die Nutzung des Holzes geschah nicht willkürlich, sondern nach den Grundsätzen der Waldbautechnik jener Epoche, aber ange=paßt dem besonderen Zweck und danach abgeändert: das schönste, nicht zu starke, zum Bauen geeignetste Holz wurde geschlagen, die astigen Eichen, „kurtze und dicke und solche Baum, die zum Bauen fueglich nit zu gebrauchen", die Masteichen, Alteichen blieben stehen zur Wiederbesamung. Buchen waren in dem geschlossenen Eichenbestand nicht allzu zahlreich vorhanden — die Bucheninvasion hatte damals gerade das Zentrum des Spessarts erreicht —, was aber an jüngeren Buchen vorhanden war, wurde durch die Fällung und Bringung der Eichen, durch Verbrennen in den Bauhütten und Unterkunftsräumen der Holzknechte, Zimmerleute, Fuhrleute vernichtet, Buchenaufschlag durch die Zugtiere abgeäst. In den letzten Jahren der zehnjährigen Bauzeit muß — das ist freilich Voraussetzung, aber durchaus wahrscheinlich, ja natürlich — eine oder in kurzen Zwischenräumen sich wiederholende Eichenmast eingetreten sein, welche die gut vorbereitete Fläche besamt hat. Wer den Segen einer Eichelmast im Spessart erlebt hat und die Anspruchslosigkeit der Eiche hinsichtlich der Bodengare kennt, kann von einem vollen Erfolg nicht überrascht sein, besonders auch weil ihre größte Konkurrentin, die Buche, fehlte. Unbehelligt von ihr wuchsen die Eichen in der luftigen, frostfreien Lage des Geiersberges und seiner Umgebung in die Höhe, durch ihre Masse und Ausdehnung an sich, durch die jahrelange Beunruhigung durch Menschen, die Zunahme des Raubwildes während des folgenden Dreißigjährigen Krieges gegen Wild geschützt.

Alle anderen Erklärungen für die Entstehung der Heisterbestände sind nicht haltbar und in das Reich der Sage zu verweisen. So die Annahme, „daß die von der Kriegsfackel bedrohten Bewohner der Maindörfer sich mit ihrem Vieh in das Innere des Spessarts zurückgezogen und, um Weide= und Ackerplätze zu gewinnen, größere Waldstrecken gebrannt und gerodet haben sollen. Die dickborkigen Alteichen hätten hierbei dem Bodenfeuer widerstanden und aus deren Samen seien nach Abzug der Flüchtlinge bei Eintritt einer vollen Mast die Heisterbestände erwachsen". Nicht weniger der zweite Erklärungsversuch, „daß im Dreißigjährigen Kriege im Spessart gelegene Ortschaften, welche mit ihrem Vieh und mit ihren Schweinen die Waldweide bezw. Mast genutzt, stark entvölkert worden seien. Bei verringertem Vieh= und Schweinebestande sei dann in einem Mastjahre die Besamung erfolgt". Es ist ganz unverständlich, daß die Bewohner des Maintals in ein Gebiet geflohen seien, in denen von Anfang an Weide und dann insbesondere das Wasser fehlte. Der Aufenthalt im Verborgenen sollte doch nur vorübergehend sein; ein Roden und Urbarmachen setzte aber die Absicht längerer, vielleicht dauernder Niederlassung voraus. Zudem war eine halbe bis dreiviertel Wegstunde weiter — im Hafenlohrtal — fette Weide und Wasser vor=

handen, ohne daß das Hafenlohrtal den Anforderungen des Schutzes weniger entsprochen hätte, da in jener Zeit der innere Hochspessart völlig unbesiedelt war. (Weibersbrunn entstand erst im Jahre 1688.) Durch diese Tatsache erledigt sich auch das zweite Argument, da bei dem Überfluß von Wald in nächster Nähe der Ortschaften es nicht glaubhaft ist, daß diese mehrere Stunden weit entfernte Waldteile zur Weide aufsuchten. Abgesehen davon aber widerlegt der Verlauf des Dreißigjährigen Krieges obige Annahmen. Demgegenüber steht urkundlich einwandfrei fest, daß das Holz zum Bau des Aschaffenburger Schlosses aus der Gegend von Rohrbrunn stammt, und da die Zeit des Schloßbaues mit jener der Entstehung der Heisterbestände sich deckt, so dürfte an dem kausalen Zusammenhang kein Zweifel bestehen. Sicherlich ließe aus der Baugeschichte der zahlreichen Schlösser des Mainspessarts sich auch die Entstehung der übrigen Heisterbestände in den Forstämtern Altenbuch, Bischbrunn, Lohr-West ebenso nachweisen.

Die Eichenheisterbestände waren schon sehr frühzeitig Gegenstand der Aufmerksamkeit der Forstbeamten. Erstmals finde ich sie in einer Urkunde vom Jahre 1657 als „jungen Aichenholzschlag" erwähnt, was übrigens beweist, daß eine von anderer Seite angenommene Kunstverjüngung nicht stattgefunden hat, die aus eine Reihe von Gründen unwahrscheinlich wäre. Biber berichtet in seinem Verzeichnis vom Jahre 1733 von ihnen auf Seite 30 unter Nr. 154 mit den Worten: „der ganze Bürckenberg, die Creutzrhain, der gantze Geyersberg biß an Thürn über drei Stundt im Bezirk mit dem schönsten jungen Aichenholtz". Tettenborn beschreibt sie 1790 ausführlicher: „Am Geiersberg, bei der Bretterhütte, am Kreuz Rein und am Birkenberg fanden sich sehr schöne geschlossene Balken, Riegel und Sparren, mäßige junge Eichen, die wegen des etwas steinigten Bodens zu keinem schön geschlossenen Eichenwalde emporwachsen werden, doch aber als Reservewald zu einläufigen Bauholze, indem sich wenigstens 300000 Stämmchen daselbst zählen lassen, sorgfältig zu schonen sind."

7. Die neue Zeit.

Mit dem Jahre 1814 brach für die Forstwirtschaft im Spessart eine neue Zeit an. Äußerlich trat dies in Erscheinung durch den Wechsel des Waldbesitzers, den Übergang des Spessarts von Kurmainz und seinen unmittelbaren kurzlebigen Nachfolgern, dem Fürstentum Aschaffenburg und dem Großherzogtum Frankfurt, an Bayern. Die eigentlichen Ursachen aber lagen selbstredend tiefer, wenn auch nicht zu verkennen ist, daß die bayerische Staatsforstverwaltung ihren Vorgängern, besonders was die technische Ausbildung der Forstbeamter und die Forstorganisation anlangt, weit überlegen war. Der Aufschwung der Forstwirtschaft und damit ihrer wichtigsten Komponente, der Waldbautechnik, war vielmehr eine Teilerscheinung des allgemeinen Fortschritts, der Entwicklung der Volkswirtschaft als Folge der geänderten politischen Verhältnisse, der Volkswirtschaftslehre, der Naturwissenschaften und der Forstwissenschaft. Die Holzpreise stiegen, die Bedeutung des Waldbesitzes als wichtige, stetig fließende Einnahmequelle für den Staatshaushalt wuchs, dementsprechend stieg seine Wertschätzung und die Sorgfalt in seiner Bewirtschaftung.

Die Hemmungen der Waldbautechnik, die jahrhundertelang auf dem Spessart lasteten, verschwanden wenigstens in ihren ärgsten Auswüchsen. Die verderblichste davon, die Streunutzung zum Zwecke der Einstreu in den Ställen, wurde freilich, schon ihres damals geringeren Umfanges wegen, nicht in der ganzen Tragweite durchschaut, und als ihre Ausdehnung wuchs und ihre vernichtende Wirkung auf Boden und Bestand dann endlich voll erkannt wurde, gelang es infolge der agrarpolitischen Entwicklung in Bayern bisher nicht, ihren Einfluß auszuschalten. Ein zweiter Dalberg, der wie das Laubaschenbrennen so die Streunutzung überhaupt beseitigte, harrt noch der Wiederkehr.

In der Waldbautechnik war schon um die Wende des 18. zum 19. Jahrhundert die Frage der Buchenverjüngung, die einmal bereits im ersten Drittel des 18. Jahrhunderts einen glänzenden Abschluß gefunden hatte, durch den Einfluß der ersten Forsteinrichtung aber auf einige Zeit vom geraden Weg abgedrängt worden war, durch die Annahme und Durchführung der klaren, wohl begründeten Lehren Gg. L. Hartigs erneut grundsätzlich auf lange Zeit gelöst. Die Lösung der zweiten brennenden Frage, jener des Schicksals der Buchenkrüppelbestände und im engsten Zusammenhang damit die weitere der Einbürgerung des Nadelholzes im Spessart als Ersatz schlechtwüchsigen Laubholzes war durch Tettenborns Verdienst im Jahre 1790 angebahnt. Die Technik der künstlichen Verjüngung, wenn auch nur im Bereich begrenzter Anwendung, hatte schon eine über 20 jährige Tradition hinter sich. Die Aufgabe der Waldbautechnik hinsicht=

lich der Buche und des Nadelholzes war deshalb in der nächsten Zeit nur auf den Ausbau der bisherigen Verfahren, auf Vertiefung der Erkenntnisse und Spezialisierung gerichtet. Ungelöst aber trat das Eichenproblem entgegen, nicht so sehr bezüglich der Liquidation der ungeheuren Vorräte aus der Vergangenheit, des Überhaltes der Alt= eichen, — beides hatte ebenfalls Tettenborn schon im Jahre 1790 im großen und ganzen theoretisch wenigstens geregelt —, als der Nach= zucht der Eiche für die Zukunft in organischer Verbindung mit der Buchenverjüngung. Hier griff die neue Zeit schöpferisch gestaltend ein. Die Bewältigung des Eichenproblems, die Intensivierung der Buchenverjüngung, aber ganz im Rahmen der Methode von Gg. L. Hartig, und die allgemeine Einführung der Kunstverjüngung der Nadelhölzer füllte die Epoche von 1814 bis 1870 aus. Die Bestands= erziehung und Pflege blieb noch in den Kinderschuhen stecken, sie spielte eine durchaus untergeordnete Rolle. Dann wurden mit dem Emporblühen des deutschen Wirtschaftslebens nach dem glücklichen Ausgang des Krieges von 1870/71 der Forstwirtschaft im Spessart neue Ziele gesteckt, deren Erreichung eine Änderung, einen Wende= punkt der Waldbautechnik bedingte, der wie ein weißer Markstein die folgende Epoche abscheidet.

A. Die Epoche von 1814—1870. Das Eichenproblem. Der Ausbau des Schirmschlags. Die Zeit der Bestockungs= wandlung.

Im Anfang dieser Epoche, im Jahre 1826 und später 1830 und 1835/36 tritt uns zum ersten Male eine auch begrifflich klarere, wenn auch sehr allgemein gehaltene Zielsetzung für die Forstwirtschaft im Spessart entgegen: welchen Zwecken im staatlichen Leben, in der Volkswirtschaft soll der Wald im Spessart dienen? Welche Ziele hat dementsprechend die Forstwirtschaft zu verfolgen? Die erste Frage fand eine sehr eingehende Beantwortung durch Erörterung der sozial= und privatökonomischen, besonders auch der sozialpolitischen Gesichtspunkte, die darin gipfelte, daß bei dem geringen Lokalbedarf und der Abgelegenheit des Spessarts nur die Erzeugung bester, wert= vollster, gesuchtester Handelsware an Nutz= und Brennholz zur Er= zielung hoher Einnahmen „aus staatswirtschaftlichen Rücksichten, so= wie im Interesse des Handels für In= und Ausland" anzustreben sei. Dabei wurde das Prinzip der Nachhaltigkeit im doppelten Sinne, in der Holznutzung durch sparsames konservatives Haushalten mit den noch zuwachsfähigen Altholzvorräten und in der Holzerzeugung durch Erhaltung und Verbesserung der Standortsgüte betont. Als Ziel der Forstwirtschaft wurde dann folgerichtig die Erhaltung der Eiche und vor allem die Nachzucht stärkerer Eichensortimente, „wo immer die Produktionsfähigkeit des Bodens noch entspricht", bis 0,5 der Fläche mit einem doppelten bis dreifachen Buchenumtrieb, die ausgedehnte Nachzucht der Buche mit einem Umtrieb von 144 Jahren als der beiden Holzarten, welche im Spessart ursprünglich natürlich vorkommen und günstiges Gedeihen zeigen, der schleunige Ersatz der zuwachslosen Krüppelbestände und sonstiger vermagerten Flächenteile durch eine Nadelholzgeneration zur „Aufbesserung des Bodens" und die Nutzung rückgängiger, abständiger, z. T. schon rindenloser Eichen bestimmt. Die Umtriebszeiten der Buche und Eiche fanden eingehende Begründung durch Hinweis auf die Zeit des höchsten Durchschnittszuwachses zur Erzeugung größter Mengen und bester Qualität Brennholz, der besten technischen Verwendbarkeit des Holzes und der Möglichkeit leichtester Wiederverjüngung. Es ist die Aufgabe der weiteren Ausführungen zu zeigen, wie der Waldbau diese Ziele, die erst gegen Ende der Epoche unter dem Einfluß der Bodenreinertragslehre unwesentlich verschoben wurden, zu erreichen, sie produktionstechnisch zu verwirklichen suchte.

1. Das Eichenproblem.

Der Überhalt. Vorschriftsgemäß blieben im Spessart bis Mitte des 18. Jahrhunderts sämtliche irgend lebensfähigen Eichen von der Nutzung verschont, um Mast für das Wild, sekundär auch für die Schweine zu liefern. Mit steigendem Geldbedarf von Kurmainz, mit der Ausbildung des „Kommerzialholzhandels", begann dann besonders gegen Ende des 18. und zu Anfang des 19. Jahrhunderts eine Ausbeutung des Waldes nach den schönsten Eichenstämmen „nicht auf Grund von wirtschaftlichen Erwägungen, sondern von einseitiger Finanzspekulation", wie sie rücksichtsloser sich kaum denken läßt. Damit erlitt der absolute Eichenüberhalt seinen ersten Stoß. Erst die neue Zeit trat mit kritischem Sinn an den im Jahre 1836 nach eingehenden Erhebungen auf 897 000 Klafter geschätzten Alteichenvorrat heran, um die Fragen, wie der Vorrat zu liquidieren, — wieviel davon in absehbarer Zeit zu nutzen, welche Masse weiterhin überzuhalten —, und die schwerere, wie der Überhalt in der Zukunft zu regeln sei, zu entscheiden.

Die Antwort auf die erste Frage lautete: „In den meisten Abteilungen finden sich mehr oder weniger rückgängige, abständige, z. T. schon rindenlose Eichen zerstreut, deren oft noch sehr ansehnlicher Wert einer schnellen Verminderung ausgesetzt ist. Ökonomische und forstwirtschaftliche Motive stehen zur Seite, um sie baldmöglichst zu nutzen, wobei ihre Umgebungen weniger Beschädigung zu erleiden haben und die Aufsicht leichter ist, als wenn dergleichen Stämme dem Windwurfe oder Zusammenbrechen überlassen bleiben." Dementsprechend wurden nicht weniger als 621 000 Klafter des Gesamtvorrats, also über zwei Drittel des Vermächtnisses vieler Jahrhunderte, als „überständig", „rückgängig", „zuwachslos" zur Nutzung innerhalb der nächsten 144 Jahre, 276 000 Klafter, „das schönste, in bestem Zuwachs stehende Eichenholz" zum Überhalten für den folgenden Turnus bestimmt. Die Nutzung sollte grundsätzlich anläßlich der Verjüngung von Beständen, aber nach Erfordernis auch durch Auszugshauungen in Stangen- und angehend haubaren Hölzern mit aller Vorsicht, nach Entasten usw. zur Verminderung der Beschädigung der Umgebung erfolgen.

Erlitt damit der Überhalt schon eine außerordentliche Einschränkung, so wurde sie noch wesentlich verstärkt durch die ungünstigen Erfahrungen, die man beim praktischen Überhalt machte, die Schwierigkeit des Überhalts selbst. Neigte man ursprünglich im konservativen Altruismus dazu, alles nach menschlichem Ermessen ausdauerungsfähige Material, wo und wie man es vorfand, dem zweiten Umtrieb zu erhalten, „da im Laufe der gegenwärtigen Berechnungszeit bedeutende Eichenmassen von 300- bis 500jährigem Alter zur Nutzung gezogen werden, welche uns die Vergangenheit jedenfalls in ausgedehnterem Maße überließ, als wir für die Zukunft wirtschaftlich in Reserve stellen können", so wurde schon im Jahre 1851 ein entscheidender Schritt vorwärts durch die Anordnung gemacht, den Überhalt der Eiche im allgemeinen nur horstweise oder besser bestands-, ja abteilungsweise vorzunehmen, da der Einzelüberhalt meist zu Zopftrocknis und zum Absterben führe, und gleichzeitig schlankwüchsige, gipfelfrische Buchen auf den Überhaltflächen zum Schutze des Bodens, der Eichenstämme gegen Wasserreiser- und Klebastbildung, dann zur Buchenverjüngung, zur natürlichen Entstehung von Buchenunterbau zu belassen. Wo die Buche in den

Überhaltflächen fehlte, sollte sie alsbald künstlich durch Saat und Pflanzung eingebracht werden. Der wenn auch weniger wählerische Überhalt auf größerer Fläche war als Ersatz gedacht für den Einzelüberhalt, der von jetzt an verschwand. Der gemischte Eichen-Buchen-Überhalt erschien als das Ideal, beide Holzarten sollten Starkholz liefern, die Buche nach dem ersten Umtrieb oder vorher nach Erzeugung „starker Blochware" genutzt und natürlich verjüngt werden. Als geeignet wurden namentlich Bestände bezeichnet, in welchen der Boden durch Buchenvorwuchs bereits bedeckt und gegen Austrocknung, und das Verjagen des Laubes durch den Wind geschützt ist. „Zur Erhaltung und selbst zur besseren Entwicklung solchen Vorwuchses wären derlei Bestände so oft als nötig zu durchforsten und vom rückgängigen Stammholze stets sorgfältig zu reinigen."

Damit waren die Grundsätze der Behandlung der Alteichen im allgemeinen so festgelegt, wie sie in der ersten Epoche praktisch gehandhabt wurden. Erfolgreich waren sie nur auf der Großfläche und bei jüngeren Eichen. Wie zuerst beim stammweisen Überhalt beobachtet wurde, so reagierte auch der horstweise Eichenüberhalt auf die Freistellung durch Klebastbildung, Zopftrocknis, Rückgang von Boden und Bestand, wobei zu berücksichtigen ist, daß die 500jährigen und meist noch älteren Eichen an sich an der Schwelle des natürlichen Lebensalters standen und in ihrer Lebensenergie nachließen, aber auch der Übergang aus dem Schluß zur Freistellung, zu dem Überhalt zu unvermittelt erfolgte, ohne daß Boden und Bestand die allmähliche, Jahrzehnte in Anspruch nehmende Anpassung an die neuen biologischen Verhältnisse ermöglicht worden wäre. Die geplante, nachhaltige, auf Jahrhunderte sich erstreckende Abnutzung der Vorräte scheiterte somit an der Unmöglichkeit der Reservierbarkeit der Alteichen. Die Verhältnisse waren stärker als die Anordnungen.

Die Nachzucht der Eiche. Durch den fast unbeschränkten Eichenüberhalt in der Vergangenheit bis fast zu Beginn der neuen Zeit war die Frage der Eichennachzucht eigentlich nie sehr aktuell geworden. Eichenholz hatte man ja in Hülle und Fülle. Ganz außer acht hatte man sie freilich mindestens seit dem Jahr 1600 nicht gelassen, aber man glaubte dafür genug getan zu haben durch das befohlene Stehenlassen der Hegereiser bei den Verjüngungshieben. Erfolgreich war diese Maßnahme nicht, weil entweder die nötigen Hegereiser in den Beständen gar nicht vorhanden waren, wie die Bestimmung erweist, daß bei ihrem Fehlen als Ersatz Buchenreiser zu wählen seien, oder, wenn sie sich vorfanden, einen frühen Tod durch die infolge der plötzlichen Freistellung erfolgende Klebastbildung, infolge Umbiegens durch Wind und Schneedruck, Überwachsenwerdens seitens der Umgebung fanden, aber auch dem Frevel besonders ausgeliefert waren, weil das Jungeichenholz selten und höchst begehrt war als Geräteholz aller Art in der Landwirtschaft. Zudem war ja die ganze Waldbautechnik von der ältesten Zeit bis 1814 einseitig auf die Buche zugeschnitten — der Mensch unterstützte im ungleichen Kampf zwischen der alteingesessenen Eiche gegen die besser ausgerüstete eindringende Buche letztere — und hat, von den Eichenheisterbeständen und den wenigen, gleichfalls teils mehr zufällig, teils durch Liebhaberei einzelner Beamten, seit 1750 entstandenen nicht bedeutenden Flächen abgesehen, tatsächlich kaum einen Eichenbestand von Bedeutung der neuen Zeit überliefert. Auf der einen Seite standen also riesige Alteichenvorräte, durchweg aus meist über 400- und 500jährigem Holze bestehend, aus dem ehemaligen Urwald, der Eichenperiode stammend, zum großen Teil zuwachslos, rückgängig, wenn nicht gar abständig, auf der anderen Seite fast vollständiger Mangel an allen jüngeren Altersstufen bis herab zum Jungwuchs, ein denkbarst gestörtes Altersklassenverhältnis, das war die Lage bei der Eiche, als Bayern die Waldwirtschaft im Spessart übernahm, die es vor die Aufgabe nicht nur der Liquidation der Alteichenvorräte, sondern nunmehr allen Ernstes auch jene der planmäßigen Nachzucht der Eiche stellte. Ihre Erfüllung war ein schweres Problem, kompliziert durch das dogmatische Streben nach der allein als wahrhaft gut anerkannten Naturverjüngung, dessen Lösung aber nach einem gründlichen Wandel gegen Ende dieser Epoche zu einem gewissen vorläufigen Abschluß kam, um in der folgenden Zeit bis herein in die Gegenwart erneut Gegenstand lebhafter Erörterung zu werden. Das muß aber schon hier anerkannt werden, daß — im Rahmen jener Zeit — die bayerische Staatsforstverwaltung die beste Technik der Eichennachzucht von Anfang an in streng wissenschaftlicher Weise zu finden suchte: sie beschritt zunächst den empirischen Weg und schloß aus den bisherigen Erfahrungen, sie leitete dann deduktiv aus der Biologie der Eiche und Buche die Grundlagen der Eichenverjüngung ab und baute schließlich auf der so gewonnenen Erkenntnis synthetisch die neue Waldbautechnik auf.

Die letzten Gründe der offenkundigen, seit Tettenborns Gutachten allen Forstleuten klar ins Bewußtsein gekommenen Tatsache des

Versagens der Eichenverjüngung lagen in der Vorwüchsigkeit der Buche vor der Eiche, meist von Jugend an und zweifellos im späteren Leben bis zur Haubarkeit, und wegen der Gefährdung der Jungeiche durch Wild und Weidevieh; sie lagen ferner in dem erhöhten Lichtbedürfnis der Eiche gegenüber der schattenfesten Buche. Was Wiesner[1]) im Jahre 1907 und 1911 experimentell und zahlenmäßig nachgewiesen hat, daß das Lichtgenußminimum der Buche erst bei $1/80$, bei Eiche aber schon bei $1/26$ liegt, das lehrte damals schon allgemein und gefühlsmäßig der tägliche Augenschein. Man begriff auch, daß das bisherige Verjüngungsverfahren einseitig die Buche in ihren wichtigsten Lebensbedingungen begünstigte. Als erste Forderung ergab sich daher „die Erkenntnis, daß die Nachzucht der Eiche am besten in den Schlägen durch die frühere Freistellung des Eichenkernwuchses, ihm hierdurch die in zarter Jugend schon beliebte atmosphärische Einwirkung und zugleich einen Vorsprung vor der schneller wachsenden Buche sichernd, gefördert werden würde".

Andererseits aber befriedigten die wenigen vorhandenen reinen Eichenkulturen und reinen Eichenstangenhölzer, auch die Heisterbestände in Rohrbrunn, keineswegs. Das Urteil über sie lautete dahin, „daß die leider so rein und unvermischt künstlich herangezogenen Eichenjunghölzer größtenteils weder Höhe noch Schaftreinheit, sondern wirre Kronenverbreitung und wenig Wert zu Kommerzial- und Nutzholz einst erhalten dürften". Später heißt es: „Die Eichen zeigen im Sandsteingebirge im reinen Zustande nur schwaches Wachstum und die überall sichtbare Neigung, auf Kosten der schwächsten Piecen mit zunehmendem Alter eine lichtere Stellung einzunehmen, als Folge dessen sich bei starkem Durchmesser weder Höhe noch Schaftreinheit, dagegen eine verworrene mächtige Bekronung bildet, gehört offenbar unter die besonderen Eigentümlichkeiten dieser Holzart; wahrscheinlich bei der, aus ihren eigenen Mitteln nur geringen Humusbereitung durch den Mangel an Nahrungsstoffen hervorgerufen." Reinbestände von Eichen sollten deshalb nicht begründet, die erste Forderung der Begünstigung der Eiche vor der Buche nicht zu straff durchgeführt, ins Extrem, das der Reinbestand gewesen wäre, verzerrt, sondern als zweite die angereiht werden, daß nur

---

[1]) Wiesner, „Der Lichtgenuß der Pflanzen" 1907, ferner „Weitere Studien über die Lichtlage der Blätter und den Lichtgenuß der Pflanzen", 1911.

Mischbestände von Eichen und Buchen, und zwar die Einzelmischung, die beste Realisierung des Wirtschaftszieles gewährleisten; sie lautete: „Im Gegensatz zwingen die in Buchenbeständen stets unter= mischt gebliebenen Eichen mit ihrer außerordentlichen Schaftrein= heit, ihrem Höhenwuchse — bei schwacher Bekronung und Be= wurzelung — zur wahren Bewunderung und mußten de facto die vollste Überzeugung geben, daß die Eichen nur in Untermischung mit anderen Holzarten und vorzüglich mit der Buche ausgezeichnete Individualität und Gebrauchswert zu erlangen vermögen."

Die daraus abgeleiteten Vorschriften von den Jahren 1816/20 bewegten sich, wie zu erwarten steht, da ein anderes Verfahren nach dem Geiste jener Zeit gar nicht in Frage kam, ganz im Rahmen und in starrer Abhängigkeit der bei der Buche erfolgreichen Verjüngungsform, der Naturverjüngung in der Gestalt des Dunkel= schlags nach Gg. L. Hartigs Generalregeln, nur sollte er den bio= logischen Ansprüchen der Eiche durch lichtere Schirmstellung und deren raschere Räumung angepaßt werden. Da aber in den zur Ver= jüngung in Betracht kommenden Eichen=Buchen=Althölzern auch bei erfolgreicher, anfangs vorwüchsiger Eichenverjüngung die Buche sich alsbald zahlreich einfinden und die Eiche schädigen, überwachsen und vernichten könnte, so mußte ergänzend eine weitere Anordnung ge= troffen werden: „Es wären in den Schlägen, wo die Buchen die Eichenkernwüchse zu überwachsen drohten oder schon überflügelt hätten, auf mehreren, einige Quadratruten großen Plätzen pr. Tagwerk die ersteren auszuschneiden, da hiedurch ein sehr reichlicher Eichenkernwuchs in vielen tausenden, zweckmäßigen Horsten wieder zutage gefördert würde, der auffallend schnell, auch wo er gänzlich unterdrückt war, sich wieder erholte, und, falls diese Manipulation des Vorwuchsausschneidens von Zeit zu Zeit nach Bedürfnis wieder= holt würde, zu den freudigsten Hoffnungen berechtigte." Weiter heißt es: „Nicht minder segensreich zeigte sich diese Eichenfreistellungs= methode in der Art und Weise, wie solche in den Gerten=, ja sogar angehenden Stangenhölzern, Anwendung fand. Es wurde nämlich überall, wo sich Eichen=Gerten= und Stangenholz von Buchen= oder sonstigem Stamm= oder Stangengehölze übergipfelt zeigte, das letztere ganz oder teilweise, so weit es nämlich dem Zweck einer ver= nünftigen Freistellung und Befreiung der Eiche von überragendem Holze — ohne solche bei ihrem schlanken Wuchse der Gefahr des Niederdrucks durch atmosphärische Einwirkungen, oder aus eigenem

Unvermögen gerader selbständiger Haltung bloßzustellen — entsprach, entgipfelt oder ausgehauen und hiedurch außer dem Hauptzweck der Errettung vieler tausend Eichen eine beträchtliche Zwischennutzung von Kohlholz erzielt."

Damit wurde erstmals eine aktive Waldbaupolitik zugunsten der Eiche eingeleitet, die nicht nur die Begründung der Eiche, sondern auch ihre innige Mischung mit der Buche, die Einzelmischung, und ihren Schutz im späteren Leben gegen die Gefahr des Überwachsenwerdens durch ihre brutalere Begleiterin gewährleisten sollte. Letzterer, die Beseitigung oder das Zurückschneiden — Köpfen — der Buche wurde zu einer Maßnahme, die im Spessart von ihrer ersten Anordnung ab in konsequenter Durchführung und mit einem seltenen Eifer zur Anwendung kam, die sich besonders auf schon vorhandene, in der Epoche 1773—1780 meist spontan entstandene Eichen=Buchen=Jungwüchse erstreckte, die im Prinzip heute noch in Übung ist und manche schönen Erfolge erzielte, die freilich von öfterer Wiederholung und großer Aufmerksamkeit auch im Dickungsalter abhängig und deshalb bei der Ausdehnung des Betriebes im Spessart, dem früheren Arbeitermangel und der hohen Kosten wegen nur innerhalb gewisser Grenzen möglich waren. Aber die Begründung der Eiche im Eichen=Buchen=Mischbestande mittels des Dunkelschlags führte nicht zum Ziel. Die Ursachen lagen in der Schwierigkeit der Abstimmung des Schirmstandes, der Hiebstechnik, auf die besonderen biologischen Anforderungen der Eiche gegenüber der Buche, in der Zufälligkeit des Auftretens der Eichen= und Buchenmastjahre an sich und in ihrem Verhältnis zueinander, allgemein in der Überlegenheit der im Spessart mächtig vordrängenden, schattenfesten, vor Wild und Weidevieh viel mehr gesicherten Buche im Daseinskampf mit der Eiche, die durch die Regelung des Lichtgenusses allein zu ihren Gunsten und nach ihren Bedürfnissen nicht ausgeglichen werden konnte. Jedenfalls drang schon sehr bald die Überzeugung durch, daß die Technik der Eichennachzucht sich auf die Dauer nicht auf der Unterlage der Anwendung des für die Eiche modifizierten Dunkelschlags auf der Großfläche und des öfter zu wiederholenden mechanischen Eingriffs in den Kampf der Eiche mit der Buche in bisheriger Art gründen lasse.

Den Wirtschaftsregeln des Forsteinrichtungswerkes vom Jahre 1835/36 oblag deshalb die Aufgabe, nach weiteren Mitteln zu sinnen, um der Eiche die dauernde Existenz neben der Buche möglichst allein auf biologischem Wege zu ermöglichen und unabhängig von den ständigen Pflegemaßnahmen durch den Wirtschafter zu sichern. Man glaubte sie darin gefunden zu haben, daß man von der Einzelmischung zur horstweisen Beimischung der Eiche überging, von dem richtigen Gedanken geleitet, die Eiche sei in reinen Horsten gegen die überwachsende Buche weit besser geschützt als im Einzelstand, der Kampf konzentriere sich auf die Horstränder, und der Wirtschafter könne auf dieser fest umrissenen Kampfzone leichter entscheidend in ihn eingreifen, daß man gleichzeitig zwar auf die Befolgung des Grundsatzes der Einzelbeimischung der Buche zur Eiche von erster Jugend an verzichtete, aber auf die nachträgliche, sei es die allmähliche natürliche oder künstliche Ansiedelung unter der schon älteren Eiche drängte und sich damit, daß die Buche sich auch erst im Stangenholzalter einfand, begnügte und endlich noch der Eiche durch die mäßige Ausdehnung der Horste die wohltätige Einwirkung des umgebenden Buchenbestandes, des Buchenlaubes auf den Boden durch den seitlichen Laubeinfall in die Eichenhorste, der Luftruhe, Luftfeuchtigkeit, der Abhaltung intensiver Lichteinwirkung mit den Folgen reicher Astbildung darzubieten suchte. Ferner sollte den Eichenhorsten ein größerer Altersvorsprung vor dem Buchengrundbestand gegeben werden, wodurch die Eiche abermals vor der schneller wachsenden Buche geschützt war. Man strebte als Ideal einem schachbrettartigen Bestandsrelief zu, in dem in der Jugend reine Eichenhorste im reinen Buchengrundbestand eingebettet lagen, im späteren Alter, äußersten Falles schon von dem Zeitpunkt an, in dem die Eiche wenigstens einen mehrjährigen Vorsprung vor der Buche hatte und in sich geschlossen war, die Buche unter die Eiche sich natürlich einfand oder künstlich unterbaut wurde, mit der Lichtstellung der Eiche sich erkräftigte und die Eichenhorste die Struktur des zweischichtigen, für die Eiche gefahrlosen Bestandsschlusses entwickeln sollten. Würde die Eiche überwachsen, so hatte man zu ihrer Rettung in dem Entgipfeln der Buche ein letztes, zwar kostspieliges und unbequemes, aber bewährtes Verfahren zur Hand. Die Buche sollte nach dem Erreichen der Haubarkeit, aber ganz nach den Erfordernissen der Eiche, deren Dienerin sie war, in einem blenderwaldartigen Verfahren natürlich verjüngt werden.

Die Technik der horstweisen Eichennachzucht, die ihr Vorbild, das sie maßgebend beeinflußte, in dem horstweisen Eichenüberhaltbetrieb hatte, bot weiter insbesondere die gesuchte Handhabe zur organischen

Eingliederung der Eichenwirtschaft, auch des Überhaltbetriebes, in die Buchenwirtschaft. Es war im Wirtschaftsziel festgelegt, der Eiche im allgemeinen das dreifache Alter der Buche ($3 \times 144 = 432$ Jahre) erreichen, sie rund 400 Jahre alt werden zu lassen, um höchstwertiges Starknutzholz zu erzeugen. Die Erfahrung hatte gelehrt, daß der Überhalt nicht beim Einzelstand, sondern nur in Horsten glücken konnte, weil auf langsame Ablösung von der Umgebung, auf geringste Störung der Standortsverhältnisse der Eichen nur so weitgehende Rücksicht genommen werden konnte. Die bei der Verjüngung eines Bestandes entstandenen Eichenhorste mußten aber beim Abtrieb der Buchen nach 144 Jahren in den zweiten und nach Ablauf des zweiten Umtriebes nach 288 Jahren in den dritten Umtrieb überführt werden. Der Zyklus war in der Art gedacht, daß bei jeder Verjüngung eines sonst geeigneten Bestandes 0,3 der Gesamtfläche mit neuen Eichenhorsten begründet und hiebsreife Eichenforste im nämlichen Ausmaße genutzt werden sollten, so daß stets drei Altersabstufungen der Eichen mit der Differenz von je 144 Jahren auf jeder Einheitsfläche vorhanden wären. Das Wirtschaftsverfahren bewegte sich demnach in der Verbindung des mindestens zwei-, in der Regel aber dreimaligen Umtriebes und der ebenso oft natürlichen Verjüngung der Buche mit dem einmaligen Umtrieb der Eiche, es stellte eine aus verschiedenen Umtrieben zusammengesetzte Betriebsform dar, die man mit dem Wort „Kompositionsbetrieb" begrifflich festlegte (Abb. 1).

Bei der Ausführung dieser spekulativ entstandenen Waldbautechnik in der Wirklichkeit mußte nach den drei für die Eichennachzucht in Frage kommenden Bestandstypen, den Eichen-Buchen-Mischbeständen, den reinen Eichenbeständen und den reinen Buchenbeständen unterschieden werden. Für letztere kam selbstredend nur Kunstverjüngung der Eiche, in der Regel durch Saat, ausnahmsweise durch Pflanzung in Betracht, während in reinen Eichenbeständen die Buche künstlich beizumischen war. Ebenso sollte bei ungünstiger Bestandsmischung in den Mischbeständen die Kunst korrigierend den Ausgleich schaffen. Die künstliche Einbringung der Eiche sowohl als der Buche sollte aber ganz unter den Bedingungen der natürlichen Verjüngung, auf die die Technik eindeutig eingestellt war, unter dem Schutz des Altholzes erfolgen.

Der Verlauf des Verfahrens in den Eichen-Buchen-Mischbeständen war in der Art gedacht, daß in den Verjüngungsbeständen zunächst die Eichenüberhalthorste ausgesucht und, wenn notwendig, mit Buchen unterbaut wurden. Demnächst sollte die natürliche Begründung der Eichenjunghorste erfolgen, und zwar in der Manier des Dunkelschlags, angewandt auf die Kleinfläche, den Horst: „Zum Behufe dieser Nachzucht werden in den alsbald zum Angriff bestimmten Beständen beim Eintritte eines Eichelmastjahres die nächsten Umgebungen der zum Überhalten nicht geeigneten oder bestimmten Sameneichen hinlänglich licht angehauen und dem erfolgten

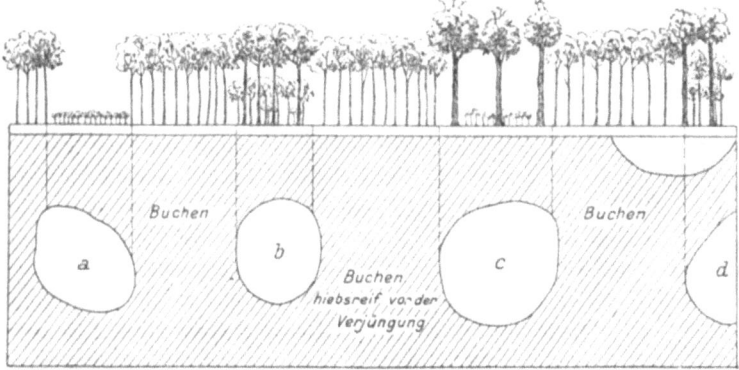

a Eichen, etwa 6 j., freigestellt; b Eichen, 1 u (144) j., mit Buchen unterbaut, zum Überhalt bestimmt; c Eichen, 3 u (432) j., mit etwa 6 j. natürl. Eichenverjüngung, hiebsreif; d Eichen, 2 u (288) j., mit Buchen unterbaut, zum Überhalt bestimmt.
Abb. 1. Schematische Darstellung des Kompositionsbetriebes.
Zustand im Alter 2 u.

Eichenaufschlage hernach auch sofort die erforderliche freiere Stellung verschafft, während im übrigen der Bestand bis zu einem Mastjahre noch in seinem Schlusse verbleibt." „Zur Begründung des gewünschten Mischungsverhältnisses werden nach Umständen auch größere, in den Buchenverjüngungen verbleibende Schlaglücken und Blößen auf entsprechendem Boden und Lage mit Eiche ausgepflanzt." „Die Nachzucht der Buche unter den überzuhaltenden Eichenhorsten und Stämmen ergibt sich bei der Hauptverjüngung auf natürlichem Wege, wenn nur einzelne Samenbuchen zwischen jenen Horsten vorhanden sind. Wo dergleichen fehlen, wird durch Einsaat (Einstufung) von Bucheln geholfen." „Wie sich das Verfahren modifiziere, wenn

Eichel- und Buchelmastjahre zusammenfallen, oder erstere ausbleiben und letztere im voraus benutzt werden müssen, so wird bemerkt, daß im letzten Falle umgekehrt die mit Eichen zu verjüngenden oder einzustufenden Partien einstweilen in ihrer dunklen Schlußstellung verbleiben, daß die späterhin auf denselben erzielten jungen Eichenhorste um so sorgfältiger gegen Verdämmung durch die Buche zu schützen sind, weil diese bereits im Vorsprunge ist, und daß unter allen Verhältnissen dem Eichenaufschlage die ihm zuträgliche freiere Stellung rechtzeitig gegeben wird."

In den reinen Alteichenbeständen, meistens Lichtwaldungen, sollte der Überhalt und die Verjüngung der Eiche wie in den Mischbeständen erfolgen, „die Buche aber künstlich in gleichem Verhältnis beider Holzarten, mit Rücksicht auf bedeutenden Vorsprung der jungen Eichenpflanzen und deren weitere Beschützung im Wege der Schlagpflege" horstweise, beim Ausscheiden von Überhalthorsten „vorzugsweise unter ihnen und in der Umgebung angebaut werden". „Eichenbestände mittleren Alters und Stangenhölzer sind bezüglich auf ihren Hauptbestand für den folgenden Turnus in Reserve gestellt. Die unterdrückten und kümmernden Stammklassen werden rechtzeitig bis zu dem Maße ausgeforstet, daß die auch hier künstlich einzubringenden Buchen unter und zwischen den Eichen heranwachsen können."

Für die reinen Buchenbestände bestimmten die Vorschriften: „Um auch in den reinen Buchenbeständen eine Beimischung der Eiche zu erzielen und auf den beabsichtigten Kompositionsbetrieb einzulenken, werden, wenn Saateicheln vorhanden, diese in den zunächst zum Angriff bestimmten Abteilungen, vorzugsweise auf den lichter bestockten und nach Erfordernis noch mehr auszuhauenden Stellen, im voraus dicht eingestuft, und die hiemit erzielten jungen Eichenhorste werden in den folgenden Jahren allmählich freigestellt. Bei eintretender Buchelmast erfolgt die Buchenverjüngung auf natürlichem Wege, und sollten hernach die Eichelhorste hie und da von der Buche oder von Weichholz mit Überwachsen bedroht werden, so ist auch hier durch Herausschneiden oder Entgipfeln und später bei den Reinigungen und Durchforstungen durch allmähliches Heraushauen des die Eiche benachteiligenden Holzes nachzuhelfen. Diese erstmaligen Eichenhorste werden, beim nächsten Haubarkeitsabtriebe der Buchen, in ihrem gutwüchsigen Hauptbestande übergehalten, für das Einbringen der Buche in dieselben gesorgt, und zugleich werden wieder junge Eichenhorste in Flächenteilen, die mit Buchen bestockt sind, auf die oben bezeichnete Weise angelegt, so daß in zwei bis drei Umtrieben der zuletzt benannten Holzart das vorgesetzte Ziel vollkommen erreicht werden kann."

Damit war im wesentlichen das Eichenproblem für die erste Epoche der neuen Zeit gelöst und zunächst zum Abschluß gekommen. Die neue Technik bedeutete einen gewaltigen Schritt vorwärts, sie ist aber auch systematisch von höchstem Interesse. In der Zeit von 1830—1840 erfolgte in der horstweisen Verjüngung der Eiche unter Schirmstellung bei grundsätzlichem Geschlossenhalten der Horstumgebung der Übergang von der ungedeckten Schirmstellung und damit der Großflächenwirtschaft zur gedeckten Schirmstellung, der Kleinfläche, die Emanzipation vom Dunkelschlag im Hartigschen Sinne bei der Eichenverjüngung. Es fand demnach in jener Zeit schon ein Verjüngungsverfahren im Spessart Eingang und Anwendung im Großen, das später durch Gayer in seinem im Jahre 1886 erschienenen Buch „Der gemischte Wald, seine Begründung und Pflege, insbesondere durch Horst- und Gruppenwirtschaft"[1]) weiter durchgebildet, Verbreitung gefunden und Berühmtheit erlangt hat. Dieses Verfahren bildete die Grundlage und das Vorbild für die Buchen-Nadelholzwirtschaft im Spessart in der folgenden Epoche, wenngleich es sich um jene Zeit bei der Verjüngung der Eiche schon überlebt hatte, einer neuen Technik hatte weichen müssen. Denn die Kostspieligkeit des Freischneidens der Eichenhorste, die Unsicherheit des Erfolges bei mangelnder Kontrolle, versäumter Wiederholung der Pflege zeitigten schon seit dem Jahre 1855 die Tendenz, die Größe der Eichenhorste über das ursprünglich vorgesehene Maß, das durch die Möglichkeit der Beeinflussung der Eichenhorste durch den umgebenden Buchengrundbestand festgelegt war, immer mehr auszudehnen. Im gleichen Sinne wirkte das Bestreben nach einer stärkeren Beteiligung der Eiche an der Bestandsmischung und die allgemeine Einführung des künstlichen Buchenunterbaues unter die Eichen, in der man einen vollwertigen Ersatz der gleichalterigen Buchenbeimischung zur Eiche gefunden zu haben glaubte. So vollzog sich gegen Ende der Epoche bei der Eiche der Übergang zur Großfläche, eine Rückbildung aus der gedeckten zur ungedeckten Schirmstellung.

---

[1]) Berlin, Parey.

2. Der Ausbau des Schirmschlags bei der Buche.

In der letzten Epoche der älteren Zeit, in der die Ausbeutung des Spessarts, die Erzielung höchster Einnahme so sehr wie niemals in der Geschichte der Waldwirtschaft dieses Gebietes weder vorher noch nachher im Vordergrund der Erwägungen stand, begnügte man sich damit, als Ersatz für technische Vorschriften summarisch auf die Generalregeln Hartigs als maßgebend für die Buchenwirtschaft hinzuweisen. Die neue Zeit unter der regsamen bayerischen Verwaltung kodifizierte aber alsbald die in Anwendung stehenden Grundsätze, die ursprünglich wenigstens zum großen Teil sich mit Hartigs Lehren deckten, sehr bald aber schon, insbesondere gegen Mitte des vorigen Jahrhunderts, durch einen weiteren Ausbau der Hiebstechnik im fortschrittlichen Sinne ergänzt wurden.

Die nach dem Besitzwechsel des Spessarts im Jahre 1814 aus Anlaß der Vorarbeiten für die erste (sog. primitive) bayerische Forsteinrichtung, die im Jahre 1836 zum Abschluß kam, sehr zahlreich ausgeführten Inspektionsreisen und daraufhin abgefaßten umfangreichen Protokolle beklagten die Folgen der bisherigen Wirtschaft insbesondere in der Hinsicht, daß zu ausgedehnte Flächen in Verjüngung standen und die Nachhiebe deshalb nicht entsprechend dem Lichtbedarf des Jungwuchses geführt werden konnten, ferner daß „die Hiebsführung überhaupt weniger auf wirtschaftliche Regeln als auf einseitige Finanzspekulation oder immer noch auf Jagdvorteile begründet worden sei". „Vielenorts hätte man das wertvollste astreine Holz auch in den Buchenbeständen genutzt, die astigen, am meisten masttragenden Stämme aber der Jagd und des Wildes wegen im Walde belassen." Es galt demnach, ähnlich wie bei den Alteichen, auch bei den Buchen zuerst die Erbschaft der Vergangenheit zu bereinigen, bevor man neue Bestände zur Verjüngung in Angriff nahm. In Erkenntnis dieser Sachlage wurde ausgeführt, daß „durch die regulären Hiebsführungen das Maß der Verjüngungsangriffe (= der Angriffsflächen) aus übertriebener Ängstlichkeit der selten eintretenden Mastjahre wegen überschritten worden sei und auf rechtzeitige und vollwichtige Vornahme der Nach- und Abtriebshiebe dringend gesehen werden müsse". Ferner wurde eine „Hiebsordnung" aufgestellt, d. h. die Reihenfolge bestimmt, in der der Materialetat nach Maßgabe der Hiebsnotwendigkeit zu erfüllen wäre, und darin „die Führung der Nachhiebe im allgemeinen und insbesondere der

Reinigungshauungen der Kulturflächen" an erster Stelle genannt; dann sollten folgen „Auszugshauungen von abständigem Holze, Verjüngung kleiner Unterabteilungen zur Erzielung der Gleichförmigkeit der ganzen betreffenden Abteilung, Durchforstungen, lichte Eichwaldungen, unvollkommen bestockte Flächen oder überhaupt solche Bestände, welche weniger Zuwachs haben, als nach Verjüngung oder Kultur derselben erfolgt", zuletzt erst wäre der Hiebssatz aus Angriffshieben in normalen Haubarkeitsbeständen zu realisieren nach folgenden Vorschriften: „Die Verjüngung der Laubholzbestände soll in der Regel durch die Stellung von Besamungs- oder Dunkelschlägen in der Art bewirkt werden, daß im allgemeinen die äußersten Äste der Samenbäume einige Fuß voneinander abstehen; indessen hat Lage und Terrain auf die lichtere oder dunklere Stellung wesentlichen Einfluß, und es verlangen südliche und westliche Bergabhänge vorzüglich die letztere, während bei Abdachung in östlicher und nördlicher Richtung auch eine etwas lichtere Haltung noch vollkommenen Aufschlag erwarten läßt.

An Stellen, wo Wind oder Terrain Veranlassung zur stellenweisen Aufschichtung des Laubes wurde, ist dasselbe vorzugsweise vor Abfall des Samens durch Rechen, Schweineeintrieb usw. zu verteilen. Der Schweineeintrieb in Besamungsschlägen vor Abfall des Samens wird in den meisten Fällen, da durch das Umbrechen und Vermengen der Boden zur Saataufnahme empfänglich wird, von großem Vorteile sein. Nach dem Hauptsamenabfalle möchte derselbe nur in reinen Buchenschlägen, wo ohnedies die Eichenbeimischung der Kunst vorbehalten bleibt, und zwar auch dann, wenn keine volle Mast erfolgt war, meist zulässig und der Verjüngung günstig sein; in mit Eichen gemischten oder reinen Eichenschlägen dagegen dürfte dieser Eintrieb nach Hauptabfall des Samens entweder ganz verboten oder höchstens bei Vollmast ein schneller Durchtrieb mit schon gesättigten Schweinen mit Vorteil gestattet werden.

Der Angriff der Laubholzschläge soll von Osten und Norden gegen West und Südwest in der Regel geführt, und bei Bergabhängen, wo das Holz in das Tal gebracht werden muß, der Hieb nie bergauf, sondern bergabwärts geleitet werden.

Die Nachhauungen sollen sukzessive — je nachdem und wo es die Reichhaltigkeit und Erkräftung des Kernaufschlags mehr oder minder erheischt — beschäftigt werden, doch leidet diese Bestimmung hinsichtlich des Eichenkernaufwuchses und respektiv der Eichennachzucht überhaupt wesentliche Modifikationen; ebenso zeigt die Erfahrung, daß ein dunkler Stand und langes Überhalten der Schutzbäume auf vermagertem, mit Forstunkräutern überzogenem Boden dem Buchenkernwuchse nachteilig sei, wahrscheinlich weil die jungen Pflanzen bei freiem Stande den nötigen Schutz durch die Heide und Heidelbeere bekommen, ohne jedoch Regen und Tau, die dem Boden, der meist trocken ist, die nötige Frische erhalten, zu entbehren, während lange übergehaltene Schutzbäume sie nur verdämmen, ohne ihnen als Ersatz des stiefmütterlichen Bodens diese wohltätigen, atmosphärischen Einwirkungen zufließen zu lassen.

Vom Anhiebe der Bestände bis zum völligen Abtriebe darf man einen Zeitraum von 10—15 Jahren annehmen, vorbehaltlich jedoch der oben angeführten Ausnahmen, nämlich auf vermagerten Stellen und bei Eichenverjüngung, wo Lichtung und Abtrieb früher und nach Umständen sogar um die Hälfte Zeit eher erfolgen darf. Da jedoch nicht jedes Jahr, vielmehr alle 5—6 Jahre und manchmal noch länger nicht, eine Mast und vollständige Besamung erfolgt, so werden die Schlagflächen mehrere Jahre auf einmal in Angriff genommen und sodann nach Bedarf nach und nach, lichter gestellt." (Vgl. Anhang 3, Abb. 9.)

Gegenüber der Waldbautechnik in den ersten drei Jahrzehnten des 19. Jahrhunderts zeigt sich hier und in der folgenden Zeit ein mächtiger Fortschritt in der Klarheit der Disposition, der Bestimmtheit der Anordnungen, ihrer Begründung und Zielstrebigkeit. Hartig hatte den Anstoß gegeben, Bayern fußte auf ihm und baute weiter. Erstmals wurde die räumliche Ordnung, die bisher kaum beachtet wurde, in den Bereich der Erörterungen gezogen. Die Dauer des Verjüngungszeitraumes, der Umfang des Periodenschlags fand seine fest umrissene Begrenzung. Den Lichtschlag und den Abtriebsschlag Hartigs faßten die bayerischen Vorschriften in dem Begriff der „Nachhauungen" zusammen, die sie aber inhaltlich nicht mehr auf zwei Hiebsakte, sondern eine beliebige Zahl festlegten, die, allein von dem biologischen Bedürfnis des Jungwuchses diktiert, andererseits es ermöglichen sollte, den Lichtungszuwachs am Nachhiebsmaterial in stärkerem Maße zu gewinnen, ein Umstand, auf den später immer mit wachsendem Nachdruck hingewiesen wurde. Im nämlichen Sinne wie bei den Nachhauungen und veranlaßt durch dieselben Motive, in dem Verlassen des sprungweisen, plötzlichen Eingriffs in den Bestand und dem Übergang zur häufigen, allmählichen, im Umfang

Die Epoche von 1814—1870.

geringeren Nutzung vollzog sich dann auch die weitere Entwicklung in der Verbesserung der Hiebstechnik des Dunkel- oder Besamungsschlages nach Hartig, der seinem Wesen und unserer Begriffsbestimmung nach einen Vorbereitungshieb darstellt. Während Hartig noch durch einen einzigen Eingriff und Hiebsakt die Bedingungen für Fruktifikation des Mutterbestandes und die Aufnahmefähigkeit des Bodens schaffen wollte, sprechen die Vorschriften vom Jahre 1847 an davon, daß „den zunächst zum Angriff bestimmten Beständen allmählich eine lichtere Stellung durch Vorbereitungshiebe gegeben werden solle, wenn veranlaßt erstmals durch Aufästen der Mutterbäume". Das Wort Vorbereitungshieb findet sich aber schon in Wirtschaftsvorschriften vom Jahre 1828, insbesondere in solchen der aus Anlaß der Vorarbeiten zur ersten Forsteinrichtung entworfenen soweit sich vor allem aus den Wirtschaftsplänen ersehen läßt in dem Sinne, daß in den Beständen der I. Periode abständiges Holz entnommen werden soll. In den 60er Jahren fand dann auch formell die endgültige Loslösung von Hartigs Terminologie statt, indem der Vorbereitungshieb dahin definiert wurde, daß „die Vorhauung den Angriffshieben in Buchensamenjahren vorausgehend in noch vollständig geschlossenen Buchenbeständen mäßig zu halten und allmählich in der Art fortzusetzen sei, daß nach der Zersetzung der lockeren Humusschicht sich eine lichte Grasnarbe auf dem Boden bilde, um nicht nur den Boden für die Aufnahme und erste Entwicklung der abfallenden Samen zu bereifen, sondern auch um das andauernde Gedeihen der jungen Kernpflanzen zu sichern." Damit hatte die Hiebstechnik die von Hartig auf die Dreizahl konzentrierten Bestandseingriffe, den Dunkel- oder Besamungsschlag, den Lichtschlag und den Abtriebsschlag in eine Reihe von Hiebsstufen aufgelöst, unter denen auch der Besamungshieb nach unserer Begriffsbestimmung enthalten ist. (Vgl. die graphische Darstellung im Anhang 3, Abb. 10.)

Hand in Hand mit der durch die weniger scharfe Differenzierung der Hiebe bewirkte Stetigkeit und deren günstigen Einfluß auf Boden und Bestand ging von Mitte des vorigen Jahrhunderts an das Bestreben, sich von der grundsätzlichen Einstellung auf ein einziges Samenjahr die Vollmasten vor allem loszusagen und „weit häufiger den Nachwuchs aus mehreren aufeinanderfolgenden Sprengmasten sich bilden zu lassen", sowie den Verjüngungszeitraum auf die Periodendauer von 24 ja auf die Dauer des Umfangs einer Altersklasse der damals $1/4$ U. umfaßte, demnach auf 36 Jahre zu verlängern. Eine besonders scharfe letzte Prägung erhielt diese neue, auf große Stetigkeit gerichtete Technik nochmals im letzten Jahre dieser Epoche, als das bei der Eichenverjüngung angewendete Verfahren der horstweisen Verjüngung, das infolge der gedeckten Schirmstellung und mit Rücksicht auf die Lichtholzart Eiche raschere „Nach= und Endhiebe" gestattete, diese „Lichtwirtschaft" in den Jahren 1850—1870 auf die Großflächen, die Buchenverjüngungen in ungedeckter Schirmstellung, zu übertragen versucht wurde und hier zu Mißerfolgen geführt hatte. Aber trotz dieser Mahnungen und schließlich Verbote ging die Tendenz — und nach der Entwicklung der Hiebstechnik mußte sie es — unaufhaltsam auf die Horst= und Gruppenwirtschaft auch bei der Buche, wobei allerdings noch eine Reihe anderer Faktoren beschleunigend mitwirkten, wenn auch kein Zweifel besteht, daß im Spessart das lebendige Vorbild bei der Eichenverjüngung die erste Anregung gegeben hatte.

Wie die Hiebstechnik in der Praxis gehandhabt wurde, der Ablauf der Hiebe nach Zeit und Masse sich wirklich — im Gegensatz zur Theorie der Vorschriften — vollzog, läßt sich erstmals für diese Epoche zeigen und ist in der punktierten Linie im Anh. 3, Abb. 9 u. 10 aufgezeigt. Die Unterlagen wurden dadurch gewonnen, daß für eine Anzahl typischer Durchschnittsbestände mit einer Gesamtfläche von 120 ha, die in dieser Epoche zur Verjüngung kamen, Zusammenstellungen aus den Wirtschaftsbüchern gefertigt und graphisch ausgeglichen wurden. Die Linie des tatsächlichen Abnutzungsganges weicht hiernach nicht erheblich von jener des theoretisch bestimmten, nach den Vorschriften zu erwartenden Verlaufes ab, und soweit sie sich unterscheidet, bietet die Erklärung des Unterschiedes keine Schwierigkeit.

Die Praxis ist hinsichtlich der Aufspaltung der einzelnen Hiebsstufen in selbständige jährliche Hiebsakte scheinbar über die Vorschriften hinausgegangen. Sie hat zunächst an Stelle von vier Nachhauungen, Lichtungshieben, nach der Besamung durchschnittlich noch acht Eingriffe in den Altbestand vorgenommen; jeder Eingriff wurde dadurch schwächer an Masse und der Ablauf verzögerte sich, der Verjüngungszeitraum verlängerte sich um durchschnittlich etwa drei Jahre. Die Ursache dieser Verzettelung der Hiebe ist aber nicht in der Absicht des Wirtschafters zu suchen, sie ist vielmehr eine Wirkung des Zwanges der tatsächlichen Verhältnisse, die mit den Verjüngungshieben an sich zusammenhängen und durch sie bedingt sind, eine Folge von Windwurf, Sonnenbrand, Abständigkeit einzelner Altholzstämme,

Umstände, die zur Nutzung kleiner Massen außerhalb der Rhythmus der regulären Hiebe nötigen, es sind Materialanfälle, die in Bayern unter dem Namen der „zufälligen Ergebnisse" zusammengefaßt werden. Wenn man diese „zufälligen Ergebnisse" im 6., 7., 8., im 16. und 17. Jahre des Verjüngungszeitraumes wegläßt, so verbleiben in der Tat nur drei Lichtungshiebe mit zusammen 150 fm Nutzung, der vierte ist durch die zufälligen Ergebnisse ersetzt, und die Praxis deckt sich mit der Vorschrift. Ähnlich verhält es sich mit den Vorbereitungshieben; es waren eher „Vorhauungen", Nutzungen abständigen Materials, denn zweckbewußte Eingriffe in den Bestand im Sinne der Vorbereitungshiebe, die der Bestockungsaufbau, die mechanische Bearbeitung durch den Schweineeintrieb an sich weniger erforderte. An ihrer Statt aber läßt sich fast regelmäßig die Führung eines echten Besamungshiebes, eines Hiebes im Mastjahr selbst, nachweisen. Die Praxis der Hiebstechnik im Durchschnitt der Jahre 1820—1860 nahm damit gleichsam die Übung nach der Forstordnung vom Jahre 1744 wieder auf; sie war frühzeitig über die Vorschriften der Wirtschaftsregeln von 1830 hinausgegangen und hat jene der Wirtschaftsregeln um 1850 vorweggenommen, sie steht wie ein Kompromiß zwischen beiden. Die Führung von Besamungshieben war von jeher — und ist heute noch ein Anreiz für jeden Wirtschafter, psychologisch durchaus verständlich aus dem Bestreben, die Schirmstellung bestens zu gestalten oder einer letzten Korrektur zu unterziehen, um die selten eintretenden Buchenmastjahre auszunützen; sie wurden vermutlich auch unter der Herrschaft der Hartigschen Generalregeln im Spessart geführt, wenn sie auch erst gegen das Jahr 1850 formell angeordnet und gebilligt wurden.

Die anderen, im einzelnen freilich oft nicht weniger bedeutungsvollen Vorschriften dieses Zeitabschnittes änderten am Prinzip nichts mehr, sie betrafen Teilfragen oder regelten Sonderfälle. So wurde die Anlage von Waldwindmänteln zum Schutze hinterliegender noch nicht anzugreifender Bestände empfohlen; die künstliche Bodenbearbeitung sollte nicht nur durch Schweineeintrieb bewirkt werden, sondern „da, wo der Boden fest und hart ist und die Schweine nicht brechen, würde man vergebens auf gedeihlichen Kernwuchs warten. Solche Orte werden vor der Verjüngung rauh umgehackt, nötigenfalls mit Reisig gedeckt, damit der Wind das abfallende Laub nicht verwehe". Der Buchenüberhalt nach Art des Eichenüberhalts in mäßigen Grenzen, die beste Art der Holzbringung, besonders durch das Tragen des Holzes aus den Schlägen, wurde erörtert, die Umtriebszeit auf 120 Jahre ermäßigt, die Abstufung in der Stärke der Eingriffe in den Bestand je nach Bodengüte, Himmelslage, Geländeneigung, Bestandsform fand eingehende Würdigung. Gleichzeitig entstand das Streben, das Wirtschaftsziel selbst im Spessart als nicht mehr den Zeitverhältnissen angepaßt, ja unhaltbar, abzuändern, die Buche stärker zugunsten des Nadelholzes zu verdrängen. Das neue Wirtschaftsziel, das bald Anerkennung fand, bedurfte zu seiner Erreichung anderer Wege und Mittel, als es die der Vergangenheit waren, einer neuen Waldbautechnik. Es steht aber andererseits im innigsten Zusammenhang mit dem folgenden Abschnitt, dem siegreichen Eindringen des Nadelholzes in der laufenden Epoche in den fast reinen, gewaltigen Laubholzkomplex des Spessarts.

3. Die Bestockungswandlung: Das Nadelholz im Spessart.

Die traurigste Erbschaft der Vergangenheit, die Folge des Laubaschenbrennens, der Streugewinnung zur Einstreu in den Stallungen, der Viehweide, die Buchenkrüppelbestände, von Biber im Jahre 1733 auf 700 ha geschätzt, von Tettenborn im Jahre 1790 bereits mit 5168 ha angegeben, waren beim Übergang des Spessarts an Bayern im Jahre 1814 schon auf die Fläche von nahezu 9000 ha angewachsen. Aber damit war der Höchststand noch nicht erreicht. Spätere Akten sprechen wiederholt davon, daß „verschiedene Laubholzbestände inzwischen gleichfalls zu Krüppelbeständen herabgesunken sind"; es konnte ja auch nicht anders sein, da die Hauptursache für die Erkrankung des Bodens und die dadurch bedingte Degeneration der Bestände, die Streunutzung, bis heute immer noch nicht beseitigt werden und damit auch die Krankheitssymptome, die Rückgängigkeit, das Kümmern der Laubholzbestände und schließlich der Zustand der Verkrüppelung, des Absterbens nicht verschwinden konnten. Die Mainzer Forsteinrichtung vom Jahre 1773 war über diesen Zustand fast mit Stillschweigen hinweggegangen, erst der landfremde Tettenborn hatte ihn offen aufgedeckt und die Heilmittel angegeben, aber selbst dem rastlosen Dalberg war es infolge seiner vielseitigen politischen Inanspruchnahme nicht gelungen, trotz der radikalen Beseitigung des Laubaschenbrennens diese ausgedehnten unproduktiven Flächen der forstlichen Erzeugung zuzuführen. Wäre ihm eine längere Regierungszeit beschieden gewesen, es bestünde kein Zweifel, daß er sich nicht mit negativen Maßnahmen begnügt hätte, sondern zu positiven Handlungen fortgeschritten wäre. So blieb Bayern das Verdienst vorbehalten, mit zäher Energie und glücklicher Hand Wandel geschaffen zu haben.

Bayern war sich von Anfang an darüber im klaren, daß die verbutteten Buchenstangen der Krüppelbestände auch bei bester Pflege nicht mehr zu Trägern frohen Zuwachses genesen würden, daß ebensowenig an eine Naturverjüngung gedacht, sondern nur durch die künstliche Neubegründung eines Bestandes Abhilfe geleistet werden könne. Aber es galt sich doch zu entscheiden, ob man an Stelle der Krüppelbestände wieder Laubholz oder das dem Spessart fremde, sich hier nicht in seinem natürlichen Verbreitungsgebiet befindliche Nadelholz nachziehen solle. Für ersteres, die Heimatholzarten Eiche und Buche, die bestes Brennholz und Nutzholz, Mast für die Schweine, Laubstreu für die Landwirtschaft, Buchelöl für den Spessartbauern lieferten, sprachen viele Gründe, nicht zuletzt die ererbte oder anerzogene Sympathie, auch unterschätzte man die Standortsansprüche von mancher Seite, so daß selbst um die Mitte des vorigen Jahrhunderts noch der Satz sich findet, die Buche wachse im Spessart überall wie Unkraut; man schwankte hin und her und hoffte eine Zeitlang, durch Zufallserfolge, besonders in den ersten Jahren nach der Kultur, geblendet, durch Saat von Eicheln und Bucheln eine gesunde und zuwachskräftige Generation an Stelle der verkümmerten alten begründen zu können. Die Enttäuschung blieb nicht aus, der tiefere Einblick in die Zusammenhänge zwischen Boden und Bestand beseitigte vorerst alle Meinungsverschiedenheit und führte Ende der zwanziger Jahre zu folgendem Urteil: „Der Fall des Mißlingens der Laubholzkultur tritt nach allen bisher gemachten Erfahrungen bei den mit Heide dicht überzogenen einzelnen Köpfen und steilen westlichen Abhängen im Innern sowie auf den Vorbergen des Spessarts ein. Wenn auch auf mehr bindendem, mit jüngerem und weniger dichtem Heideüberzuge versehenem Boden allerdings noch kräftige junge Eichen zwischen der Heide sich erheben, so darf dieser Boden nicht mit dem leichten Sandsteingebirge des Spessarts verwechselt werden, dessen Produktionskraft für eblere Laubholzarten an eine Dammerdenschicht stets geknüpft ist. Da, wo diese im Spessart fehlt, und der Boden schon seit längerer Zeit mit Heide und Heidelbeeren dicht überzogen war, hat die Erfahrung — namentlich die bei dem Eintritte der Mastjahre 1822 und 1823 mit aller Sorgfalt zwar, jedoch ohne bleibenden Erfolg angewendete Bemühung, Laubholzverjüngungen auf solchem Boden zu erziehen — vielfach bewährt, daß die Eiche und Buche nicht mehr gedeihe, sondern für sie der Boden erst wieder durch temporäre Kultur einer anderen Holzart vorbereitet werden müsse.

Im Innern des Spessarts dürfte zwar an jenen Stellen, wo auch nur ein teilweises Gelingen der Eiche und Buche zu erwarten ist, vorerst noch ein Versuch mit Kultur dieser Holzarten gemacht und später nötigenfalls zum Schutze und zur Bodenverbesserung eine Einsprengung mit der den Boden so sehr hebenden Kiefer vorgenommen werden; auf ganz vermagerten und mit dichter Heide überzogenen Stellen aber, wo voraussichtlich keine Laubholzkultur gedeiht, vorerst eine volle Kiefernsaat angewandt und hierdurch der Boden für eine spätere Laubholzkultur unter dem Schutze der Kiefern vorbereitet werden. In allen solchen Fällen soll übrigens im Innern des Spessarts das Nadelholz vor seiner Samenerzeugungsfähigkeit wieder entfernt werden, indem die Absicht sein muß, die besseren Waldmassen von Nadelholzbeständen rein zu halten.

Auf den ruinierten Vorbergen hingegen, wo es sich um bedeutende Flächenausdehnung handelt und bisher jeder Versuch mit Laubholz ohne Erfolg blieb, wo es noch zur Zeit sehr problematisch ist, ob je wieder die edleren Laubhölzer nachgezogen werden können, jedenfalls die Lösung dieser Frage einer späteren Zeit vorbehalten werden muß und voraussichtlich eine volle Nadelholzgeneration hingehen wird, ehe daran wird gedacht werden können; wo demnach jede weitere Bemühung der jetzigen Zeit, Laubholz aufzubringen, Geldverschwendung mit bedeutendem Verluste an Zuwachs sein würde; darf eine unbedingte Kultur mit Nadelholz auf die Dauer eines ganzen Umtriebes desselben als das einzige Mittel zur Wiederbestockung gedachter Vorberge im Interesse der Landschaft und des Staates als Waldbesitzer sowie auch zur Schonung mitunter zur Rettung der zunächst anliegenden noch besseren Laubholzbestände, von welchen durch baldige Bewaldung der Vorberge Anfälle mancherlei Art, welche sie jetzt bedrohen, noch abgehalten werden können, hervortreten."

Damit war der grundsätzliche Schritt getan. Es begann die große Bestockungswandlung, die bis heute noch andauert, freilich zum Teil aus anderen Gründen wie damals, und dem Spessart auf weiten Flächen ein Gepräge gegeben hat, das sehr abweicht von seinem ursprünglichen. War auf die Birkenzeit vermutlich schon einmal eine Kiefernzeit, auf sie eine Eichen- und zuletzt die Buchenzeit nach dem alleinigen Walten der Natur gefolgt, so griff der Mensch jetzt gewissermaßen auf eine phylogenetisch frühere pflanzengeographische Entwicklungsstufe zurück, versuchte sie zu wiederholen und glaubte damit erneut die Vorbedingungen für das Gedeihen von Eiche und Buche schaffen zu können. Man brach mit der ganzen bisherigen Tradition des Spessarts. Es fiel schwer genug, lange noch zuckte die alte Anschauung mit der Vorliebe für das Laubholz unter allen Umständen nach, ja noch Mitte des vorigen Jahrhunderts und später bezeichnete man jeden Nadelholzhorst im Innern des Spessarts als „Flecken im seidenen Kleide", aber der Übergang vom Laubholz zum Nadelholz wurde schmackhaft gemacht und erleichtert durch die feste Zuversicht, den Boden alsbald wieder durch das Nadelholz so verbessert zu haben, daß die natürliche Bestockung der Eiche und Buche wieder gedeihen werde. Bis in die 60er Jahre des vorigen Jahrhunderts betrachtete man denn die Nadelholzbestände nur als Mittel zum Zweck, nur als vorübergehende Maßnahme, auf kurz bemessen im Hochspessart, auf länger in den Vorbergen, im Norden. Wie weit der Optimismus in dieser Hinsicht ging, beweisen die Ergänzungen zu den ursprünglichen Wirtschaftsregeln vom Jahre 1836 anläßlich der ersten Waldstandsrevision vom Jahre 1851, in denen die Methode der Umwandlung der Nadelhölzer in Laubholz beschrieben wird, und die weiteren Vorschriften der zweiten Revision vom Jahre 1861, die diesen Gedanken abermals aufgriffen und folgendes, an sich gutes Verfahren empfahlen: „Bezüglich der beabsichtigten Überführung der zu einer gewissen Hiebsreife bereits herangewachsenen Kiefernbestände in Laubholz wäre als Grundregel festzuhalten, daß in derartigen Forstorten, sobald sie sich licht zu stellen beginnen, oder Beerkraut sich zeigt, Eicheln und Bucheln in abwechselnden Horsten einzubringen und nach Maßgabe der fortschreitenden Entwicklung der jungen Buchen allmählich, bei den Eichen dagegen rascher die Kiefern auszunutzen wären." Aber all diese Absichten verkannten die Schwere der Bodenerkrankung und die notwendige lange Dauer seiner Genesung, die — analog der Zeitspanne, den Perioden der einstigen Pflanzenbesiedelung — nicht Jahrzehnte, sondern Jahrhunderte benötigt, um die so intensiv betriebene Mißhandlung des Bodens durch das Wirken der genügsamen, primitiveren, vorzeitlichen Holzart, der Kiefer, wieder auszugleichen und ihn in einen Zustand zurückzuversetzen, der den entwicklungsgeschichtlich jüngeren, anspruchsvolleren Holzarten, der Eiche und, als letztem Repräsentanten der Pflanzenwanderung, der Buche einen passenden Standort abzugeben befähigt ist. Die Pläne über die baldige Rückbildung der Nadelholzflächen in Laubholz waren und blieben eine Utopie, nur ein schöner Traum, der dem gesunden waldbaulichen Empfinden der damaligen Forstleute zur Ehre gereicht. Über die wirklichen Erfolge hingegen wurde im Jahre 1883 das Urteil gefällt: „Nur in wenigen Örtlichkeiten hat man die Wiederverjüngung auf Laubholz, und zwar meistens mit negativem Erfolge versucht", und weiter: „Die bereits bei Aufstellung der Wirtschaftsgrundlagen ins Auge gefaßte und auch später mehrfach empfohlene Umwandlung der ... Kiefernbestände in horstweise Eichen- und Buchenverjüngungen ist nur auf verhältnismäßig kleinen Flächen versucht worden. Die Erfolge muntern nicht zur Fortsetzung auf und haben durchgehends zu der Überzeugung geführt, daß der mineralisch arme Buntsandsteinboden des Spessarts, wenn er durch langandauernde, manchmal über Jahrhunderte fortgesetzte Streuentnahme seiner humosen Bestandteile fast gänzlich beraubt ist, durch eine einzige Kieferngeneration nicht derart gekräftigt werden kann, daß er wieder frohwüchsige Eichen- und Buchenbestände zu produzieren vermöchte."

Wenn die Versuche in dieser Richtung mißlangen, so waren um so mehr jene mit Erfolg gekrönt, die auf eine möglichste Erhaltung des vorhandenen Laubholzes als Beimischung zu den Nadelhölzern abzielten. Sie waren durchaus berechtigt, decken sich weitgehend mit den heutigen Bestrebungen und lauteten: „Die Erfahrung zeigt, daß sich in den meisten Nadelholzkulturen das Laubholz erhält und selbst Vorwüchse und Stockausschläge sich wieder kräftig zu entwickeln beginnen, sowie der Boden durch das Nadelholz vollkommen gedeckt und dadurch ein höherer Feuchtigkeitsgrad erzielt wird. Das Ausschneiden der die Nadelholzkulturen überschirmenden Laubholzstockausschläge und Vorwüchse ist daher mit großer Vorsicht und nur so weit vorzunehmen, als dieselben das Nadelholz im Druck halten. Nach gehöriger Entwicklung der Nadelholzkulturen sind daher neben allen etwa vorhandenen Kernwüchsen auch die Vorwüchse und Stockausschläge, insbesondere jene der Rotbuche, sorgfältig zu schonen, selbst wenn von denselben nichts weiter als eine Bodenbeschirmung zu erwarten wäre. Einzelne Stangen von diesen Stockausschlägen entwickeln sich indessen zuweilen doch noch kräftig, und es werden alsdann gemischte Bestände erzielt, in welchen später die Überführung in Laubholz sehr erleichtert ist, wenn namentlich die Kiefer und Lärche und nicht die Fichte den Hauptbestand bildet." Dank diesen Bestimmungen ist die Mehrzahl der jetzigen Kiefernaltbestände des Spessarts mit einem Buchen-Neben- und -Unterstand versehen.

Die ganze Epoche füllten Überlegungen aus über die Technik der künstlichen Verjüngung selbst, über Benutzung einer Laubholzschutzstellung für die Kultur zur Milderung der Klimaextreme auf der Kahlfläche, über Saat und Pflanzung im allgemeinen, die Saatarten, Vollsaat oder Riefensaat, die Saatmengen, über Mischsaat verschiedener Nadelhölzer, Verbindung von Saat der einen mit der Pflanzung einer anderen Nadelholzart, Erziehung und Alter der Kulturpflanzen, Begründung von Mischbeständen u. dergl.; sie waren zum Teil wohlbegründet und zweckmäßig, zum Teil abwegig, änderten sich häufig und sind bis heute kaum endgültig abgeschlossen. Es mag genügen, die ersten grundlegenden Vorschriften wiederzugeben, die Anfangs der 30er Jahre erlassen wurden: „Bestimmungsgründe für den Anbau der einen oder anderen Nadelholzart, sowie über vorteilhafte Vermischung derselben: die Erfahrung, daß auf trockenen, südlichen und westlichen Lagen die Kiefern, auf nördlichen und östlichen Abhängen mit frischem Boden, selbst wenn er schon mit Heidelbeeren überzogen ist, sowie auf nassen hohen Ebenen und in feuchten Tälern die Fichte gedeihe, und die Lärche auf den höher liegenden Abhängen und trockenen, hohen Ebenen einen auffallenden Höhenwuchs, insbesondere in einer Mischung mit der Kiefer erreiche, kann als Maßstab und Bestimmungsgrund bei den Kulturen mit diesen Holzarten dienen und wird als Regel anzunehmen sein. Da die Fichte in ihrer frühesten Jugend sehr langsam wächst und in einem Alter von 6—10 Jahren bei einer Mischung von Kiefern und Lärchen von letzteren Holzarten leicht überwachsen und verdämmt wird, so sind reine Fichtensaaten vorzuziehen; dagegen werden Kiefernsaaten auf den hohen Einhängen mit beiläufig einem bis drei Zehntel Lärchensamen zu mischen sein. Nachbesserungen in Kiefern- und Fichtenkulturen mit Lärchen werden besonders empfohlen, jedoch in letzteren nur bei bedeutendem Vorsprunge. Unbeschadet der Einsprengungen können unter besonders dafür sprechenden günstigen Umständen auch Lärchensaaten mit untergeordneter Beimischung von Kiefern gewählt werden.

Überhalten einer Schutzstellung zur Beschattung auf Nadelholzkulturen: Die Erfahrung auf vielen Kulturen hat bereits bewährt, daß das zum Schutze übergehaltene, stärkere abständige Holz seinen Zweck nicht erfüllt, vielmehr bei der Räumung, besonders auf Kiefernkulturen bedeutende Beschädigung veranlaßt habe, während hingegen jene Kulturen besser gelangen, wo sich zum Schutze nur auf Beibehaltung von schwächerem Krüppelgestänge und Gestrüppe, dessen Räumung weniger schadet, beschränkt worden ist. Räumung von sämtlichem starken Holze vor jeder Nadelholzart, mäßige Beschattung und Räumung des klafterbaren Holzes in den ersten zwei oder drei Jahren bei Kiefernsaaten, dagegen stärkere und längere Beschattung bei Fichtenkulturen sind daher wohl zu berücksichtigen."

Die im Anhang unter 10 und 11 beigefügten Übersichten über die Kulturtätigkeit im gesamten Spessart und im Forstamt Rothenbuch machen die zahlenmäßige Beteiligung der einzelnen Holzarten, auch der Laubhölzer, der Saat und der Pflanzung an der künstlichen Verjüngung ohne weiteres ersichtlich. Die allgemeine Tendenz ging von der Vollsaat zur Riesensaat, von letzterer zur Pflanzung, von der riesenweisen Mischung zur Einzel- und schließlich gruppenweisen Mischung. Das Ausmaß der Bestockungswandlung, des siegreichen Vordringens des Nadelholzes im Spessart, den Erfolg der Anbaupolitik Bayerns weisen folgende Ziffern nach: es wurden Nadelholzbestände begründet

in der Zeit von	Kiefern	Lärchen	Fichten	Tannen	Sa. Nadelholz	
1756—1776	5	—	—		5	ha
1776—1796	95	34	—		129	„
1796—1816	265	45	—		310	„
1816—1840	2044,9	92,6	661,4	—	2798,9	„
1840—1860	3240,6	77,6	1504,7	1,6	4824,5	„
1860—1870	1313,3	8,8	362,5	0,7	1685,3	„

4. Die Durchforstungsfrage.

Sie kam im Spessart nicht nur später in Fluß als in anderen Waldgebieten, sondern die Technik blieb auch länger in den Kinderschuhen stecken. Die Tatsache dieser Rückständigkeit findet ihre Erklärung einmal in dem Zusammenhang, in dem die Durchforstungsfrage mit den sonstigen wirtschaftlichen Verhältnissen steht — und sie waren im Spessart infolge der Abgelegenheit und schwachen Besiedelung, besonders im Hochspessart, sehr ungünstig —, dann aber in den Hemmungen anderer Art, an erster Stelle in den Forstberechtigungen, die zur Sicherung des Leseholzbezugs der Bevölkerung den Umfang der Durchforstungen sehr einschränkten. Die Vorschriften atmeten dementsprechend den Geist der Extensität, enthalten aber in späterer Zeit manch guten Gedanken, so deutliche Ansätze zur Hochdurchforstung; sie lauteten im Jahre 1836/37: „In Rücksicht auf die Berechtigungsverhältnisse der Einwohner des Spessarts und ihren Holzbedarf, den sie größtenteils nur auf diesem Wege befriedigen können, sind frühe Durchforstungen nicht rätlich, indem die Einwohnerschaft dadurch zum Frevel gezwungen würde. Aus diesem Grunde, sowie, weil zu befürchtender Schneedruck einen gedrängten Schluß der noch schlanken Bestände bedingt, dürften die Durchforstungen nicht vor 50—60-jährigem Alter in Buchenbeständen zu beginnen, und nicht vor einer Zeitdistanz von wenigstens 24 Jahren (einer Wirtschaftsperiode), indem erst in solch einem Zeitraume auf die Bildung einigen unterdrückten Gehölzes neben der Ausübung des Beholzigungsrechtes gerechnet werden kann, zu wiederholen sein. Das vorteilhafteste Alter für die Durchforstungen der Buchenbestände möchte daher folgendermaßen etwa anzusetzen sein:

Erste Durchforstung von 60—70 Jahren
Zweite   „   „ 80—90   „
Dritte   „   „ 100—120 „

Indessen beabsichtigt man keineswegs, selbst diese schon weit gestellten Termine als unwandelbaren Maßstab bezeichnen zu wollen, sondern glaubt vielmehr den Zeitraum des Beginns und die Wiederholung dieser Zwischennutzungen, der stets nach lokalen Erfordernissen für jede Waldabteilung besonders und mit aller Vorsicht zu wählen sein wird, dem Gutachten der jederzeitigen Forstbeamten und respektiv der Bestimmung der periodisch zu verfassenden Wirtschaftspläne überlassen zu müssen.

Für Nadelhölzer dagegen hat man keine Durchforstungen berechnet, indem sich über die Entwicklung der wenig vorhandenen Nadelholzbestände mit Bestimmtheit noch nichts entscheiden läßt, und die Berechtigten das — ist es einmal unterdrückt — schnell dürr werdende Gehölz entnehmen werden. Aus diesem Grunde bleibt auch vorläufig die Bestimmung der Durchforstungsepochen für Nadelhölzer den künftigen Waldbestandsrevisionen vorbehalten." Im Jahre 1847 wurde als Grund für die Beibehaltung schwacher Durchforstungen noch die Rücksicht auf die Notwendigkeit „einer dichten Beschattung für das bunte Sandsteingebirge" angegeben und „die sorgfältige Schonung des namentlich in den älteren Beständen vorkommenden Buchenvorwuchses, welcher den Boden beschirmt und dessen starke Verdünstung und Entkräftung verhindert, bis zum Angriffshiebe noch besonders empfohlen"; im Jahre 1861 erst folgten Ergänzungen der Durchforstungsgrundsätze für die Eiche und das Nadelholz: „Mit der Durchläuterung der jungen Eichenbestände und mit der Unterpflanzung von Buchen sei wie bisher im 40—50jährigen Alter zu beginnen, in der Stellung ersterer aber streng darauf zu sehen, daß die Eichen immer noch in der den Höhenwuchs bedingenden mäßigen Spannung ihrer Wipfel erhalten bleiben und kein größerer Lichteinfall begünstiget werde, als es zum Gedeihen des eingebrachten Unterstandes erforderlich ist." „Es wird für rätlich erkannt, in Berücksichtigung der den Spessartseingeforsteten zustehenden Waldgenüsse Durchforstungen in Nadelholzbeständen nicht vor dem 40. Jahre ihres Alters, in anderen Stangenhölzern, mit Ausnahme jener der Eichen, welche nach obigem mit 40—50 Jahren unterpflanzt werden sollen, nicht vor dem 50. bis 60. Jahre eintreten zu lassen." „Die früher bei Vornahme von Durchforstungen bloß auf den Vorwuchs von Buchen beschränkte Schonung möchte auf jedweden Unterstand behufs der Erhaltung der Feuchtigkeit und Beschirmung des Bodens auszudehnen sein."

Das materielle Ergebnis der Zwischennutzung im Spessart in der Epoche von 1814—1870 war ein geringes, wie zu erwarten steht; es betrug von der Gesamtderbholznutzung durchschnittlich nur 7,8%.

B. Die Epoche von 1870 bis zur Gegenwart. Ausbau der Methode der Eichennachzucht. Die buchenmüden Bestände. Neue Aufgaben und Ziele in der Bewirtschaftung der Buchenbestände.

Schon von Mitte des 19. Jahrhunderts an, deutlicher sich auswirkend in der Zeit nach dem siegreichen Kriege 1870/71, stand die Forstwirtschaft im Spessart unter wesentlich veränderten Voraussetzungen. Der allgemeine Aufschwung der deutschen Volkswirtschaft, der sich nach der vorhergehenden Ruhepause, um das Jahr 1850 etwa beginnend, anbahnte und in der folgenden Zeit eine so imponierende Höhe erreichte, geistig getragen von den eingedrungenen liberalen Ideen, bedingt von den neu gestalteten politischen Verhältnissen, machte sich, reichlich spät zwar, auch in der Forstwirtschaft bemerkbar, er verlangte von ihr andere Leistungen und zeigte ihr andere Ziele als in der Vergangenheit. Das Rechnen, das Ziffernmäßige, das Kalkul trat bei den sie berührenden Überlegungen und Dispositionen in den Vordergrund, das Abwägen zwischen Leistung und Gegenleistung, zwischen Aufwand und Ertrag, das seine schärfste Prägung in der Bodenreinertragslehre fand, die ihre Kreise bis in die entlegensten Spessarttäler zog. Wie zu Zeiten Dalbergs und vorher vorübergehend schon einmal machte sich jetzt das Gewinnstreben, der Erwerbstrieb auch in der staatlichen Forstwirtschaft geltend, begünstigt durch die rasch ansteigenden Nutzholzpreise. Die im Jahre 1861 abgeschlossene zweite Waldstandsrevision für den Spessart-Staatswaldkomplex atmete einen neuen Geist: die bisherige Umtriebszeit von 144 Jahren für die Buchenbestände wurde als zu hoch erachtet und eine solche von 120 Jahren begutachtet, mit der charakteristischen Begründung, daß „neben anderen Momenten das Materialkapital bei einem niederen Turnus ein beträchtlich geringeres werde".

Zur Erfüllung dieser neuen Aufgaben mußte auch die Waldbautechnik sich wandeln. Bei der Eiche blieben zwar die Wirtschaftsziele die gleichen, auch die Leitlinie, die Trasse des Weges zu ihrer Erfüllung war schon in der vorhergehenden Epoche gefunden; aber der Weg selbst mußte nunmehr ausgebaut, verbreitert, bequemer gestaltet werden, um das gesteckte Ziel sicher zu erreichen. Auch an den Maßnahmen zur Beseitigung der Buchenkrüppelbestände änderte diese Epoche nichts; die Aufgabe, die sich die vorgehende Zeit gestellt hatte, war zum größten Teil und gut erfüllt. An die Stelle der Buchenkrüppel traten jetzt die matten Buchenbestände, die „buchenmüden" Bestände, bis zur Gegenwart immer wieder sich rekrutierend, auf welche die bei der Aufforstung der Krüppelbestände gesammelten Erfahrungen Anwendung fanden. Aber vollständig neue Forderungen traten an die zukünftige Bewirtschaftung der normalen Buchenbestände heran, die den großen Kern und die Hauptmasse des Spessarts bildeten, Forderungen, die zu ihrer Erfüllung einen völligen Bruch mit der jahrhundertelang geübten Tradition erheischten und die im Nordspessart unter Zwang begonnene große Bestockungswandlung vom Laubholz zum Nadelholz nunmehr freiwillig auch in das Eichen- und Buchenherz des Spessarts trugen.

1. Der Ausbau der Methode der Eichennachzucht.

Die Verjüngung der Eichenbestände. Das Prinzip der Verjüngung und Erziehung der Eiche in horstweiser, vorwüchsiger Beimischung zum Buchengrundbestand, das die letzte Epoche aufgestellt hatte, war theoretisch richtig. Trotzdem führten die darauf aufgebauten Wirtschaftsvorschriften in der praktischen Anwendung nicht zu befriedigenden Erfolgen aus zweierlei Gründen. Man war sehr optimistisch in der Beurteilung der Bodengüte und gab dementsprechend dem Eichenanbau eine zu große Ausdehnung. Gute Eichenstandorte in dem Umfang von 0,6 der Buchenfläche fanden sich aber im Spessart infolge der seit Jahrhunderten geübten waldschädlichen Eingriffe, besonders der Streunutzung, nicht mehr vor. Schon aus diesem Grunde konnten schwere Enttäuschungen nicht ausbleiben. Auf den schwächeren oder gar den entkräfteten Böden kümmerten die mühsam begründeten Eichenhorste nach vorübergehendem freudigerem Jugendwachstum, die Ausscheidung des Nebenbestandes verzögerte sich, „die Eichenbestände setzten sich schließlich aus verhältnismäßig wenigen, spindelig aufgewachsenen und schwach bekronten Stangen zusammen, deren Laubabfall zu genügender Bodenbedeckung nicht hinreichte und unter denen bald das Heidelbeerkraut sich einstellte, um später bei weitergehender Verlichtung der Heide zu weichen. Sie stellten daher vor die unliebsame Alternative, entweder einen die Kosten nicht lohnenden Buchenunterstand zu schaffen oder den Boden fortgesetzter Vermagerung preiszugeben." „Auf schwachem Boden aber wird die Eiche, selbst wenn ihr ein Zwischen- und Unterstand von Buchen zustatten kommt, den Überhalt in einen zweiten Umtrieb nicht lohnen."

Die zweite Ursache von zahlreichen Mißerfolgen lag darin, daß man die biologische Ausrüstung der Buche im Kampf mit der Eiche unterschätze. Die Eichenhorste waren meist zu klein angelegt, man hatte den Eichen nicht den bei kleinen Horsten unbedingt notwendigen Altersvorsprung gesichert und die in die Eichenhorste eingedrungenen Buchen nicht so rücksichtslos entfernt, daß sie die Eichen nicht erdrücken konnten. „Die Nachzucht der Eiche in horstweiser Mischung mit der Buche war auch bei den günstigsten Standortsverhältnissen nicht von dem gewünschten Erfolg begleitet, wenn man es unterließ, die Eiche frühzeitig durchgreifend und je nach Bedürfnis wiederholt durch das Zurückschneiden, Abköpfen oder Aushauen der vorwüchsigen Buchen während des erſten Umtriebs zu ſchützen, eine koſtſpielige Manipulation, welche bei den großartigen Wirtſchaftsverhältniſſen des Speſſarts ſich auf die Dauer kaum durchführen läßt."

Im Zuſammenhang mit der Anlage der zahlreichen Eichenhorſte innerhalb der Buchenbeſtände hatte ſich aber auch noch ein dritter Nachteil bemerkbar gemacht, deſſen erſte Entdeckung ſchon anfangs der 80er Jahre geſchichtlich von größter Bedeutung iſt, weil er, alsbald wieder in Vergeſſenheit geraten, weit über ein Menſchenalter unbeachtet blieb und erſt in der Gegenwart erneut bei der Waldbautechnik im Speſſart im anderen Zuſammenhang eine große Rolle zu ſpielen ſich anſchickt. Es zeigte ſich nämlich ſchon in der erſten Epoche der neuen Zeit und dann zu Anfang der zweiten, daß die Nachzucht der Eiche in der gedeckten Schirmſtellung bei allenthalben entſprechenden Vorausſetzungen wohl gelingen konnte, daß aber beſonders glückliche Umſtände, insbeſondere ein bald folgendes Buchenmaſtjahr erforderlich waren, um den umgebenden Buchengrundbeſtand natürlich zu verjüngen und die Einbettung der Eiche in ihn zu gewährleiſten. „Meiſtens iſt jedoch bei länger ausbleibender Buchenmaſt und der deſſenungeachtet über den Eichenhorſten gebotenen Lichtung und frühzeitigen Abräumung der Boden in den für die Buche beſtimmten Zwiſchenräumen infolge des ungehinderten Zutritts der Sonne und des Windes, wodurch die naturgemäße Zerſetzung der Laub- und Humusſchichte geſtört wurde, verhärtet, die in ſpäteren Samenjahren vorgenommenen Bodenbearbeitungen und Buchelſaaten ſind wegen des unzureichenden Schutzſtandes vielfach ohne Erfolg geblieben, und es mußte daher zu dem für die Eichenzucht unzuträglichen Nadelholzanbau geſchritten werden." Man erkannte demnach ſchon frühzeitig die Folgen, welche die Durchlöcherung der Beſtände infolge der horſtweiſen Vorverjüngung der beſonders zu begünſtigenden Holzart für die Nachverjüngung des übrigen Beſtandes mit ſich bringt.

Aus dieſen drei Geſichtspunkten heraus kam die Waldbautechnik dazu, den urſprünglich in der vorhergehenden Epoche richtunggebenden Beſtimmungsgrund der horſtweiſe, flächenweiſe getrennten Miſchung der Eiche mit der Buche ſtärker zu betonen, indem die Eichenhorſte, die anfänglich nur 2—4, dann 6—8 a groß waren, eine Vergrößerung auf mindeſtens 1 ha erfuhren, den Eichenanbau unter Abänderung des Wirtſchaftszieles durch Reduktion der Anbaufläche auf 0,3 der Buchenverjüngungsfläche zu beſchränken und die vorwüchsige Erziehung der Eiche zu verlassen; gleichzeitig aber gewann sie damit eine Reihe anderer Vorteile. Diese bestanden darin, daß einmal die Rechtstreunutzung auf der Eichengroßfläche, die eine selbstständige Wirtschaftsfigur bildete und der 300jährigen Eichenbetriebsklasse zugewiesen wurde, länger und sicherer verhindert werden konnte als in dem horstweise gemischten Eichen=Buchen=Bestande und dann die Behandlung der Großfläche bei der Erziehung, dem Unterbau und vor allem der späteren Überführung in den zweiten und dritten Buchenumtrieb weit weniger Schwierigkeiten bereitete. Andererseits veranlaßte die Ausdehnung der Eichenverjüngungsflächen ein Abgehen von dem strengen Prinzip der Erziehung der Eiche in von Anfang an reiner Form, man sah vielmehr in Anlehnung an das Verfahren zu Beginn der ersten Epoche eine frühzeitige Einzelmischung der Buche zur Eiche, aber nur in untergeordnetem Maße und erst nach einem Wachstumsvorsprung der Eiche als erwünscht, ja willkommen an, „weil nachweislich der vorliegenden verschiedenartigen Bestandsbilder durch die spätere Unterbauung reiner Eichenstangenhölzer die Vorteile des schon anfänglich vorhandenen Buchenunterstandes nicht erreicht würden". „Allerdings ist aber auch in diesem Falle das schonungslose Zurückschneiden vorwüchsig werdender Buchen dringend und bzw. so lange geboten, bis die Eichen vollkommen sich schließen und dann die Höhenentwicklung der Buchen zurückhalten. Treten dessenungeachtet die Buchen später abermals in den Hauptbestand und beginnen sie wieder schirmartig sich auszubreiten, dann darf deren wiederholtes Abköpfen niemals übersehen werden."

All' diese Erwägungen verdichteten sich schließlich zu den folgenden Vorschriften der Wirtschaftsregeln vom Jahre 1888:

„Dem Zwecke der Eichennachzucht entsprechen am besten gegen West, Süd und Südost sich öffnende, frostfreie flache Mulden und sanfte Gehänge, ebene Böden (im Spessart ‚Brett' genannt), aber auch die oberen, sanft geneigten Theile der Ost=, Nordwest= weniger der Nordgehänge, welche tiefgründigen Boden von nicht zu geringem Humusgehalte und die nöthige Frische besitzen.

Kalte, dem Froste ausgesetzte Örtlichkeiten, tief eingeschnittene, schluchtartige Mulden, die unteren Gehänge der schattseitigen Lagen sollen zur Eichennachzucht nicht verwendet werden.

An den oben bezeichneten Örtlichkeiten soll der Anbau der Eiche ‚zum Zwecke der Nachzucht von Starkholz' künftig nur mehr in größeren Horsten oder ausgedehnteren Bestandestheilen erfolgen.

Die für die Eiche ausgewählten Flächen sind in derselben Weise, wie für die Buchenverjüngungen vorzubereiten und die Eichenverjüngungen demnach in

der Regel erst dann wahrzunehmen, wenn die Zersetzung der Laub- und Humusschichte durch leichten Graswuchs sich zu erkennen giebt.

Im Allgemeinen dürfen aber die für die Eiche bestimmten Orte etwas
dunkler gehalten werden, als die für die Buche bestimmten Bestandestheile.

Wünschenswerth ist, die Eichenfläche vor der umgebenden Buchenfläche verjüngen zu können, was selbstverständlich von dem rechtzeitigen Eintritte einer
Eichenmast vor der Buchenmast abhängt.

Abgesehen von anderen hiermit verbundenen Vortheilen würden die Eichenhorste in diesem Falle einen Altersvorsprung vor der Buchenumgebung erhalten, welcher auch an den Grenzen ausgedehnterer Eichenbestände erstrebens-
werth ist. Doch ist dieser Altersvorsprung von um so geringerer Bedeutung,
je größer die Horst- bzw. Bestandesfläche ist, welche der Eiche zugewiesen
wurde.

Tritt in zur Besamung vorbereiteten, zur Eichennachzucht auf einem Theile
der Fläche bestimmten Buchenbeständen die Buchenmast vor der Eichenmast
ein, so bleiben die für die Eiche ausgewählten Parthieen von weiteren Hieben
unberührt; die Vorbereitungshiebe dürfen hier erst wieder aufgenommen werden, wenn der Buchenaufschlag, der sich auf der Eichenfläche eingefunden hat,
vergangen ist.

Ist die Stellung des Altbestandes und die Bodengare bereits derart, daß
eine Weiterentwicklung des Buchenaufschlages ermöglicht wäre, so wird derselbe am besten sofort nach seinem Erscheinen vernichtet durch Zertreten, Ab-
schlagen, Abmähen und dergleichen Vorkehrungen.

Jedenfalls müssen bei Eintritt der Eichenmast auf der Eichenfläche vorhandene Buchenanwüchse gründlich entfernt werden. Ein bloßes Abschneiden
derselben würde nicht genügen.

Die Eichenanzucht erfolgt unter einer dem jeweiligen Lichtbedürfnisse der
sich entwickelnden Eichenkernwüchse anzupassenden Schutzstellung zum Schutze
gegen Frost und Unkrautwucherung und zur Vermeidung plötzlicher Einwirkung der Sonne und des Windes auf die Umgebung.

Zu dieser Schutzstellung sind die schwächeren Stammklassen des Haupt-
bestandes und nicht zu schlanke, sich selbst tragende und noch gutbekronte
Stangen des Nebenbestandes zu verwenden. Bei den Vorbereitungshieben
soll auf die Erhaltung des zur Schutzstellung vorzugsweise geeigneten Materials
Bedacht genommen werden.

Die Schutzstellung wird um so dichter zu halten und um so vorsichtiger nach-
zuhauen sein, je umfangreicher die Fläche ist, welche die Eichenverjüngung
einnimmt.

Es wird sich überhaupt empfehlen, ausgedehnte, zusammenhängende Eichennachzuchtflächen nicht auf einmal in einem Mastjahre, sondern nach und nach
in mehreren Mastjahren zu verjüngen, und demnach in einem Jahre nur
Flächen von solchem Umfange in Angriff zu nehmen, wie es die zweckmäßige
Benutzung des Mastjahres einerseits und die Rücksicht auf Erfüllung und Ein-
haltung des Etats andererseits verlangt, um einen Zustand zu verhüten, welcher
entweder seinerzeit eine unangemessene Verzögerung der Nachhauungen oder
aber bei übermäßiger Beschleunigung derselben Vergrasung der Schlagfläche
und die Einwirkung der Sonne und des Frostes zur Folge haben würde.

Es wird demnach unter Umständen vorzuziehen sein, in einem Mastjahr anstatt weniger ausgedehnter Örtlichkeiten, mehrere kleinere Theile verschiedener Eichennachzuchtflächen in Angriff zu nehmen.

Sind die zur Nachzucht von Starkeichen ausgewählten Flächen mit samentragenden Alteichen ganz oder theilweise bestockt, so soll thunlichst die natürliche Ansamung der Eiche benutzt werden, welche im Bedarfsfalle durch künstliche Nachhilfe zu ergänzen wäre.

Meisten Orts wird jedoch der Anbau der Eiche durch Saat (oder ausnahmsweise auch durch Pflanzung) erfolgen.

Will ein Mastjahr benützt werden, bei dessen Eintritt der Boden noch nicht gehörig bereift ist, so muß vor dem Abfalle bzw. vor der Aussaat der Eicheln die Laubdecke nebst der oberen Humusschichte entfernt und die untere Humusschichte mit dem Mineralboden kräftig gemengt werden.

Bei hinreichend lockerem und frischem Boden genügt wohl auch eine vollständige Hinwegnahme der Laub- und Humusdecke und eine Stecksaat, bzw. einfaches Unterhacken der Eicheln.

Bei den Eichenverjüngungen ist ein gedrungener Stand der Pflanzen anzustreben, weil dieselben bei baldigem Schlusse sowohl Frostwirkungen, welche selbst bei der Schutzstellung nicht ganz zu vermeiden sind, als auch die bei der Faconierung und Abfuhr starker Stämme erlittenen Beschädigungen leichter auszuheilen vermögen.

Größere Lücken in Eichenverjüngungen werden durch Pflanzung mit ein- bis dreijährigen Eichen ergänzt.

Kleinere Lücken werden sich wohl auch durch den von den Schirmbuchen und den Bestandsrändern her ankommenden Buchenaufschlag füllen, andernfalls können dieselben — insbesondere auf minder guten Bodenstellen in umfangreichen Eichenverjüngungen — mit Buchen ausgepflanzt werden.

Eine Durchstellung der jungen Eichenanwüchse mit Buchen durch natürliche Ansamung ist auch außerdem erwünscht. Ein allenfallsiges Übermaß müßte aber rechtzeitig beseitigt werden.

Der Einbau von Nadelhölzern in die Eichenverjüngungen soll dagegen thunlichst vermieden, ebenso soll die nächste Umgebung der Eichen lediglich durch Buchen gebildet und von Nadelhölzern insbesondere der Fichte freigehalten werden, abgesehen von einzelnen Lärchengruppen in lückigen Buchen.

An Orten, wo das Schwarzwild die Eichenansammlungen gefährden würde, müßte Einzäunung der Schlagflächen stattfinden (oder zur Pflanzung mit ein- und zweijährigen Eichenpflanzen gegriffen werden). Indeß sind auch solche Eichenpflanzungen durch Schwarzwild gefährdet und werden daher besser umzäunt.

Bleibt auch nach einer Eichenmast eine ergiebige Buchenmast zur Ansamung der Umgebung der Eichenverjüngung längere Zeit aus, so wird sich doch an den Verjüngungsrändern durch Randbesamung häufig Buchenanwuchs einstellen, welcher durch Ränderlhiebe begünstigt und durch Buchenpflanzung ergänzt werden könnte. Letztere müßte in einem angemessen breiten Streifen längs des Eichenrandes vorgenommen werden, wenn der Boden bei lichterer Stellung des über den Eichen belassenen Schutzbestandes bei längerem Ausbleiben von Buchenmast zu verunkrauten und zu verhagern drohte.

Die Epoche von 1870 bis zur Gegenwart.

Es ist übrigens nicht ausgeschlossen, im Falle sich am Rande der Eichenparthie vermagerte Stellen finden sollten oder im Falle während des Verjüngungszeitraumes daselbst aus besonderen, nicht vorauszusehenden Ursachen Vermagerungen entstehen würden, diese Orte mit Kiefern zu überstellen, nachdem womöglich daselbst Buchenaufschlag erzielt worden ist. Die Kiefern würden späterhin in dem Maße, in welchem sie auf den Eichenhorst schädlichen Einfluß üben würden, zurückzunehmen sein."

Die weitere Entwicklung vollzog sich in der Richtung, daß die Größe der Eichenverjüngungsflächen ständig wuchs und sich durch ihre Aneinanderreihung schließlich auf ganze Abteilungen, ja zusammenhängende Flächen von 100 und mehr Hektar ausdehnte. Damit vollzog sich eine Rückbildung von dem in der vorigen Epoche geübten Verjüngungsverfahren auf der Kleinfläche, in der „gedeckten Schirmstellung", zur Großflächenform, zur „ungedeckten Schirmstellung". Im selben Maße aber wurde selbst die anfangs untergeordnete Beimischung der Buche wiederum zur Gefahr für die Eiche, weil auf der Großfläche der Überblick und mit ihm ein rechtzeitiger und wiederholter bestandspfleglicher Eingriff zugunsten der Eiche erschwert war. Daraus resultierte dann immer mehr das Streben nach Begründung völlig reiner Eichenbestände und ihrer Ergänzung durch späteren Unterbau der Buche, ein Verfahren, das von der Wende des 19. zum 20. Jahrhundert an ganz allgemein Wirtschaftsziel und zur Übung in der Praxis wurde. Mit der Großfläche wich die natürliche Verjüngung nahezu ganz der Kunstverjüngung, weil die Eichenmutterbäume zu unregelmäßig verteilt waren, um geschlossenen Aufschlag liefern zu können. Die Saat überwog fast ganz die Pflanzung, die nur mehr der Nachbesserung, Abrundung diente, die Vollsaat machte der Saat in Rießen, zuletzt in ihrer vollendetsten Form, der Leitersaat, Platz. Das Verfahren der Eichenverjüngung wurde großzügiger, aber mechanisch, extensiv. Die Großfläche, die auch für die Eichennachzucht weniger geeignete Standorte einschloß, brachte es mit sich, daß schwere Enttäuschungen nicht ausblieben.

Überhalt und Überführung von Eichen. Der Ausbau des Kompositionsbetriebs. Schon die vorhergehende Epoche hatte die Frage des Überhalts der Alteichen, d. i. der aus der Kurmainzer Zeit überkommenen Eichen von meist über 400 jährigem Alter, grundsätzlich gelöst. Die inzwischen gesammelte Erfahrung bestätigte die Richtigkeit der damals getroffenen Maßnahmen, daß „der Einzelüberhalt der Eichen unter allen Umständen verwerflich ist, weil die übergehaltenen Stämme meist Klebäste ansetzten, gipfeldürr und rückgängig wurden und später deshalb zum großen Teil aus den Buchenjunghölzern ausgezogen werden mußten", das Verbot des Überhalts dehnte sich nunmehr aber auch auf die Alteichengruppen aus, die in der Regel bei der Verjüngung des Grundbestandes gleichzeitig genutzt werden sollten. Indessen verlor der Alteichenüberhalt waldbaulich immer mehr an Bedeutung, weil seine Vorräte merklich abnahmen und für seine Aufnutzung der Umstand, daß die Alteichen stark rückgängig, zum Teil abständig waren und der außerhalb der Waldbautechnik liegende Grund der Einkommensgewinnung für den Staatshaushalt maßgebend wurden; beide Gesichtspunkte bestimmen in der Gegenwart nahezu allein Überhalt und Nutzung der zusammengeschmolzenen Vorräte.

Um so eifriger aber wandte sich die Zeit nach 1870 dem anderen Problem zu, zu dem die Vergangenheit gleichsam nur a priori Stellung genommen hatte, das allerdings auch in dieser Epoche nur in verhältnismäßig wenigen Fällen (Forstamt Lohr-West) praktisch wirklich brennend wurde. Seine grundsätzliche Klärung aber sollte doch vorgängig dem eintretenden Fall und mit Rücksicht auf die Stetigkeit des Betriebs und die Sicherheit des Erfolgs, dessen notwendige Bedingtheit von einer langfristigen, sorgfältigen Vorbereitung außer jedem Zweifel stand, baldigst stattfinden, es war die Technik der Überführung der seit Ende des 18. Jahrhunderts, besonders aber in der ersten Epoche der neuen Zeit, horstweise und bestandsweise begründeten Eichenjunghölzer von über 3000 ha Fläche in den nächsten Umtrieb in organischer Verbindung mit der Buchenverjüngung. Der in der vorhergehenden Epoche konzipierte Gedanke des Kompositionsbetriebes, dessen Bild nur allgemein umrissen, skizziert worden war, fand jetzt seine analytische, detaillierte Bearbeitung. Das eine vollendete Tatsache ausdrückende Wort Überhalt verschwand, an seine Stelle tritt der den Vorgang, die im Rahmen des Verjüngungsverfahrens erfolgende Überleitung der Eichen von dem einen in den anderen Buchenumtrieb besser charakterisierende Begriff „Überführung". Die dafür getroffenen Vorschriften berücksichtigten die mit dem bisherigen Überhalt gemachten Erfahrungen und bauten sich folgerichtig auf den biologischen Eigenschaften der Eiche und Buche auf; sie gehören zum Besten, was die an sich vorzüglichen Wirtschaftsregeln vom Jahre 1888 geschaffen haben, und sind heute noch vorbildlich zu nennen. Sie gliederten sich in zwei Teile, von denen der erste die vorbereitenden Maßnahmen umfaßt, nach denen die Eichen-

Die Epoche von 1870 bis zur Gegenwart.

bestände und Eichenhorste vor der Überführung zu bewirtschaften sind, während der zweite den Akt der Überführung selbst behandelt.

Der Überführung sollte vor allem die Musterung der Bestände und Horste auf ihre Tauglichkeit zur Starkholzzucht vorausgehen. Zwei Kardinalfehler schien die Vergangenheit bei der Nachzucht der Eiche gemacht zu haben, die es jetzt zu korrigieren galt: sie hatte zahlreiche, sehr kleine Horste begründet, die der Überführung Schwierigkeiten bereiteten, und der Eiche ungeeignete Standorte überwiesen. Man entschloß sich, beide Kategorien von der Überführung auszuschließen, letztere nach gutachtlichem Urteil, erstere, wenn die Eichenflächen nicht mindestens 1 ha Größe hatten; ihre Nutzung sollte im Rahmen des Buchenumtriebs erfolgen. Die wirtschaftliche Behandlung der „zur Reservierung für spätere Zeiten" ausgewählten Flächen war von erster Jugend an ganz eingestellt auf das Ziel der Starkholzzucht. Dementsprechend sollten sie nach außen durch Bildung eines Traufs selbständig gemacht werden, „dadurch, daß die Ränder der Eichenreservepartien zeitig und ganz allmählich durch öfters wiederholtes schwaches Freihauen an die stärkere Einwirkung des Lichts gewöhnt würden", im Innern aber ging das Streben auf Erziehung astreiner und doch vollkroniger Eichenstämme und Schutz gegen die bedrängende Buche. Beides gleichzeitig in Vollendung zu erreichen, Astreinheit auf der einen, Vollkronigkeit und Zurückdrängung der Buche auf der anderen Seite, schien eine Unmöglichkeit; man schuf einen Kompromiß durch zeitliche Auseinanderlegung: in den Gerten- und schwachen Stangenhölzern bis zum Abschluß des Hauptlängenwachstums sollte die Beförderung der Schaftbildung und des Höhenwuchses im Vordergrunde stehen, weshalb größte Vorsicht bei der Reinigung zur Verhütung des Umlegens der schlanken Eichenstämmchen und der Wasserreiserbildung, am besten Entgipfeln der Weichhölzer und insbesondere der vorwüchsigen Buchen unter Erhaltung aller Buchen im beherrschten Zwischenstande und Unterstande zum Stamm- und Bodenschutz anempfohlen wurde. Nach Erreichung des Hauptlängenwachstums in den schon etwas erstarkten und älteren Stangenhölzern aber sollte die Erweiterung des Kronenraumes der besten Eichen durch vorsichtigen allmählichen Eingriff in die Hauptbestandsglieder und die Lockerung des oberen Bestandsschlusses bis zu einer Ausdehnung herbeigeführt werden, wie sie die Eiche zur Entwicklung als Starkholz beansprucht, durch Entfernung der nutzholzuntüchtigen und sonst fehlerhaften Eichen und Hand in

Hand damit überall da, wo die Buche fehlte oder schwach beigemischt
war, der rechtzeitige Unterbau der Buche die Leitlinie bilden, letz=
terer, „um die infolge des lichteren Standes der Eiche unausbleib=
liche Bodenverschlechterung, welche sich nach dem Eintreten der
Rechtstreunutzung noch verstärken würde, zu verhindern, und um die
Produktionskraft des Bodens innerhalb des 300jährigen Umtriebs
der Eiche auszunutzen und eine entsprechende Holznutzung der Buche
zu gewährleisten". Die Ausführung des Unterbaues fand eingehende
Erörterung. Für die Art und Weise der weiteren Bestandspflege=
arbeiten wurde bestimmt, „daß in dem Maße, als sich in späterer Zeit
der in den Eichenbeständen vorhandene Buchenunter= und =zwischen=
stand zusammenschließt und so weit entwickelt, daß zunächst der Boden
hinreichend gedeckt und weiterhin durch die Eichenstämme vor starker
Lichteinwirkung unterhalb des Kronenansatzes geschützt sind, in wie=
derholten Plänterhauungen mehr und mehr in den Eichenhaupt=
bestand eingegriffen wird und die geringwertigen Stämme zu=
gunsten der besser geformten und wüchsigeren bis zu der Grenze
herausgenommen werden dürfen, daß die je besten Eichen in einen
lockeren Schlußstand gelangen, welcher eine allmähliche volle Aus=
bildung ihrer Kronen ermöglicht. Hand in Hand mit diesen Plänter=
hieben geht ... der Aushieb und die Verjüngung der Buchen, welche
etwa vorwüchsig zu werden drohen oder vor der Haubarkeit des
Eichenbestandes hiebsreif geworden sind."

Bei dem Verfahren der unmittelbaren Überführung war zu unter=
scheiden zwischen der weiteren Behandlung der mit Buchen gemisch=
ten Eichenhorste selbst und der damit in engster Verbindung stehenden
Verjüngung des umgebenden Buchengrundbestandes, in dessen näch=
sten Umtrieb die Eichen einwachsen sollten. Erstere konnte hinsicht=
lich der Eichen die natürliche Fortsetzung der vorhergegangenen
Durchforstungen bilden, bei den beigemischten Buchen aber strebte
sie deren Naturverjüngung in einem vorsichtigen, blenderartigen
Verfahren an; letztere sollte zwar im allgemeinen nach den Vor=
schriften für die Verjüngung der Buchenbestände erfolgen, aber doch
mit besonderer Rücksicht auf die Überführungshorste. Die Vorschriften
lauteten:

„a) Die Verjüngung des in Eichenreservebeständen und =horsten
eingemischten haubaren Buchenbestandes in Verbindung mit Über=
führung der Eichen in den nächsten Umtrieb ist zunächst durch den Auszug
schadhafter Eichen und Buchen einzuleiten.

Statt des sofortigen Aushiebes stark bekronter Buchen können dieselben jedoch vorerst nur etwas aufgeastet werden zu dem Zwecke, um einen mäßigen Lichteinfall in den Bestand und eine gruppenweise Ansamung der Buche im Umkreise der geasteten Stämme zu bewirken. Die aufgeasteten Buchen sind sodann nach Erforderniß des erzielten Buchenaufschlages allmählich zu entfernen.

Auf diese Weise wird dann im langsamen Verjüngungsverfahren durch Aushieb der haubaren Buchen und nicht reservirbaren Eichen eine weitere parthieenweise Lockerung des Bestandes und gruppenweise Verjüngung desselben auf Buchen herbeigeführt werden können.

Von Wesenheit ist hiebei, daß die unter den zu reservirenden Eichen und in der Umgebung derselben vorkommenden schlanken Buchenstangen und geringeren meist zwischen- und nebenständigen Buchenstammklassen ebenfalls reservirt werden, ferner daß die Verjüngung auf ebenem oder schwach geneigtem oder schattseitig gelegenem Terrain im Innern des Bestandes beginnt und an den vorerst geschlossen zu haltenden Rändern desselben abläuft, an stark geneigten oder sonnseitigen Hängen aber (unbeschadet der Herausnahme einzelner abständiger oder stark rückgängiger Buchen und Eichen auf der ganzen Bestandsfläche) die Verjüngung zunächst in Zonen (breiten Säumen) allmählich gegen Wind und Sonne in den geschlossenen bzw. jeweils nur zonenweise vorbereiteten Bestand vorschreitet.

Es ist darauf zu sehen, daß anfliegende Nadelhölzer innerhalb der Eichenreserven in mäßiger Zahl allenfalls nur dann belassen werden, wenn die Eichen bereits ihr Hauptlängenwachstum zurückgelegt haben.

Die künstliche Einbringung von Nadelhölzern mit Ausnahme auf rückgängigen, der Buche nicht mehr zusagenden blößigen Stellen soll unterlassen werden.

b) Die Verjüngung des die Eichenreserveparthie umgebenden Buchen- (eventuell auch Nadelholz-) Bestandes soll, wenn sich der Angriff des hiebsfreien Eichenreservebestandes oder Horstes unmittelbar an jene des anliegenden Bestandes (etwa in der nächstfolgenden Periode) anschließt und es der Hiebszug und die Lage des Eichenbestandes gestattet, gegen den letzteren hin ablaufen, so daß dessen Verjüngung unmittelbar an den Buchenbestand angeschlossen werden kann. Würde dieses jedoch der Hiebszug nicht gestatten oder sollen die Eichenparthieen noch längere Zeiträume — einen oder mehr Umtriebe, mehrere Perioden — nach dem Abtriebe der umgebenden Bestände übergehalten werden, so ist die Verjüngung der an der Süd-, Südwest- und Westgrenze der Eichenbestände anstoßenden Partieen bereits 25—30 Jahre vor dem Hauptangriff der Umgebung derart einzuleiten und weiterzuführen, daß nach Umfluß der genannten Zeit um den Eichenbestand bereits ein 30 bis 40 m breiter geschlossener Jungholzgürtel erzogen sein wird.

Es ist jedoch nicht unbedingt nöthig, die Verjüngung um den Eichenbestand innerhalb der bemerkten Zeit vollständig durchzuführen, sondern sie kann — soweit nicht besondere Gründe dagegen sprechen — erst in längerer Zeit, nach Umständen im Anschlusse an die Verjüngung des Buchenbestandes, zu welchem der Schutzgürtel gehört, zu Ende geführt werden. Es ist nicht ausgeschlossen, einzelne mittelstarke und gesunde Buchenstangen und jüngere Buchenvorwüchse am Rande des Eichenbestandes (Horstes) zum Schutze der Eichen einwachsen zu lassen.

Auch ist es für den Schutzzweck ziemlich gleichgültig, welche Holzarten neben der Buche oder soweit nicht anders möglich sein sollte, ohne dieselbe in dem Schutzgürtel erzogen werden, wenn die überzuführenden Eichen mindestens im Alter von 120 Jahren stehen.

Bei Umgürtelung jüngerer Eichenreservebestände erscheint es dagegen angezeigt, wenn möglich erst in einer Entfernung von 10—15 m vom Rande der Eichenreserven mit dem Einbau von Nadelhölzern in die Buche zu beginnen und zwar hier zuerst mit Lärchen und Kiefern, Fichten und Tannen — aber erst in noch weiterer Entfernung folgen zu lassen.

An den Ost-, Nordost- und Nordbrändern der Eichenreservebestände ist es nicht nöthig, vorzeitig eine Verjüngung des anliegenden Bestandes einzuleiten. Stehen Bestände, welche an Eichenreservebestände angrenzen, bereits in Verjüngung, oder müssen hiebsreife (haubare) Bestände alsbald in Verjüngung genommen werden, bevor eine Ablösung in vorbemerkter Weise durchgeführt werden konnte, so ist entweder mit allen Mitteln (z. B. durch ergänzende Pflanzung) der Jungwuchs in der nächsten Umgebung der Eichenreserven zu fördern und in die Höhe bringen, oder — sofern dies nicht ausführbar erscheint — mit der Verjüngung langsam gegen den allmählich etwas freier zu hauenden Rand der Eichenreserven vorzurücken, sonach mit der Verjüngung gegen den Reservebestand abzulaufen.

In diesem Falle sollten aber vorerst im Innern älterer Reservehorste oder bei älteren Reservebeständen von größerer Ausdehnung wenigstens in einem angemessen breiten, gegen den Bestandsrand hin liegenden Saume alle Hauungen unterbleiben, welche nicht unumgänglich nothwendig sind."

Mit dieser Regelung war der zweite entscheidende Schritt in der aktiven Eichenanbaupolitik getan; der erste hatte in der Nachzucht der Eiche bestanden, deren Anfänge bis zurück in die Dalbergsche Zeit reichen. Neben der Begründung hatte jetzt auch die Pflege und die Überführung der Eiche die systematische Durchbildung erfahren, der Kreis war geschlossen. Auf breiter Front eroberte die Eiche infolge dieser Vorschriften das Gelände im Spessart zurück, das ihr durch die Ausnutzung der aus der Urwaldbestockung stammenden Alteichen, durch das unduldsame Vordringen der Buche und die die Eichenverjüngung verhindernde Waldbautechnik der Kurmainzer Zeit entrissen wurde. Die Eichenzeit, die mit dem 15. oder 16. Jahrhundert durch die schlagweise Nutzung auf der Großfläche gewaltsam unterbrochen worden war, erlebte im 19. Jahrhundert eine Renaissance. Die schon dem Untergang geweihten letzten Eichenreste fanden für den Samen, den sie fast 400 Jahre umsonst gestreut hatten, durch Vermittlung der aufblühenden Forstwirtschaft ein neues Keimbett. Sie zeigte einen gut gangbaren Weg, der auch vor dem Ansturm

Die Epoche von 1870 bis zur Gegenwart. 121

der Buche gesichert war. Ja ihr, der bisherigen Eroberin, wurde nicht nur durch die Eiche immer mehr Boden entrissen, weitaus gefährlicher und erfolgreicher noch waren die Nadelhölzer.

2. **Die zwangsweise Fortsetzung der Bestockungswandlung. Die Waldbautechnik im Nadelholz.**

Im Spessart befanden sich im Jahre 1814, beim Übergang an Bayern, 8835 ha Buchenkrüppelbestände. Bei Beginn der letzten Epoche im Jahre 1870 betrug die Fläche der in der Zeit vom Jahre 1814 bis 1870 von Laubholz in Nadelholz umgewandelten Bestände 9308 ha, 473 ha mehr als ursprünglich Krüppelbestände vorhanden waren. Schon daraus ergibt sich, daß auch unter bayerischer Verwaltung der Rückgang der Buchenbestände nicht zum Stillstand kam; er konnte es nicht, weil die bekannten Ursachen nicht beseitigt waren, deren Symptome die Erlahmung der Standortstätigkeit und das Abgleiten der Bestandsgüte in tiefere Bonitätsklassen waren. In welch erschreckendem Umfang aber dies stattfand, beweist eine Statistik aus dem Jahre 1871, wonach in diesem Jahre trotz der rastlosen Aufforstungsbestrebungen der Vergangenheit, die in den überkommenen Beständen ganze Arbeit geschafft hatte, der Spessart wiederum 3243 ha Buchenkrüppelbestände einschloß, wovon fast 95% auf den stärker besiedelten Norden entfielen. Doch waren diese im großen ganzen nicht ohne weiteres zu vergleichen mit jenen, die vor 60 Jahren an Bayern überkommen waren, sondern im allgemeinen von besserer Art. Der Begriff hatte sich gewandelt; man verstand jetzt zum Teil darunter auch die sog. Buchenbestände II. Ordnung: matte Bestände auf zwar buchenmüdem Boden, aber noch mit Laubdecke versehen oder auch auf schon etwas rückgängigem Boden, und solche III. Ordnung: sehr rückgängige Bestände, deren Boden noch mit Laub oder auch schon mit Beerkraut bedeckt war, und schließlich die bereits zur Verkrüppelung neigenden oder verkrüppelten Bestände — meist Krüppelbestände im früheren Sinne — auf in vollem Rückgang befindlichen Boden. Wirtschaftsziel mußte auch auf diesen ausgedehnten Flächen — eine andere Wahl blieb nicht — in der Hauptsache das Nadelholz sein, mit dessen Anbau im Spessart nach einer amtlichen Äußerung vom Jahre 1883 „recht befriedigende Erfolge erzielt worden waren, indem an die Stelle ganz verlichteter, zuwachsloser, oft kaum 60 Ster pro Hektar abwerfender Krüppelbestände mit

wenigen Ausnahmen gutwüchsige, einen namhaften Haubarkeits=
ertrag mit oft sehr reichem Nutzholzprozent versprechende Nadel=
waldungen getreten sind". Entsprechend dem besseren Zustand der
Umwandlungsbestände aber und in der Erkenntnis, die man nicht
nur im Spessart, sondern auch anderswo unter ähnlichen Verhält=
nissen gewonnen hatte, daß „auf dem herabgewirtschafteten armen
mittleren Buntsandsteinboden die Beimischung der Buche von größtem
Vorteil für die Verbesserung des Bodens und das Gedeihen der
Nadelhölzer sei", ging das Streben zugleich auf Erhaltung und, wo
sie fehlte, auf Nachzucht der Buche als der Mutter des Waldes, der
Amme der Nadelhölzer, ein Standpunkt, der ja auch schon in der
vorhergehenden Epoche, wenn auch weniger bestimmt, eingenommen
wurde, aber eben deshalb sich nicht allgemein durchgesetzt hatte. Jetzt
aber waren alle Vorschriften durchdrungen von dieser Überzeugung,
die wie ein roter Faden in ständiger Variation sich durch sie hinzieht
und allen Organen der Forstverwaltung als Leitmotiv geradezu
eingehämmert wurde. Der Erfolg beweist, daß sie mit klarem Ver=
ständnis und gutem Willen aufgenommen und praktisch befolgt wur=
den; dem ist es zu verdanken, daß ein großer Teil der Nadelholz=
bestände des Spessarts auch der jüngeren und jüngsten Altersklassen
Laubholzbeimischung besitzt.

Die Wirtschaftsregeln unterschieden zwischen den drei Gruppen
der Umwandlungsbestände und gaben für jede besondere Anord=
nungen:

In den relativ besten, den matten Buchenbeständen auf buchen=
müdem Boden, sollten Vorbereitungshiebe und ein Besamungshieb
möglichst auf ganzer Fläche nach Möglichkeit Buchenaufschlag zu er=
zeugen versuchen, der als lockerer Grundbestand für die Nadelhölzer
als Hauptholzart gedacht und durch deren Saat und Pflanzung zu
ergänzen war, sobald der Buchenjungwuchs eine lichtere Schirm=
stellung oder die Freistellung ohne Gefahr vertrug. Kiefern und
Lärchen sollten so dicht in die Buchen eingebracht werden, daß sie
für sich einen geschlossenen Bestand zu bilden imstande wären. Die
Vorschriften sehen auf buchenfreien Stellen die Pflanzung von
Fichte und Strobe nach erfolgtem Endhieb vor, während die Tanne
horstweise im Wege der Vorverjüngung 5—10 Jahre vor Inangriff=
nahme der Bestände auf vorhandenen Lücken mit gutem Boden zu
begründen war. In hohen und exponierten Lagen sollten wegen
der Schneedruckgefahr die Kiefer ausgeschaltet, aus Eiche, Buche,

Tanne, Fichte und Strobe horstweise gemischte Bestände mit Einzelbeimischung der Buche erzogen werden. Die Betriebsform war in Anlehnung an jene in normalen Beständen die der ungedeckten Schirmstellung, welche im Endstadium bei den Lichthieben dem Holzartenwechsel angepaßt wurde, ausnahmsweise bei der Tanne und in Schneedrucklagen jene der gedeckten Schirmstellung.

Bei den stärker rückgängigen Beständen war Buchennachzucht auch mit dem Ziel untergeordneter Beimischung im allgemeinen ausgeschlossen und deshalb Rücksicht auf sie nicht zu nehmen, wenn auch Schonung, Pflege und Einbeziehung jedes Buchenvorwuchses in die Verjüngung selbstverständliche Voraussetzung und Pflicht war. Das Verjüngungsverfahren konnte sich allein nach den Bedürfnissen des Nadelholzes richten und damit weniger kompliziert, einfacher gestalten. Demnach sollte die Abnutzung des Altholzes im langen, schmalen Kahlsaumschlag mit der allgemeinen Frontrichtung von NO nach SW, aber modifiziert nach der Exposition, stattfinden mit nachfolgender Mischpflanzung von Kiefer und Fichte oder Fichtenpflanzung und Kiefernsaat.

In den verlichteten Beständen, den eigentlichen Krüppelbeständen, hätte der Kahlsaumschlag zu lange Verjüngungszeiträume und damit zu große Zuwachsverluste erfordert. Hier sollte rasche Bestockung den Boden decken. Deshalb wurde in konsequenter Anwendung des bisherigen Verfahrens die Großflächenform, der Kahlstreifenschlag in Verbindung mit horstweiser Verjüngung der schlechtesten Bestandsteile im Innern der Bestände und deren Erweiterung durch kahle Umsäumungshiebe vorgeschrieben, überhaupt ein Verfahren, „das nach wirtschaftlicher Zulässigkeit und Erfordernis auf jeder Fläche des Bestandes und in jeder Ausdehnung und Form das Ziel erreicht, an die Stelle dieser zuwachslosen, weder den Boden noch die Umgebung schützenden Bestände möglichst bald geschlossene Jungwüchse bodenbessernder Holzarten zu bringen".

Die bayerische Staatsforstverwaltung konnte als Erfolg ihrer Tätigkeit in der Zeit von 1871—1888 die Umwandlung von 2315 ha schlechtwüchsiger Buchenbestände in Nadelholz buchen; die Aufforstung geschah auf 1222 ha mittels Riesensaat, auf 1093 ha durch Pflanzung, und zwar auf 890 ha in Riesen, auf 292 ha in Löchern (Stufen). Eine Fläche von 1023 ha rückgängiger Buchenbestände, deren Umwandlung weniger dringend schien, blieb im Jahre 1888 noch übrig und wurde erst in den folgenden Jahren verjüngt. Nicht weniger als 12646 ha, mit Hinzurechnung der unter Kurmainzer Herrschaft begründeten 444 ha Nadelholzbestände 13090 ha ehemaligen besten Laubholzbodens mit hochwertigen Eichen-Buchen-Mischbeständen war demnach durch die fast durchweg nicht forstwirtschaftlichen Eingriffe des Menschen, in erster Linie durch die Streunutzung entwertet, für die künftige Laubholzwirtschaft als Wirtschaftsziel nach menschlichem Ermessen vielleicht endgültig verloren und der Not gehorchend zwangsweise dem Nadelholz überliefert worden, vor allem der Kiefer als der Holzart, die noch am besten auf dem ausgeraubten Boden zu gedeihen und Ertrag zu liefern vermag, in besseren Lagen und untergeordnet der Fichte, Lärche und Tanne. Als kümmernder Partner blieb die Buche, vereinzelt die Eiche beigemischt, meist Bodenschutzholz, im Zwischen- und Unterstand, eine wehmütige Erinnerung an einstige hochragende, wuchskräftige Bestände. Gewaltige Summen Kulturgelder (vgl. Anh. 11 u. 12) wurden aufgewendet, schwere Opfer für Schutz und Pflege, an geistiger Arbeit gebracht. Und doch waren und sind die Nadelhölzer nur ein Ersatz des Laubholzes im Spessart als dem natürlichen Verbreitungsgebiet, ihrer ureigensten Heimat, freilich der einzig mögliche, aber mit allen Mängeln eines Ersatzes, die bisher insbesondere durch die Schneebruch- und Schneedruckschäden sich bitter bemerkbar machten, die wie ein Fluch den Nadelholzbeständen im Spessart anzuhaften scheinen, wie wenn die Natur sich immer wieder rächen wollte für die Unbill, die man ihr angetan.

Die Waldbautechnik im Nadelholz. In der zweiten Epoche der neuen Zeit wurden die ersten Nadelholzbestände im Spessart hiebsreif. Die Wirtschaftsvorschriften vom Jahre 1888 mußten sich deshalb erstmals mit der Technik ihrer Verjüngung befassen, einer durchaus neuartigen Aufgabe.

Wie schon bei der Umwandlung der Buchenbestände, so galt es auch jetzt aus denselben Motiven als Grundsatz, der zweiten Nadelholzgeneration die der ersten unterständig und zwischenständig, vereinzelt hauptständig beigemischte Buche zu retten oder sie durch künstlichen Anbau einzubringen, wo sie fehlte. War die Buche in hiebsreifen Kiefernbeständen gleichalterig und nahezu hauptständig beigemischt, so sollte sie zum Zweck der Erzeugung von Mast und Aufschlag freigehauen und der Jungwuchs gepflegt werden; noch nicht samentragende Buchenstangen sollten auf den Stock gesetzt werden, um Buchenstockausschlag zu erhalten, im übrigen war der Horst- und gruppenweise Voranbau der Buche vorgeschrieben. In der gleichen Tendenz lag der Buchenunterbau, der sein klassisches Vorbild im Unterbau der Buche unter die immer mehr an Ausdehnung gewinnenden reinen Eichenhorste hatte. Daran lehnte sich der Unterbau der Kiefernbestände an:

„Er sollte im allgemeinen auf bessere Standorte beschränkt bleiben und derart beschaffen sein, daß die Kiefer in längerer Wachstumszeit und bei entsprechender seinerzeitiger Bestandsstellung eine hohe Zahl wertvoller, starker Nutzholzschäfte ausformen könne, durch welche die jetzt aufzuwendenden Kosten des Unterbaues sicher ersetzt werden." „Auf geringerem Boden stockende, mangelhaft geschlossene Kiefernbestände, welche nicht zu der Hoffnung berechtigen, daß sie dereinst einen erheblichen Prozentsatz an Nutzholz liefern werden, sollen nicht unterbaut, vielmehr ziemlich frühzeitig abgenutzt und verjüngt werden." Ferner wurde bestimmt, „durch truppweise Einbringung von Buchenpflanzen auf den lichteren Stellen oder auch mittels Durchpflanzung in regelmäßigen Reihen mit weitem Abstande (2—3 m) in reinen, demnächst zur Verjüngung kommenden Kiefernbeständen die Beimischung von Buche dem nachzuziehenden Kiefernanwuchse von Jugend an zu sichern." „Zur tunlichsten Kostenminderung wären die aus den Schlägen zu entnehmenden, nicht zu starken Buchenpflanzen mittels Klemmpflanzung einzubringen."

Für die Nachzucht der Kiefer ordneten die Vorschriften in erster Linie die natürliche Verjüngung in kahlen, schmalen Saumschlägen, Breite etwa gleich Bestandshöhe, mit der Frontrichtung von NO gegen SW an, bei Versagen der Naturbesamung oder zu ihrer Ergänzung die Kunstverjüngung durch Saat oder Pflanzung, ein Verfahren, das als geschlossene Randstellung zu bezeichnen wäre.

Die Fichtenbestände, die nur in geringer Ausdehnung sich vorfanden, sollten in der Regel „durch kahle, von NO herkommende Absäumung und darauffolgende Aufforstung der Abtriebsflächen mittels Saat oder eines billigen Pflanzverfahrens" verjüngt werden; doch wurden auch die Möglichkeiten der natürlichen Verjüngung in einem Saumschlagverfahren unter Schirm erörtert, also in einer gelockerten Randstellung, dabei aber betont, „daß die Säume senkrecht zur herrschenden Windrichtung anzulegen und überall da, wo der Wind von der Seite angreifen kann, ein Schutzmantel zu belassen sei".

3. Neue Aufgaben und Ziele der Buchenwirtschaft. Die freiwillige Bestockungswandlung.

Zu Beginn dieser Epoche waren von der im ganzen 37800 ha umfassenden Fläche der Staatswaldungen im Spessart 13090 ha in Nadelholz umgewandelt oder zur Umwandlung bestimmt; die Restfläche zu 24710 ha trug auf 3112 ha Eichenbestockung, so daß noch 21698 ha gutwüchsige Buchenbestände vorhanden waren, rund drei Fünftel der Gesamtfläche, die schon allein ihrer Ausdehnung willen größtes Interesse beanspruchen konnten. Ein Drittel davon, 7233 ha, sollte im Laufe des Buchenumtriebs von 120 Jahren der Eiche wiedergewonnen, aber welches Wirtschaftsziel künftig auf den übrigbleibenden 14467 ha erstrebt werden? Das war eine sehr dringende Frage, die es zunächst zu beantworten galt; nach dem Ausfall der Antwort hatte sich dann die Waldbautechnik zu richten.

Das bisherige selbstverständliche Wirtschaftsziel ging bei der Buche auf Erzeugung größter Massen besten Brennholzes. Noch im Jahre 1861 wurde es ausdrücklich bestätigt und deshalb der Umtrieb von 144 Jahren auf 120 Jahre herabgesetzt, „weil in dem letztbezeichneten Alter der Durchschnittszuwachs der Buche in der Regel dem jährlichen gleichstehe, über diesen Zeitpunkt hinaus aber letzterer in Quantität und Qualität herabsinke". Aber die Brennholzwirtschaft hatte seit Mitte des 19. Jahrhunderts immer mehr an Bedeutung verloren, sie war unhaltbar geworden: längst war an Stelle der Holzkohle Koks als Schmelzmaterial in der Eisenindustrie getreten, und die Stein- und Braunkohle hatte das Holz auch in seiner Verwendung zu Heizzwecken für Maschinen und in den Privathaushalten stark verdrängt; die Stein- und Braunkohlenproduktion im Deutschen Reich betrug im Jahre 1824 nur 1,2 Millionen Tonnen, 1844 erst 3,1, 1860 aber schon 16,7, 1870 bereits 59,1, 1890 aber 89,3, 1900 endlich 149,8. Im gleichen Maße fast sanken die Brennholzpreise im Spessart, nachdem sie in den 70er Jahren zu einer unnatürlichen Höhe emporgeschnellt waren. In den geringeren Sortimenten war dieser Preisrückgang so bedeutend, daß kaum mehr die Gewinnungskosten gedeckt wurden, ja das Brennholz, vom Lokalmarkt abgesehen, fast nicht mehr absetzbar war. Der Bedarf an Buchennutzholz und dementsprechend der Preis dafür, das Buchennutzholzprozent war bis zum Jahre 1890 noch so gering, daß die Nutzholzerzeugung bei der Buche als wirtschaftliches Ziel außer der Diskussion stand; erst seit dieser Zeit hat sich der Buchennutzholzmarkt entwickelt. So schrieben denn schon das Grundlagenprotokoll über die Vornahme einer umfassenden Waldstandsrevision im Spessart vom Jahre 1883 und später die Wirtschaftsregeln vom Jahre 1888 vor, „daß die Nachzucht reiner Buchenbestände auf größeren zusammenhängenden Flächen von jetzt an zu unterbleiben habe", da die Buchenbrennholzwirtschaft unrentabel geworden sei.

Andere Umstände begünstigten diese Absicht. In der Praxis vor allem begrüßte man sie beifällig, weil sie aus peinlicher Verlegenheit half, und es ist bestimmt anzunehmen, daß das Streben nach Nachzucht reiner Buchenbestände im Spessart auch ohne die finanzielle Begründung unterblieben wäre — aus naturgesetzlich bedingten und deshalb zwingenden Momenten. Schon gegen Mitte des 19. Jahrhunderts, dann als in der zweiten Hälfte des sechsten Jahrzehnts und bis Mitte der 70er Jahre die Buchenmasten ausblieben und auch die „Lichtwirtschaft" ergebnislos geblieben war, von da an in stets steigendem Maße bis herein in die Gegenwart wurden immer wieder Klagen laut über die Schwierigkeit der natürlichen Verjüngung der Buchenbestände und über deren geringen, unbefriedigenden Erfolg. Zwar täuschte das reiche Buchenmastjahr 1888, das wie ein säkuläres Ereignis, ein Wunderjahr zu beurteilen ist, anfänglich noch einmal über diese Bedenken hinweg, aber trotzdem, die Tatsache war nicht wegzuleugnen, daß im Spessart ganz allgemein eine Buchenmüdigkeit des Bodens eingetreten war, die nicht nur in den „matten" Beständen, auf den schlechteren Bonitäten in Erscheinung trat, sondern allenthalben fast der früheren ungehemmten Verjüngungsfreudigkeit gewichen war. Längst verjüngten sich die Bestände nicht mehr auf ganzer Fläche; nur besonders begünstigte Bestandsteile, wie Mulden, Schattlagen, die der Talsohle angrenzenden Streifen, abgelegene, unaufgeschlossene Bestände, die die alte Bodengüte ungestört bewahrt hatten, besamten sich und hielten den Aufschlag; weite Flächen aber blieben unbestockt. Die künstliche Bodenbearbeitung wurde zur Regel, viele unbesamte Teile mußten künstlich unter Aufwand von Kosten und doch in wenig befriedigender Weise durch Buchensaat und durch Buchenpflanzung in Bestockung gebracht werden. Man erkannte sehr wohl die Ursache in der Streunutzung, in der Ur- und Leseholznutzung, auch in wirtschaftlichen Mißgriffen, besonders solchen, die die Bestände dem Winde öffneten.

In derselben Richtung wirkten im positiven Sinne der starke Bedarf an Nadelnutzholz und das enorme Steigen seines Preises in der Gründerzeit, die bisherigen schönen und leichten Erfolge mit dem Nadelholzanbau, die aufkommende Bodenreinertragslehre, die suggestiv im Zeitalter der „Wirtschaftlichkeit", der „Rechenhaftigkeit" die forstliche Welt im Bann hielt und die Nadelnutzholz auf ihre

Fahne geschrieben hatte, und nicht zuletzt das Wirken, die Autorität eines Gayer, der in seinen begeistert aufgenommenen Schriften: „Der Waldbau"¹), „Der gemischte Wald"²), „Die neue Wirtschafts= richtung in den Staatswaldungen des Spessarts"³), „Über den Femelschlagbetrieb und seine Ausgestaltung in Bayern"⁴), den Misch= wald als „allein geeignet für die nachhaltige Bewahrung der Pro= duktionsmittel" eindringlich predigte, und zwar die horst= und grup= penweise Mischung, „die für Erhaltung und Ausdauer sicher Bürg= schaft gäbe". Mußte diese Lehre für den bedrängten Spessartforst= wirt nicht wie ein Geschenk vom Himmel wirken?

Die tatsächliche Notlage — die Unmöglichkeit der Erzeugung ge= schlossener natürlicher Verjüngungen —, die realen Momente der Rentabilität und die Erfahrungen mit der Umwandlung schlechter Buchenbestände, die geistige Einstellung durch den Einfluß Gayers und durch maßgebende Persönlichkeiten der bayerischen Staats= forstverwaltung — Huber, Braza, Engelhardt, Friedrich, dem besten Spessartkenner und Verfasser der ausgezeichneten Wirt= schaftsregeln für den Spessart vom Jahre 1888 — alle diese Kom= ponenten vereinigten sich zu der Resultante, daß man die jahr= hundertelang geübte, dogmatische Tradition, wonach der Spessart, vor allem der Hochspessart mit seinen besseren Beständen der Eiche und Buche zu reservieren, „die Reinerhaltung der inneren Laubholz= massen vom Nadelholze, die Entfernung solcher Horste und Kultur mit Eiche und Buche, sobald es die Bewirtschaftung der Umgebung mit sich bringt, vor der Samenerzeugungsfähigkeit der Nadelhölzer angenommener Grundsatz", das Nadelholz nur Mittel zum Zweck der Bodenverbesserung, also eine vorübergehende Erscheinung sei, ohne inneren Widerstands nur zu leichten Herzens über Bord warf und als Wirtschaftsziel die Anzucht von Buchenbeständen in Mischung mit Nadelholz — Lärchen, Kiefern, Fichten, Tannen, auch Stroben — im Verhältnis von 0,5 : 0,5 proklamierte, „die Nadelhölzer reichlich, jedoch in nicht zu großen Gruppen und Horsten und nicht in dem Maße eingebracht, daß sie in den betreffenden neuen Beständen gegen das Laubholz überwiegen". Andererseits vergaß man aber nicht, das hohe Lied der Buche in bodenpfleglicher Hinsicht zu singen: „Die Buche soll bei dem hohen Werte, den sie für die Erhaltung des Waldes bzw. der Bodenkraft überhaupt und auf dem mineralisch

---

¹) Berlin 1880, 1898; ²) Berlin 1886; ³) München 1884; ⁴) Berlin 1895.

armen Sandboden des mit Streurechten schwer belasteten Spessarts ganz besonders besitzt, auch für die Folge — soweit nur möglich — als Grundbestand dieser Waldungen erhalten bleiben. Demgemäß ist einerseits die Nachzucht der Buche selbst in den schon bedeutend rückgängigen Laubwaldungen tunlichst auf ganzer Fläche, außerdem wenigstens horst- und gruppenweise, wenn auch nur zur Bildung eines wohltätigen Zwischen- und Unterstandes für die später einzubauenden Nadelhölzer anzustreben." Die Entwicklung hatte dazu geführt, daß das Nadelholz jetzt nicht mehr nur zwangsweise, sondern freiwillig in den Spessart eingebracht wurde, daß der Nadelholzanbau Selbstzweck der Wirtschaft, anstatt der Episode, als die er ursprünglich gedacht war, zur Epoche wurde. Das bis Ende des 18. Jahrhunderts fast völlig, noch zu Anfang des 19. Jahrhunderts nahezu reine Laubholzgebiet sollte nunmehr bis in sein Innerstes durch den Holzartenwechsel umgestaltet werden.

Das war das neue Ziel. Mit ihm erwuchsen neue Aufgaben für die Waldbautechnik im Spessart, die zu bewältigen nicht allzu schwer hätte fallen sollen, da man es ja schon mit ganz ähnlichen Problemen in der Eichenwirtschaft zu tun hatte, somit nicht etwas konstruktiv Neues, sondern nur eine Weiterbildung und Anpassung an andere Holzarten entgegentrat; aber die Lösung vollzog sich nicht glatt. So freudig die Praxis mit dem zukünftigen Wirtschaftsziel einverstanden war, hinsichtlich des einzuschlagenden Weges klaffte zwischen ihr und dem Vertreter der Theorie, Gayer, ein Widerspruch, der damals, vor über einem Menschenalter, fast unbemerkt blieb, in der Folge aber doch bedeutungsvoll werden sollte.

In der Absicht Gayers, der durchdrungen war von der Richtigkeit seiner Ideen, lag es, mit dem alten Wirtschaftsverfahren gänzlich zu brechen und die Horst- und Gruppenwirtschaft in ihrer reinen Form, den bayerischen Femelschlag in seiner ursprünglichen Art, der in anderen Waldgebieten, bei anderen Holzarten und Bestandsformen sich bewährt hatte, für den Spessart zu empfehlen. Deshalb sprach Gayer von der bisherigen Wirtschaft als von „einer alten, schablonisierten Schlagwirtschaft, bei der rasche Verjüngung Mode war, der Lichtungszuwachs zu wenig gewürdigt wurde", „bei der nur möglichst erfolgreiche Ausnutzung voller Buchenmastjahre der Zweck war, die reine Buchenheegen lieferte", „von einer Buchennachzucht, deren Nimbus die Hartigsche Schule von den edlen Holzarten um sich verbreitet hatte", „von früheren reichlicheren Samenjahren und dem Erlahmen der Bodenkraft". Seine Ratschläge für die Zukunft lauteten: „In den vorerst noch nicht angegriffenen, aber nunmehr nach den Grundsätzen der horstweisen Verjüngung in Arbeit zu nehmenden Buchenbeständen soll, nach den Bestimmungen des Grundlagenprotokolls, die Anbahnung der Verjüngung durch Vorhiebe erfolgen, mittels welcher die im Bestande zerstreuten rückgängigen und großkronigen Starkhölzer zum Auszuge kommen, während die übrigen Flächenteile vorerst geschlossen erhalten bleiben. Diese im Gesamtkronenschlusse durch derartige Auszüge etwas gelockerten, da und dort auch zu kleinen Löchern sich gestaltenden Stellen bilden naturgemäße Kernpunkte für die Bodenzersetzung und Samenempfänglichkeit. Hier bilden sich die ersten Samenhorste, auf deren Pflege durch Erhaltung des zur Beschirmung zu benutzenden Nebenbestandes und auf deren Erweiterung durch umsäumende Nachhiebe hinzuwirken ist. In solchen noch im ersten Stadium der Vorhiebe stehenden Beständen hat man die Erreichung des Zwecks einer genügenden späteren Nadelholzbeimischung auch beim Eintritt eines vollen Mastjahres ganz in der Hand. Haben dagegen die in Verjüngung genommenen Bestände zum Zwecke der Erfüllung des Abgabesatzes während steriler Jahrgänge eine schon weiter vorgeschrittene Ausnutzung in den anfänglich noch geschlossen erhaltenen Bestandspartien erfahren, so müßte sich die zurückhaltende Wirkung des Nachhiebsbestandes beim Eintritt eines reichen Buchensamenjahres vielfach als ungenügend erweisen, wenn diese ausnutzenden Hiebe gleichförmig im Sinne der schlagweisen Behandlung zur Durchführung kämen. Es wird vielmehr, gerade im Hinblick auf die Eventualität voller Mastergebnisse, angezeigt sein, bei der Fortführung dieser weiteren Bestandsausnutzung durch Vor- und Lichthiebe ebenso an den Maximen des horstweisen Verfahrens festzuhalten wie bei dem ersten Bestandsangriff durch Auszugshiebe — und zwar mit um so größerer Gewissenhaftigkeit, je mehr die älteren Orte durch allgemeine Bestandsvorlichtung schon gelitten haben."

Demgegenüber nahm die bayerische Forstverwaltung einen viel weniger radikalen Standpunkt ein, der sich als Kompromiß zwischen dem bisherigen Verjüngungsverfahren des Schirmschlags, der ungedeckten Schirmstellung, der Großflächenwirtschaft und dem Dogma Gayers charakterisieren läßt und in folgender Vorschrift der Wirtschaftsregeln vom Jahre 1888 seinen Ausdruck fand:

„In den Buchenbeständen... ist der Angriff durch Vorbereitungshiebe einzuleiten, welche durch mehrere in angemessenen Zwischenräumen einzulegende, daher mindestens 8—10 Jahre vor dem eigentlichen Besamungshiebe beginnende Hauungen eine allmähliche Zersetzung der Laub- und Humusschichte bewirken sollen, weil bei nur einmaliger schwacher Lichtung der Zweck nicht erreicht wird, zumal die Kronen bald sich wieder schließen, ein sofortiger starker Eingriff aber leicht die Verkrustung oder Verfilzung des Bodens herbeiführen kann.

Bei diesen Hauungen sind zugleich etwa vorhandene, zur Bestandsbegründung vollkommen geeignete Vorwuchspartieen entsprechend zu pflegen, außerdem schadhafte und anbrüchige Stämme zu entfernen.

Wenn die zu verjüngenden Bestände mit Althölzern, namentlich mit breitkronigen Buchen durchstellt sind, werden überhaupt die vorbereitenden Hauungen am sachgemäßesten mit der vorsichtigen Herausnahme dieser Althölzer, oder soferne letztere nahe beisammen stehen, eines Theiles derselben unter Belassung des ganzen übrigen Bestandes einzuleiten sein.

Wegen der großen Geneigtheit des Bodens zur Verunkrautung darf aber hierin nicht zuweit und insbesondere an Süd- und Westhängen weniger weit gegangen werden als in nördlichen und östlichen Lagen.

Sollten hie und da durch den Aushieb sehr weitschirmiger Stämme stärkere Beschädigungen an der Umgebung und sohin größere Unterbrechungen im Bestandsschlusse zu befürchten sein, so hätte der Fällung die Entastung vorauszugehen, unter Umständen vorerst nur letztere stattzufinden. Überhaupt ist schon bei den Vorbereitungs-, noch mehr aber bei den Besamungs- und ersten Lichtungshieben soviel als möglich nach den schwersten Stämmen zu greifen, damit die spätere Schirmstellung mehr mit schwächeren Stämmen und Stangen, welche zu diesem Zwecke anfänglich thunlichst zu schonen sind, bewirkt und geregelt werden kann.

Die Vorbereitungshiebe sowohl wie die Besamungshiebe sollen unter Geschlossenhaltung der dem Winde zugänglichen Bestandsränder in der Regel über die ganze Bestandsfläche ausgedehnt werden und nur in Beständen von größerer Ausdehnung vorsorglich zuerst über einen Theil der Bestandsfläche (von der dem Winde entgegengesetzten Seite her), an stark geneigten, sonnseitigen Hängen insbesondere nicht soweit sich erstrecken, daß der geöffnete Bestand der Insolation preisgegeben wird.

Geringere Bodenstellen sind grundsätzlich für die bleibende Nachzucht der Buche als Hauptbestand nicht zu bestimmen, daher haben Bodenvorbereitungen zum Zwecke der Erzielung eines Buchenaufschlages auf derartigen größeren Flächen nur dann stattzufinden, wenn ohne diese Vorbereitung selbst für etwaigen Unterstand zureichende Buchenbesamung nicht erfolgen würde.

Die Stellung der Besamungsschläge ist, abgesehen von der horstweisen Vorverjüngung der Eiche, allenfalsiger Tannenvorverjüngung und der Pflege der beim Vorbereitungshiebe ausgeformten Buchenvorwuchsgruppen — wie bisher ziemlich regelmäßig — aber auf keinen Fall so licht zu gestalten, daß nicht bei einem Mißlingen der Besamung die wiederholte Benützung eines Mastjahres mit Erfolg möglich wäre.

Wenn die Zersetzung der Laub- und Humusschicht genügend erfolgt ist, wird man überhaupt bei Eintritt der Samenjahre auf schwächere Fällungen behufs besserer Unterbringung der Bucheln in den Boden sowie zur Regelung der Schlagstellung sich beschränken können.

Erst die Lichtungs- und Nachhiebe haben in Folge der Rücksichtnahme auf die für den Eintritt als selbständige Horste in den Hauptbeständen auszuwählenden und unter diesen auf die der Lichtung am meisten bedürftigen Kernwuchshorste in der Hauptsache gruppenweise und sehr allmählig vor sich zu gehen.

Die zum Eintritte in den künftigen Hauptbestand bestimmten Buchenparthieen müssen in solcher Größe ausgeformt werden, daß sie von dem einzubringenden Nadelholze nicht in der Entwicklung behindert werden oder gar in den Unterstand zurücktreten; größere Ausdehnung werden dieselben bei erheblicher Beimischung der Fichte (und Tanne) erhalten müssen, während bei Zumischung der Kiefer auch kleinere Horste Gewähr für gedeihliche Entwicklung finden.

In gut vorbereiteten und angemessen in Besamungsstellung befindlichen Beständen werden die Lichtungshiebe in der Regel frühestens über zweijährigen Kernwüchsen zu beginnen haben, wobei die stärksten Stämme, soweit solche nicht bei den vorausgegangenen Hauungen entnommen werden konnten, mit Schonung der benachbarten Stangen und schwächeren Stammklassen zur Fällung zu bringen sind. Sind die ausgeformten Buchenhorste und Gruppen einander ziemlich nahe gerückt oder werden dieselben als ausreichend für die künftige Buchenbeimischung im Bestande und als nicht mehr schutzbedürftig erachtet, so ist durchzuschlagen, b. h. es sind die auf den schwach oder nicht besamten Zwischenräumen zwischen den Buchen-Horsten und Gruppen befindlichen Nachhiebsreste abzutreiben und die bereits bestockten Theile durch Bepflanzung dieser Zwischenräume, je nach Beschaffenheit des speziellen Standortes mit Fichten, Kiefern (auf den vorzüglichsten Böden auch mit Douglastannen) in kleineren Lücken mit Lärchen zu verbinden.

Innerhalb der Buchenhorste verbliebene Lücken wären, soweit der Standort geeignet, vorzugsweise mit Lärchen auszupflanzen, größere Buchenparthieen können auch einzeln mit Lärchen durchpflanzt werden.

Wo sich in kalten Niederungen die Hainbuche auf ihrem naturgemäßen Standorte eingefunden hat, ist dieselbe nicht gewaltsam zu verdrängen, sondern in entsprechender Mischung mit der Rothbuche zu belassen.

Die Nadelhölzer sollen zwar reichlich, jedoch in nicht zu großen Horsten und Gruppen und nicht in dem Maße eingebracht werden, daß dieselben in den betreffenden neuen Beständen gegen das Laubholz überwiegen, wonach — soweit standörtlich möglich — schon die Buchenverjüngung zu bemessen ist.

Die Fichtenhorste und Gruppen müssen derart ausgeformt werden, daß sie die freie Entwicklung der Buchen-Horste und Gruppen und deren Eintritt in den Hauptbestand in der bezielten Ausdehnung nicht behindern, dürfen demnach nicht so nahe zusammengelegt werden, daß die dazwischen befindlichen Buchen lediglich in die Stelle des Neben- oder Zwischenstandes gedrängt werden.

Dabei soll aber auch die Fichte nur in Parthieen von solcher Ausdehnung eingebracht werden, daß späterhin der Boden in diesen Parthieen von dem fallenden Laube des sie umgebenden Buchenbestandes bedeckt werden kann, so daß schmale, aber langgestreckte Fichtenhorste in Mulden und Klingen immerhin eine größere Flächenausdehnung gewinnen können. Die Tanne hat nur ausnahmsweise bei der Auspflanzung dieser letzten Lücken, insbesondere auf Hochlagen mit gutem Boden, als verschulte kräftige Pflanze Verwendung zu finden, kann jedoch hie und da schon bei Einlegung des Vorbereitungshiebes auf vorhandenen Lücken mit bereits zur Verjüngung bereiftem Boden durch enge Pflanzung unverschulter, zwei- und dreijähriger Pflanzen oder in den ersten Stadien der Verjüngung auf Lücken innerhalb des Buchenaufschlages zur Gründung einzelner Horste und Gruppen benützt werden."

Daraus geht die vermittelnde Stellung der Vorschriften der bayerischen Forstverwaltung klar hervor: im Banne der Tradition der wenn auch verbesserten Hartigschen Regeln konservativ am Alten soweit nur möglich festhaltend, wagte sie im Spessart vorerst nicht ohne weiteres den entschlossenen Schritt zur Gayerschen Horst- und Gruppenwirtschaft, die unter grundsätzlichem Geschlossenhalten der Umgebung einzelne Teile, die Horste und Gruppen im Sinne der Hiebstechnik des Dunkelschlags aber auf Kleinflächen beschränkt und damit im Schutze des umgebenden Altholzes verjüngt, diese dann unter Benutzung von Sprengmasten vor allem, durch Umsäumungs- und Rändelhiebe erweitert also den Übergang von der ungedeckten zur gedeckten Schirmstellung und weiter zur geschlossenen und gelockerten Randstellung, sondern sie machte der Vergangenheit sowohl als Gayers Lehren Konzessionen, sie blieb auf halbem Wege stehen: sie behielt im Vorbereitungs- und Besamungshieb die ungedeckte Schirmstellung bei, stand damit mit dem einen Fuß in der Vergangenheit, trug aber bei den Licht- und Abtriebshieben Gayer Rechnung, indem sie den ausgewählten Buchengruppen die durch die vorhergegangene allgemeine Auflichtung schon verwässerten und deshalb weniger wirksamen Vorteile einer modifizierten, gedeckten Schirmstellung und einer ebensolchen Randstellung zukommen ließ. In jüngster Zeit wurde das Verfahren öfters mit dem Ausdruck Schirm-Femelschlag bezeichnet. Das Verfahren ist in der graphischen Darstellung im Anhang unter 3, Abb. 11 dargestellt, aus der der Abnutzungsgang, wie ihn die Wirtschaftsregeln vorschrieben und wie er sich in der Praxis wirklich vollzog, ersichtlich ist.

Nach den Vorschriften fanden die Vorbereitungshiebe und der Besamungshieb wie in der Vergangenheit gleichmäßig auf der Großfläche statt; dann aber konzentrierten sich die Eingriffe auf die Jungwuchshorste und wurden damit örtlich unregelmäßig. Die graphische

Darstellung versagt deshalb bei den Lichtungshieben. Dasselbe gilt von der Darstellung des tatsächlichen Verlaufs der Abnutzung im Lichtungsstadium, die nur allgemein den Gang der Holznutzung ohne Beziehung zum Verjüngungsgang am einzelnen Horst versinnbildlicht, während der Vollzug beim Vorbereitungs- und Besamungsstadium mit der Anordnung unter Beachtung der schon S. 98 angeführten Gesichtspunkte gut übereinstimmt.

4. Die sonstige Waldbautechnik.

Die übrigen waldbaulichen Maßnahmen sind, so ein wertvolles geschichtliches Dokument insbesondere die sie anordnenden grundlegenden Wirtschaftsregeln vom Jahre 1888 auch bilden, zum Teil nicht etwas so Charakteristisches, dem Spessart Eigentümliches, daß ihre Darstellung im einzelnen sich lohnen würde; das gilt für die Technik der Kunstverjüngung, die Saat und Pflanzung. Andere wie etwa die Buchenstarkholzzucht durch horstweise Überführung in den nächsten Umtrieb gemeinsam mit den Eichenhorsten oder wenigstens Zurückstellung von Buchenbeständen besten Wuchses auf nicht zu großen Flächen vom Abtrieb um einige Jahre, der Kiefernüberhalt, fanden nur in geringem Umfang Anwendung. So sollen nur die an sich kurz gefaßten Vorschriften über Durchforstung Erwähnung finden, die ersten, die sich mit dieser Frage einigermaßen tiefer befaßten, und eine außer dem Spessart noch im Pfälzerwald geübte Spezialität, die Grabenkultur.

Die Durchforstungsregeln lauteten: „Nach den mit den Eingeforsteten in der zweiten Hälfte der 60er Jahre abgeschlossenen Vergleichen im Spessart dürfen Durchforstungen, sofern solche nicht durch besondere Ereignisse, z. B. Insektenfraß, Schnee und Eisbruch usw. früher notwendig werden sollten, in Buchen- und Eichenbeständen unter 60 Jahren, in Nadelholz und gemischten Beständen unter 30 Jahren nicht vorgenommen werden. Übrigens bleibt dem Arare die Fällung von Kleinnutzhölzern, als Bohnenstecken, Baumpfählen, Hopfenstangen, Leiterbäumen usw. vorbehalten, wobei jedoch den Berechtigungsverhältnissen stets soweit Rechnung getragen werden soll, daß durch Gewinnung dieser Nutzhölzer der Anfall des Ur- und Leseholzes nicht zu sehr beeinträchtigt wird.

Hinsichtlich des Grades der Durchforstung ist auch fortan an dem alten bewährten Grundsatze festzuhalten, wonach es rätlich erscheint, öfters aber mäßig zu durchforsten, in keinem Fall aber den Schluß erheblich zu unterbrechen.

Bei den Durchforstungen sollen unter- und nebenständige Schatthölzer unter Kiefern, beiwüchsige Buchen und Tannen unter Fichten, Buchenunter- und -nebenstand (unter Umständen auch solcher von Fichten und Tannen) unter Eichen sorgfältig erhalten bleiben.

Übrigens ist die zulässige Stärke der Durchforstungen unter verschiedenen Verhältnissen verschieden: In besseren Bestandspartien, frischen Mulden und Einbeugungen kann namentlich bei älteren Stangenhölzern die Durchforstung kräftiger geführt werden. Stärkere Durchforstungen mit Entnahme der beherrschten Individuen empfehlen sich ferner für reine Eichen- und Kiefernstangenhölzer vorgängig des Unterbaus, in Lärchengruppen, sowie in älteren, zureichend mit Buchen unterstellten Kiefernstangenhölzern. Wo der Boden durch Unter- und Zwischenstand gedeckt ist, kann sich die Ausforstung allmählich auch auf die eingezwängten, im Stärkewachstum zurückgebliebenen Stangen erstrecken (insbesondere bei Lärchen zu beachten). Dagegen ist bei schwächeren Böden, in den dem Winde unmittelbar ausgesetzten Höhenlagen, auf Bergvorsprüngen usw. stets große Vorsicht zu beachten.

Birken und Aspen haben nur in einem Teile des Spessarts größere Verbreitung. So wohltätig beide Holzarten, namentlich die Birke für die Laubholz-, die Fichten- und Tannenverjüngungen in Frostlagen sich erweisen, ebenso unbequem und nachteilig können sie werden, wenn sie nicht rechtzeitig und nach erfüllter Aufgabe bis auf die zur Vermittelung des Bestandsschlusses nötigen Individuen vermindert werden. Bei den Reinigungshieben ist deshalb besonders hierauf Bedacht zu nehmen. Wo Besenreisig absetzbar ist, können Birken bei entsprechender Aufschneidelung öfters in namhafter Zahl bis zur Erreichung einer nutzbaren Stärke belassen werden. Eine mäßige Anzahl von Birken darf auch in Buchenpartien bis ins höhere Stangenholzalter einwachsen, um stärkeres Birkennutzholz zu liefern. Die Besonderheiten der Durchforstungen in den einzelnen Bestandsarten, insbesondere die hiemit zu verbindende Freistellung der Kronen gutwüchsiger Eichen, Lärchen, Kiefern in älteren Stangenhölzern sind schon früher besprochen worden."

Die Vorschriften über Grabenkultur besagten: „Die vorgesehenen Graben- und Furchenkulturen bezwecken teils nur Erhaltung der Feuchtigkeit und des Laubes, also Bodenpflege, teils auch die Verjüngung der betreffenden Bestände. Durch sie soll also an trockenen, exponierten Vorsprüngen, an steilen Hängen, an Waldrändern usw. der allzu rasche Abfluß der meteorischen Niederschläge sowie das Verwehen des Laubes gehindert und wieder Bodenfrische erzielt werden.

Anfänglich wurden diese Gräben (Laub- und Wasserfanggräben, Horizontalgräben) vorwiegend mit 30 cm Sohlenbreite und 30 cm Tiefe an der unteren Seite des Grabens, durchgehends aber genau horizontal ausgeführt. Künftig sollen Wasserfanggräben von solchen Dimensionen hauptsächlich nur da angelegt werden, wo es sich darum handelt, beträchtlichere Wasserabläufe von Wegen und Gräben auf trockene Hänge oder Vorsprünge zu leiten, während zum Festhalten des Laubes und der Feuchtigkeit vorwiegend schwache Gräbchen oder Furchen von geringer (10—15 cm) Tiefe und ziemlich engem Verbande (1—2 m Entfernung) dienen sollen. Auf stärker geneigten Hängen müssen die Schutzfurchen stets wenigstens annähernd horizontal angelegt werden; durch öftere Unterbrechungen dieser Gräbchen (Aussetzen derselben auf einige Meter) ist den Nachteilen der etwaigen Abweichungen vom genau horizontalen Verlaufe entgegenzuwirken.

Auf ebenen oder schwach geneigten Lagen müssen die Schutzfurchen da, wo mit denselben lediglich die Verhinderung des Laubverwehens bezweckt wird, senkrecht gegen die Hauptwindrichtung verlaufen. Für die Unterstützung der Verjüngung der Bestände sind die schwächeren Gräben, sowie die Furchen ohnehin mehr geeignet als tiefe Gräben."

8. Rückblick und Ausblick.
A. Der forstliche Tatbestand in der Gegenwart.
1. Die jetzigen Bestandsformen.

Wie die Epochen der kurmainzischen Zeit (vgl. S. 74), so erzeugten auch die beiden Epochen der bayerischen Zeit im 19. Jahrhundert ganz bestimmte Bestandstypen, denen die bei ihrer Verjüngung geübte Waldbautechnik auf die Stirn geschrieben steht. Es handelt sich im Spessart gegenwärtig um folgende, meist von der bayerischen Forstverwaltung, zum Teil aber auch noch von Kurmainz begründete Bestandsformen:

Eichenbestände; 1. Bis etwa 60jährige, aus dem großflächenweisen Eichenanbau der letzten Epoche hervorgegangene Eichenbestände, mit einzelnen Buchen im Neben- und Unterstand, seltener im Hauptbestand, die Buchen meist zurückgeschnitten.

2. 60- bis etwa 100jährige Buchen-Eichen-Mischbestände, aus der ersten Epoche der neueren Zeit mit aktiver Eichenanbaupolitik herrührend, die Eichen horstweise, zum Teil einzeln, im Alter nicht wesentlich verschieden, dem Buchengrundbestand beigemischt, meist von den umgebenden Buchen bedrängt oder schon überwachsen, vereinzelt noch mit Alteichen überstellt mit der Tendenz, in reine Buchenbestände überzugehen.

3. Die jetzt um 140 Jahre alten Eichenjungheisterbestände von geringerer Ausdehnung (Weißer Stein, Eichrand des Forstamts Rothenbuch u. a.), die ersten Versuche der Eichennachzucht darstellend, meist rein auf der Großfläche begründet und später mit Buchen unterbaut (vgl. Tafel 4).

4. Dann klafft die große Lücke bis zu den jetzt gegen 310 Jahre alten Eichenaltheisterbeständen, seit Mitte des vorigen Jahrhunderts systematisch mit Buchen unterbaut, Muster des Eichenstarkholzbetriebes mit Buchenunterbau und wohl das Vorbild der Eichennachzucht in der letzten Epoche der neueren Zeit. Da sie die größte Sehenswürdigkeit des Spessarts bilden und man darf wohl sagen Weltberühmtheit erlangt haben, seien in Ergänzung der S. 77 darüber angegebenen Bestandsbeschreibungen hier noch zwei weitere aus dem 19. Jahrhundert angeführt. Das sogenannte primitive Forsteinrichtungswerk vom Jahre 1837 gibt davon folgendes Bild: „220jährige[1]) Eichenheisterbestände von mittelmäßigem, zum Teil gedeihlichem Wuchse, mit einzelnen älteren Eichen und ästigen Buchen und teilweise in Horsten beigemischtem Buchengestäng von verschiedenem Alter gering bis mittelmäßig bestanden. Boden meist mit lichtstehender Heidelbeere überzogen, zum Teil mit schwacher Laubdecke" und empfiehlt als Wirtschaftsmaßnahme: „Das alte, abständige und unterdrückte Holz soll herausgehauen, das vorhandene Buchengestänge und der Vorwuchs sorgfältig geschont, die größeren und kleineren Blößen mit Bucheln platzweise eingestuft und überhaupt auf Erziehung eines möglichst baldigen Schlusses durch Beimischung von Buchen hingewirkt werden. Bei der Haubarkeit der Buchen

---

[1]) Im F. E. Werk heißt es irrtümlich 190jährig.

werden die stärksten und anbrüchigen Eichen mitgefällt, die übrigen geschont und so in diesem Hochwaldkompositionsbetrieb zur größtmöglichen Stärke erzogen werden können." Das Forsteinrichtungswerk vom Jahre 1888 beschreibt sie als „274jähriges[1]) mittleres Eichenbaumholz mit älteren Eichen, mit etwa gleich alten Buchen zu 0,1 bis 0,2 stammweise gemischt, teils wüchsig, teils schwach wüchsig, räumlich stehend; durch Schnee und Eisbruck sind Lücken entstanden; die Bestände mit zum Teil geschlossenem Buchenunterstand, teils Naturbesamung, meist durch Pflanzung, jetzt 10—20jährig, eingebracht". Die Vorschriften für die Bewirtschaftung schrieben vor „Plenterhieb, Entfernung rückgängiger, zuwachsloser Eichen und Buchen bzw. der letzteren, soferne sie die Eichenkronen beengen; Astung der Buchen, deren vollständige Entfernung den Schluß stark unterbrechen würde".

5. Die noch in wenigen Resten vorhandenen, im Aussterben begriffenen Eichenlichtwaldungen, die im Jahre 1814 noch 5300 ha umfaßten. (Vgl. Tafel 2). Es sind kümmernde, rückgängige, über 500jährige, aber sehr wertvolle, im Erdstamm bestes Fournierholz liefernde Starkeichenbestände, meist ohne Buchenbeimischung, auf verheidetem Boden, die ihr Dasein in der Gegenwart nicht waldbaulichen Erwägungen, sondern solchen der Nachhaltigkeit der Abnutzung und damit der Einnahme, des Ausgleichs im Forsthaushalt verdanken. Den Bestandsbeschreibungen nach boten sie im Jahre 1837 und 1888 dasselbe Bild dar wie jetzt.

Buchenbestände, soweit über 100jährig mit mehr oder weniger zahlreichem Eichenüberhalt durchstellt, bis etwa 220jährig, in vier Typen vertreten:

1. Bis etwa 50jährige Buchen-Nadelholz-Mischbestände, meist in horstweiser, zum Teil in Einzelmischung von Buche mit in der Hauptsache Kiefer, Fichte, einzelnen Tannenhorsten, Strobe, aus der Zeit des freiwilligen Nadelholzanbaues seit ungefähr 1870, aus der jüngsten Epoche, der Wirtschaft des modifizierten Femelschlags herrührend.

2. 50- bis etwa 140jährige Buchenbestände, zum Teil mit Eichen horstweise gemischt (S. 137, 2), aus der Epoche der Anwendung der G. L. Hartigschen Generalregeln und ihrer Varianten stammend.

---

[1]) Im F. E. W. irrig 240jährig.

3. 140- bis 160jährige Buchenbestände aus der Zeit der Jahresschlagflächen vom Jahre 1773 bis 1790, noch etwa 200 ha umfassend und in Verjüngung stehend, meist aber verschwunden, indem sie verkrüppelten und dann in Nadelholz umgewandelt wurden.

4. Die über 160jährigen Buchenalthölzer, gleichmäßige, zum Teil gut geschlossene Bestände mit sehr zahlreichen, aber meist weniger schönem Eichenüberhalt, zum größten Teil in Verjüngung stehend. (Tafel 1).

Nadelholzbestände, in der Hauptsache bis 110jährig, in Kulturen und schwächeren Stangenhölzern schon die zweite Nadelholzgeneration bildend, Kiefern, Fichten, die zum Teil die Reste der Einzelmischung Kiefer-Fichte-Lärche sind durch Ausfall der Kiefer infolge Schneebruch und Schneedruck und der Lärche durch Krebs neben Durchforstungseingriffen, Einzelmischung von Kiefern mit Fichte, letztere dann unterständig, und einzelnen Lärchen, stets mit einzelnen Buchen im Unter- und Nebenbestand, seltener im Hauptbestand gemischt, vereinzelten Eichen, entstanden durch die zwangsweise Aufforstung der verkrüppelten und matten Buchenbestände.

2. Die Holzarten und ihre Wechsel.

Die Zusammensetzung des Spessarts nach Holzarten und ihr Wechsel geht aus der unter 1. gegebenen Übersicht der Bestandsformen und ihrem Vergleich mit der Übersicht S. 74 hervor. Da die Bestandsformen aber nicht oder nur zum Teil statistisch erfaßt wurden, wohl aber für die Holzartenbeteiligung weit zurückreichende Zahlenangaben vorliegen, sollen diese hier angeführt und begründet werden.

Laubholz und Nadelholz. Nach den schwachen Vorversuchen in der Zeit vom Jahre 1756—1775, die 5 ha Nadelholzbestände im Spessart schufen, begann mit der Einführung der Jahresschlagflächen durch die erste Forsteinrichtung im Jahre 1773 und der Anpassung des Schirmschlags an die Jahresschlagflächen durch die Kurmainzer Verordnung vom Jahre 1774 das Eindringen des Nadelholzes in das bis dahin reine Laubholzgebiet des Spessarts. Im Jahre 1796 bestanden dann schon 0,4% der Gesamtfläche aus Nadelholz. Sein Anteil erhöhte sich infolge der eifrigen Durchführung der Tettenbornschen Vorschläge unter Dalberg und der seit dem Jahre 1814 einsetzenden regen Kulturtätigkeit unter der bayerischen Forstverwaltung durch die Aufforstung schlechtwüchsiger Buchenbestände auf 6,3% im

Jahre 1837 und 27,3% im Jahre 1870. Die Bestockungswandlung vom Laubholz in Nadelholz hätte dann in den 80er Jahren ein Ende erreicht, wenn nicht der Waldbautechnik durch die allgemein wirtschaftlichen Verhältnisse neue Ziele gesteckt und die vorher erzwungene Nadelholzkultur durch den freiwilligen Anbau der Nadelhölzer fortgesetzt worden wäre. Als Folge davon beteiligten sich die Nadelhölzer an der Gesamtbestockung des Spessarts im Jahre 1900 mit 35%, im Jahre 1922 mit 38%. In demselben Maße ging der Anteil der Laubholzbestockung zurück. (Vgl. die Kurvendarstellung in Abb. 2.)

Die Laubhölzer. Nach der ersten, der Biberschen Statistik, über den Spessart aus dem Jahre 1733 war 38,3% der Gesamtfläche mit in der Hauptsache reinen oder mit wenig Buchen gemischten Eichenbeständen (davon 35,8% Alteichen), 59,3% mit Buchen und zahlreichen Alteichen in Mischung und 2,4% mit Birken„gesträuch" und Wacholder bestockt; 97,6% des Spessarts trugen demnach im ersten Drittel des 18. Jahrhunderts Alteichen, teils ausschließlich, teils als dicht stehendes Oberholz.

Im Jahre 1790 schon war die Fläche der reinen Eichenbestände von 38,3% auf 27,4% zurückgegangen und als Folge der fortgesetzten starken Alteichennutzung um die Jahrhundertwende im Jahre 1837 auf nur mehr 19,2% zusammengeschmolzen. Während des ganzen 19. Jahrhunderts war dann die Nutzung größer als die Nachzucht, so daß im Jahre 1900 nur 12,7% der Gesamtspessartwaldfläche mit Eiche bedeckt war. Von da an stieg ihr Anteil wieder und erreichte im Jahre 1922 14,7%.

Auch die Buchenbestände verringerten sich von 59,3% im Jahre 1733 etwas auf 58,2% im Jahre 1790, von denen auch in diesem Jahre immer noch der größte Teil mit Alteichen überstellt war, auf 52,3% im Jahre 1900 und 46,3% im Jahre 1922. Diese große Konstanz der Buchenfläche ist aber nur scheinbar, weil in den Aufnahmen durch das statistische Landesamt im Jahre 1900 und der Zusammenstellung aus dem Jahre 1922 unter der Buchenfläche auch die ideell ausgeschiedene Fläche der in den Nadelholzbeständen eingemischten unter-, zwischen- und vereinzelten hauptständigen Buchen enthalten ist, während die Aufnahme vom Jahre 1837 nur geschlossene hauptständige Buchen in sich begreift. Ich schätze den Rückgang der Buche im Hauptbestand bis zum Jahre 1900 auf etwa 46%, bis zum Jahre 1922 auf 40%.

Die Buchenkrüppelbestände betrugen 1733 2,4%, 1790 14,4%,

1837 16,4%, 1888 noch 2,3% und verschwanden in der Folgezeit. Schließt man rückwärts aus der Fläche der Nadelholzbestände, die an die Stelle der Buchenkrüppelbestände getreten sind, so ergeben sich für 1837 22,7%, 1888 fast 25%; in letzter Zahl dürfte aber fast 20% auf freiwilligen Nadelholzanbau in besseren Buchenbeständen

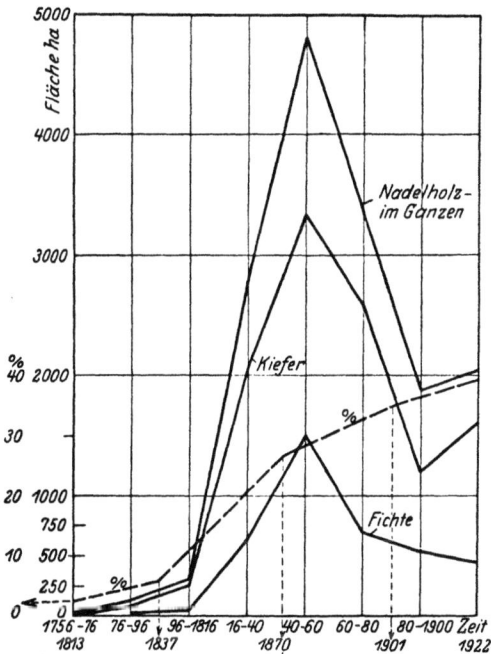

―――― In den Jahren 1750—1922 begründete Nadelholzkulturen (in ha).
―――― Anteil des Nadelholzes an der Gesamtbestockung in Prozenten.
Abb. 2. Eindringen des Nadelholzes in den Spessart in absoluten Zahlen und Prozenten der Gesamtwaldfläche.

zu rechnen sein. Die Zunahme der Buchenkrüppelbestände steht in ursächlichem Zusammenhang mit der Abnahme der Eichenbestände insofern, als in den mit Buchen unter- und durchstellten Eichenbeständen die Eichen genutzt wurden und unterdrückte, durch die Fällung beschädigte, locker stehende Buchen zurückblieben, die besonders auf dem durch Steunutzung geschwächtem Boden sich nicht mehr erholen und zusammenwachsen konnten und in die Kategorie der Buchenkrüppelbestände abglitten.

Die Nadelhölzer. Die Beteiligung der einzelnen Nadelhölzer an der Bestockungsumwandlung ergibt sich aus der Übersicht S. 106 und Kurvendarstellung S. 141.

Die Kiefer war stets die bevorzugteste Holzart, insbesondere solange es sich um die Aufforstung der Buchenkrüppelbestände und matter Buchenbestände handelte, die zudem ihren Standort meist auf den südlichen, der Kiefer zusagenden Hanglagen hatten, weil dort infolge der größeren Wärme und der Windwirkung die Streuentnahme am häufigsten stattfand.

Der Anteil der Fichte geht im allgemeinen parallel mit dem der Kiefer, nimmt aber bis zum Jahre 1880 nur durchschnittlich ein Drittel ihrer Fläche ein; bis dahin war sie in der Hauptsache nur Schattmischholzart zum Bodenschutz in den Kiefernbeständen, wurde aber auch zwischen 1840—1860 mit bestem Erfolge rein angebaut auf besseren Lagen, auf Nord- und Osthängen, in Tälern, Mulden; ihr Anteil steigt in dieser Zeit, die die Kulmination der Kulturtätigkeit im Spessart mit durchschnittlich 241 ha jährlicher Kulturfläche darstellt, bis auf 46,3% der Kiefernfläche und erneut mit der Proklamierung der Nadelnutzholzwirtschaft in den 80er Jahren auf fast die Hälfte der Kiefer und hält sich auf dieser Höhe bis zur Gegenwart.

Die Kultur der Lärche hat vom Beginn der Bestockungsumwandlung im Spessart an eine außerordentliche Rolle gespielt. Man erwartete ursprünglich von ihr, „der Eiche unter den Nadelhölzern", alles, aber keine Holzart hat mehr enttäuscht als sie. Sie kann im Spessart nur unter ihr ganz besonders zusagenden Verhältnissen, die heute noch keineswegs geklärt sind, gutes Gedeihen finden. Es dürften sich der Fläche nach kaum 5% der seit 1870 angesäten und gepflanzten Lärchen im Spessart bis zur Hiebsreife erhalten haben, alle anderen durch Krebs, die Lärchenminiermotte, Verfegen, durch ungünstige Standortseinwirkungen, Überwachsenwerden ausgefallen sein. Das Ansteigen ihrer Anbaufläche seit 1880 erklärt sich daraus, daß seit dieser Zeit auch auf besseren Buchenböden die Nadelhölzer eingebracht wurden, und man hoffte, daß sie hier besseres Gedeihen finde als auf den abgewirtschafteten Böden.

Die Tanne drang seit 1840—1860 schüchtern in den Spessart ein, um in der Zeit von 1880—1900 mit der Überweisung besserer Böden durch die Beteiligung mit 22 ha einen Höhepunkt zu erreichen.

Die Flächen der Stroben, Douglasien sind statistisch nicht ausgeschieden; letztere hielt sich in ihrem Anbau in sehr engen Grenzen, erstere mag schätzungsweise die doppelte Fläche der Tanne einnehmen.

B. Die Hemmungen der Wirtschaft.

Vor der kritischen Würdigung der Waldbautechnik des 19. Jahrhunderts ist es notwendig, auf die außerhalb ihrer Wirkungssphäre liegenden Hemmnisse hinzuweisen, die ihren praktischen Erfolg beeinträchtigten; diese Kenntnis bildet geradezu den Schlüssel, um die Waldwirtschaft der neuen Zeit im Spessart objektiv beurteilen zu können.

Wie schon früher ausgeführt wurde (vgl. S. 69), gelang es um die Wende des 18. Jahrhunderts dem sachlich verständigen und zugleich kraftvollen Eingreifen Dalbergs, einen Teil der schweren Schäden ganz oder vorübergehend abzustellen, andere zu mildern, denen der Spessart unter früherer kurmainzischer Verwaltung durch die übertriebene Wildpflege der Waldeigentümer, die ungenügende Verwaltung und die Eingriffe der Bevölkerung jahrhundertelang ausgesetzt war. Die Nachfolgerin von Kurmainz, die bayerische Staatsforstverwaltung, hat im Sinne Dalbergs weiterzuarbeiten versucht, aber zu einem Zerreißen und Abwerfen der Fesseln brachte sie es nicht, wenn auch durch unermüdliches Streben manches erreicht wurde. Das Feuer der Übergriffe seitens der Bevölkerung besonders, das vorher offen zerstörte, glomm im Verborgenen weiter, loderte wohl auch wieder auf, in engeren Grenzen setzte es unablässig seine für den Wald geradezu vernichtende Tätigkeit fort. Auch neue Hindernisse traten auf, so das Prokrustesbett der Forsteinrichtung mit Fachwerk, Periodenteilung, Bestandskonsolidierung. Doch blieben sie in ihrer Wirkung außer jedem Vergleich gegenüber den Hemmungen dreierlei Art, die als folgenschwere Erbschaft aus der Vergangenheit übernommen werden mußten, trotz der Entwicklung der Forstwirtschaft und der Erkenntnis von ihrer Bedeutung sich nicht beseitigen ließen und deren negativer Einfluß auf den gegenwärtigen Waldzustand nicht überschätzt werden kann:

1. Die verderblichste davon war und ist die Streunutzung, die bis zur Gegenwart als Forstberechtigung auf dem Spessart in seinem nahezu ganzen Umfang lastet und durch die starke Zunahme der Bevölkerung und der Viehhaltung ständig in ihren Ausmaßen wächst.

Sämtliche Bestände mit einem Alter von über $\frac{u}{2}$ Jahre, mit Ausschluß der in Verjüngung stehenden Bestände, werden in einem etwa achtjährigen Nutzungswechsel von der Bevölkerung unentgeltlich berecht. Daneben steht ihr vergünstigungsweise das auf den zahlreichen Wegen und Linien liegende Laub alljährlich zur Gewinnung frei. Letzterer Anfall ist sehr hoch, weil die Wege fast durchweg als Hangwege mit geringem Gefäll und langer Trassenentwicklung ausgebaut sind, weil die Bestände am Wegrande in der Regel, oft auch an den Bestands- und Abteilungsgrenzen des Schutzmantels, im Innern des Unter- und Zwischenstandes entbehren — hier berührt sich die Streufrage mit der unter 2. zu besprechenden Holzberechtigung —, deshalb der ungehindert eindringende Wind das ausgedörrte zusammengerollte Laub bei trockenem Herbst- und Frühjahr bergabwärts treibt und in dichten Massen auf den horizontalen Wegflächen mit ihren dafür meist günstigen Windverhältnissen ablagert. Die auf den Wegen und Linien angesammelte Streu wäre für die forstliche Produktion an sich verloren. Ihre Nutzung ist nicht die unmittelbare Ursache des Schadens. Diese liegt primär im Fehlen der gesicherten Bestandsisolierung und im ungünstigen Bestockungsaufbau, sekundär erst in der Windwirkung.

Es kann sich wohl erübrigen, auf die Bedeutung der Waldstreu für den Buntsandsteinboden einzugehen. Die Geschichte der Forstwirtschaft im Spessart, die Entstehung und das Schicksal der Buchenkrüppelbestände, der Wechsel der Holzarten und Bestandsformen ist im großen die Reaktion auf diesen Fluch der Streupest, der unnatürlichsten Waldnutzung, und gleichzeitig eine lebendige Anklage der Natur gegen die menschlichen Eingriffe. Diese Anklage richtet sich am wenigsten gegen die Bevölkerung an sich, die in ihrem bitter ernsten Kampf ums Dasein den Wald als Domäne für ihre Zwecke betrachtet, deren Tendenz auf Ausbeutung und Gewinn geht, von der ihrer Vergangenheit und gesamten Mentalität nach nun einmal konservativer Sinn für das Staatseigentum nicht erwartet werden kann. Sie trifft zum geringen Teil nur die Forstbeamten, die vereinzelt stets, seit über 200 Jahren, seit den Reigersberg und Dilenius im Jahre 1719 ununterbrochen und nie erlahmend — das ist aktenmäßig nachweisbar —, vielleicht nicht immer energisch genug auf die Schäden der Streunutzung hingewiesen haben und von den Regierungsstellen Abhilfe heischten. Aber hier bei diesen ist die

Die Hemmungen der Wirtschaft. 145

Wurzel des Übels zu suchen. Der Gedankenkreis der Kameralisten und Juristen konnte stets Ursache, Sinn und Zweck, die Tragweite der Streunutzung für die Landwirtschaft erfassen, ihre forstliche Bedeutung blieb ihnen immer unverständlich und fremd. Sie vertraten eine einseitige, irrige Sozial= und Agrarpolitik, die im Parlament eines Agrarlandes wie Bayern stets Widerhall fand und die in waldfeindlichen Gesetzen und Verordnungen sich auswirkte. Der Spessart aber geht der Vernichtung entgegen, ohne daß der Landwirtschaft und der Bevölkerung mit der Waldstreu auf die Dauer zu helfen wäre; denn das zeigt die Geschichte der Landwirtschaft, daß Waldstreuverwendung für die Entwicklung ihrer Intensität stets und überall ein Hindernis, niemals ein Element des Fortschritts war. Mögen Regierung und Landtag das einsehen, und zwar baldigst, wenn die Rettung nicht zu spät kommen soll! Wenn es einst, freilich einem Dalberg, gelang, das Verfahren des tief im Volke eingewurzelten Laubaschebrennens zu beseitigen, sollte es unmöglich sein, die dem Walde nicht weniger gefährliche Gewinnung der Bodendecke zur Einstreu und Düngerbereitung zu beseitigen?

2. Die zweite Hemmung für eine gedeihliche Entwicklung der Forstwirtschaft, ja die Ursache stetigen Rückganges an Boden= und Bestandsgüte waren und sind bis heute die Ur= und Leseholzrechte und das Oberholzrecht der Spessartbevölkerung. Erstere sprechen ihr die Berechtigung zum unentgeltlichen Bezug des Dürrholzes von höchstens drei Dezimalzoll im Durchmesser in anderthalb Schuh über dem Boden zu, letztere gibt ihr die Befugnis, „daß bei den regelmäßigen Holzhieben und bei jenen Kulturreinigungen und Durchforstungen, welche den Umfang von Holzhieben annehmen, sich vom Laub= und Nadelholz ergebende Stangen= und Reisigholz sich unentgeltlich insoweit anzueignen, als solches sich nicht zu Scheit=, Prügel= oder Kohlholz (Astholz) eignet." Beide Holzrechte scheinen auf den ersten Blick für den Wald, wenn auch nicht bedeutungslos, so doch nicht in seine Existenz mittelbar oder unmittelbar eingreifend zu sein; und doch sind sie es, die Ur= und Leseholzrechte zunächst wegen der Voraussetzungen, die an sie geknüpft sind, sie und das Oberholzrecht durch die Art ihrer Ausübung. Um nämlich den Ur= und Leseholzbezug nicht zu schmälern, „dürfen Durchforstungen im allgemeinen in Buchen= und Eichenbeständen nicht unter 60, in Nadelholz= und Mischbeständen nicht unter 30 Jahren vorgenommen werden". Trotz Ausnahmen und wechselnder Auslegung im einzelnen

ist damit einem zielbewußten, intensiven Durchforstungsbetrieb in der wichtigsten Entwicklungsperiode des Bestandslebens der Boden entzogen, ein Ausfall, der in der zweiten Lebenshälfte nicht mehr nachgeholt werden kann. Aber noch eingreifender für die Forstwirtschaft ist der Umstand, daß die Eingeforsteten mit beiden Rechten einen starken Mißbrauch treiben, dem bisher trotz eifrigen Forstschutzes ein wirksamer Riegel nicht vorgeschoben werden konnte. Der Mißbrauch besteht darin, daß die Rechtler, die an den Leseholz- und Oberholztagen im März und April, nach Öffnung der Hiebe, mit hunderten mit Kühen und Pferden bespannten Wagen aus Entfernungen bis zu 20 und 25 km in den Wald ziehen zur Deckung ihres Brennholzbedarfes mit dem erlaubten Rechtholz, unzählige grüne, stehende Buchenstangen des Neben- und Unterstandes, mit Vorliebe auch aus Eichenbeständen, an den Bestandsrändern, an Wegen und Linien aus Selbstsucht und Bequemlichkeit im Walde freveln. Seit Menschengedenken blüht dieser mit seltenem Raffinement bis zur Virtuosität ausgebildete Frevel, besonders üppig in Zeiten politischer Unruhe, während der Kriegsjahre 1914—1918 und der Folgejahre, der wahllos durchforstet, allmählich, aber im Laufe der Zeit mit Sicherheit die für den Bestockungsaufbau und Bodenschutz so wichtigen nicht hauptständigen Stammklassen und vom Hauptbestand der Stangenhölzer nicht selten die schönsten Exemplare entnimmt. Aus der durch die Rechte verhinderten oder erschwerten mangelhaften Erziehung in der Jugend und der Wirkung der durch die Forstrechte großgezogenen und begünstigten Forstfrevel ergeben sich dann jene charakteristischen, dem modernen forstlichen Streben hohnsprechenden Waldbilder, wie sie in der Nähe der Ortschaften, der Hauptverbindungswege besonders auffallen, aber auch sonst überall zu finden sind, extrem niederdurchforstete Bestände, einschichtig im Bestockungsaufbau, nicht auf den besten Stamm durchgearbeitet, sondern mit zahlreichen schlechten Stammformen, Zwieseln, ehemaligen Vorwüchsen, Stockausschlägen, an Linien und Wegen und bei der Freistellung von Jungwuchsgruppen dem Winde geöffnet, der die feuchte, kühle Luft, die Kohlensäure, die Streu entführt, den Boden austrocknet und verhagert, das Bakterienleben im Boden schädigt und die normale Humusbildung stört, den Zuwachsrückgang einleitet, zu Wuchsstockungen führt, die Mast schmälert, das Keimbett untauglich macht. Den Rest gibt dann schließlich noch die Streunutzung.

Nicht überall liegen die Verhältnisse so, nicht alle vermögen sie klar und deutlich zu durchschauen. Aber es ist der normale Entwicklungsgang, der seinen Kreislauf schon auf großen Flächen vollendet hat, der sich unerbittlich auch auf den besseren und besten Teilen vollzieht, hier nur langsamer, verborgener. Der Wald benötigt Jahrhunderte zum Aufbau, er baut auch in Jahrhunderten ab, aber der Abbau vollzieht sich mit der strengen, unerbittlichen Folge von Naturgesetzen, ohne Ausnahme, wie einst im Nordspessart, wo der Abbau der Buchenperiode durch menschliche Eingriffe fast beendet, so jetzt im Hochspessart, wo er in vollem Gange ist.

3. Als drittes Hindernis muß der Rot- und auch der Rehwildstand bezeichnet werden; es hat — im Gegensatz zu 1. und 2. — seine Aktualität verloren und beansprucht nur mehr historisches Interesse, da die letzten Jahrzehnte vor dem Krieg, schließlich der Krieg und die Nachkriegszeit das Wild im Spessart auf ein im ganzen wenig schädliches, mit der Forstwirtschaft verträgliches Maß abgemindert haben. Aber nach Dalbergs Abgang bis Ende des 19. Jahrhunderts hat besonders das Hochwild durch Verbeißen, im letzten Drittel des Jahrhunderts auch durch Schälen zahlreiche Leistungen der Waldbautechnik vernichtet oder beeinträchtigt. Daß so viele der zahlreichen, in der ersten Epoche der neuen Zeit begründete Eichenhorste vom umgebenden Buchengrundbestand überwachsen wurden und verschwanden, hängt mit dem jahrzehntelangen Wildverbiß dieser Eichenoasen zusammen; sie vergrasten, standen schließlich wie in einem Frostloch eingesenkt in der frohwüchsigen, vom Wild verschonten Buchenumgebung, litten durch Wärmeentzug und Lichtmangel, kümmerten, während die wenigen, einzeln beigemischten Buchen sich besser mit diesen Verhältnissen abfanden und schließlich das Werk der Vernichtung der Eichen vollendeten. Aber auch das jahrzehntelange Kümmern der in der zweiten Epoche bestandsweise entstandenen Eichenkulturen erklärt sich fast durchweg durch den Wildverbiß, der die Eichen nicht zum Schluß kommen ließ, so daß der Boden verunkrautete und durch die Freilage erkrankte. Oft war es nur ein glücklicher Umstand, der Abschuß oder das Vergrämen des standörtlichen Wildes, seit der Wende des Jahrhunderts das sich mehr einbürgernde Einzäunen der Eichenkulturen, das den im zehnten bis fünfzehnten Jahren oberirdisch nur kniehohen, verstümmelten, aber mit einem reichen Wurzelwerk versehenen Eichenbüschen in kurzer Zeit zum Schluß verhalf und die langsame Wiedergesundung der Böden ermöglichte. Die seit Tettenborns Zeit immer wieder erörterte Frage nach der Vorwüchsigkeit

der Buche gegenüber der Eiche von erster Jugend an und der darauf gegründeten waldbautechnischen Maßnahmen zu ihrer Überwindung findet in sehr vielen Fällen ihre Beantwortung durch den Wildverbiß mit seinen Folgen.

C. Rückblick auf die Waldbautechnik des 19. Jahrhunderts.

Der Wirtschaftszweck, dem der Spessart nach dem Willen des Waldbesitzers, des bayerischen Staates, dienen sollte, hat sich im Verlaufe des 19. Jahrhunderts und bis zur Gegenwart im Wesen nicht geändert: das Bestreben ging im Prinzip immer dahin, aus dem Walde die höchste Bareinnahme für den Staatshaushalt zu gewinnen, wobei vorübergehend einmal die Ausstrahlungen der Bodenreinertragslehre sich bemerkbar machten, indem die Verzinsung des Holzvorratskapitals zur Diskussion gestellt wurde und dabei eine billige Rücksichtnahme auf die Bedürfnisse der Bevölkerung zu nehmen. Für die ewige Persönlichkeit des Staates war die Beachtung der Nachhaltigkeit der Einnahme mit allen Konsequenzen dieser Forderung für Boden und Bestand eine selbstverständliche Voraussetzung. Welch ein Wechsel tritt demgegenüber bei einem Rückblick zur Vergangenheit in der angewandten Waldbautechnik, in der produktionstechnischen Verwirklichung dieser so eindeutigen Aufgabe, um derentwillen die Waldwirtschaft betrieben wurde, entgegen! War es unter Kurmainz schon ein stetes Suchen nach dem besten Weg zum Ziel, so erscheint die Entwicklung vom Beginn des 19. Jahrhunderts an wie ein gewaltiges Ringen des Menschen mit der Waldnatur, um sie seinen Zwecken bestens dienstbar zu machen: immer breiter werden die Vorschriften, immer tiefer ihre Begründung, die Wirtschaftsregeln zeigen sich irrig oder werden dafür gehalten, überleben sich, neue Gesichtspunkte treten auf und erheischen Beachtung, die Entwicklung ist ständig im Fluß, paßt die Technik der wirtschaftlichen Forderung an, strebt nach Vollkommenheit, der Wechsel nur ist bleibend. Die besten Forstwirte Bayerns, Gayer mit eingeschlossen, mühten sich um die Waldbautechnik ab, sie haben alle das Beste gewollt. Aber nicht der Wille ist ausschlaggebend, sondern der Erfolg; er allein bildet den Maßstab, an dem die Waldbautechnik der Vergangenheit gemessen werden muß. Während bisher die Fragestellung lautete, welche Waldbautechnik wurde im Spessart angewandt, welche Gründe waren für ihre Normierung und ihren Wechsel bestimmend, so heißt es jetzt, ein Werturteil zu fällen über ihre Zweckmäßigkeit unter Beachtung der außerhalb der Technik liegenden Hemmungen. Dieses Werturteil kann sich, wie aus der Darstellung des forstlichen Tatbestandes und der Gliederung der beiden Epochen der neuen Zeit hervorgeht, auf drei Problemkomplexe konzentrieren, die sich als wesentlich aus der Vergangenheit herausschälen, das Eichen-, das Buchen- und das Nadelholzproblem, die freilich zueinander Beziehungen haben, wohl ineinander übergreifen, aber sich doch einzeln betrachten lassen. Dabei soll die Technik der Durchforstung, die sich durch die Hindernisse der Forstrechte nicht frei entfalten konnte, von der Behandlung ausscheiden.

1. Das Eichenproblem.

Für seine Beurteilung kann die Diskussion des Einzelüberhaltes von Alteichen aus der Kurmainzer Zeit als geschlossen gelten. Seit Tettenborns Gutachten vom Jahre 1790 gingen alle Ansichten darüber einig, daß der Einzelüberhalt und der ihm nahestehende kleinhorstweise Überhalt der 400- und mehrjährigen Eichen aus waldbautechnischen Gründen nicht gerechtfertigt werden kann, Gesichtspunkte der Nachhaltigkeit aber für eine langsame Abnutzung sprechen. Dementsprechend wurden auch seit etwa 1830 bei der Verjüngung von mit Alteichen überstellten Beständen die Alteichen bei den Angriffshieben grundsätzlich gefällt. In den letzten Jahrzehnten jedoch entspann sich ein Meinungsaustausch über den Überhalt von einzelstehenden, in den Buchenverjüngungsbeständen eingemischten, gleichalten 120- bis 140jährigen Eichen, meist den Resten der in der ersten Epoche begründeten Eichenhorste. Die Möglichkeit und Zweckmäßigkeit einer solchen Maßnahme glaubt ein Teil der Forstwirte — es sind die Theoretiker — bejahen zu können, wenn durch langsame Loslösung jeder einzelnen gut geformten Eiche des Buchengrundbestandes von ihrer Umgebung, vorgängige horstweise Buchenverjüngung zu ihren Füßen, durch die sog. Umfütterung der Eiche mit der Buche, somit durch intensive detaillierte Wirtschaft die Überführung und der spätere Überhalt ohne allzu schwere Beeinträchtigung der Eiche selbst und der Buchenumgebung gewährleistet wird. Andere, zu denen sich auch der Verfasser zählt, halten den Einzelüberhalt für verfehlt und beweisen das durch die Erfahrung und Geschichte: Wasserreiserbildung und Zopftrocknis, Rindenbrand, Zuwachsrückgang, Formverschlechterung, Windwurf, Durchlöcherung des Bestandes mit den Folgen der Windwirkung auf Boden und Bestand der Buchenumgebung, die Schwierigkeit der horstweisen Buchenvorverjüngung am gewünschten Platz, Streurechte, der Großbetrieb im Spessart sprechen dagegen. Die einzeln beigemischten, gleich alten Eichen sind im Spessart verloren. Falsch wäre ein Hinweis auf den Überhalt der Kurmainzer Zeit, weil es sich damals niemals um einzelne Eichen, sondern in lichter Kronenspannung stehende Eichenbestände handelte, die, sämtliche aus reinen Eichenbeständen hervorgegangen, allmählich ja in Jahrhunderten sich lichteten, durch die Bucheninvasion natürlich unterbaut wurden, in blenderwaldartigen Schluß kamen und bei der späteren Nutzung der Buchen durch die kurmainzische Wirtschaft schon mehrere hundert Jahre alt waren. Kronenspannung, Alter, Blenderschluß ermöglichten den Überhalt, aber der Blenderschluß allein vermag ihn nicht zu sichern.

Es stehen somit nur die vier Bestandsformen der Eichenaltheister, der Eichenjungheister, der horstweise gemischten Eichen-Buchen-Bestände und des großflächenweisen Eichenanbaues zur Besprechung. Welche Waldbautechnik und welche dadurch entstandene Bestandsform hat sich am besten bewährt?

Über die horstweise Einmischung der Eiche in die Buche hat die Geschichte das Urteil gefällt. Die erste Epoche der neuen Zeit hat über ein halbes Jahrhundert das Verfahren angewandt, ohne daß ihr ein lohnender Erfolg, der zur Nachahmung aufmuntern könnte, beschieden gewesen wäre. Im Hochspessart mit rund 19000 ha Fläche sollte programmgemäß in der Zeit von 1820—1870 erst ein Drittel, später sogar die Hälfte der Fläche auf Eiche verjüngt werden. Nimmt man die durchschnittlich jährliche Verjüngungsfläche mit (19000 : 140 =) 135 ha an, unterstellt man nur ein Drittel davon als zur Verjüngung auf Eiche bestimmte Fläche mit 45 ha, so ergibt sich für 50 Jahre eine Fläche von 2250 ha für Eichen; demgegenüber findet sich nur etwa die Hälfte dieser Fläche mit Eichen bestockt vor und sie bietet nur zum kleineren Teil die Gewähr für die Möglichkeit der Überführung. Die Ursachen des Mißerfolges wurden bei der Darstellung der Geschichte der Eichenwirtschaft und ihrer Hemmungen besprochen: sie bestanden in der Schwierigkeit der Verjüngung der Umgebung der Eichenhorste auf Buche, im Wildverbiß, in den Gefahren des Überwachsenwerdens durch die Buche, in der erschwerten Bestandspflege, der komplizierten Überführung in den nächsten Umtrieb. Dieses Verjüngungsverfahren, das manche Eigenschaften mit dem Einzelüberhalt teilt, kann als erledigt gelten. Es wurde mit Schluß der ersten Epoche des 19. Jahrhunderts verlassen, und kein Wirtschafter denkt mehr an seine Einführung im Spessart. Damit hat aber auch der vielgerühmte Kompositionsbetrieb sein Hauptbetätigungsfeld verloren; die über ihn erlassenen Vorschriften finden nur mehr insoweit Anwendung, als sie die Verjüngung der Buche in den Eichenflächen selbst betreffen und in den verhältnismäßig wenigen Fällen, wo sich größere Eichenhorste durchgerettet haben (Forstamt Lohr-West).

Die übrigen drei Bestandsformen haben so viele Ähnlichkeiten, daß sie bei der Kritik zusammengefaßt werden können; sie zeitigten dasselbe Ergebnis, nur die Wege waren im einzelnen verschieden. Die Altheister wie die Jungheister gingen größtenteils aus reinen, erstere aus natürlichen, letztere aus künstlichen Eichensaaten hervor; der großflächenweise Eichenanbau der zweiten Epoche der neuen Zeit duldete zu Beginn seiner Einführung zwar die Buche „vereinzelt", „bei Altersvorsprung der Eiche", „ohne jedes Übermaß", aber in den letzten 20 Jahren näherte er sich praktisch immer mehr der Begründung in Wirklichkeit reiner Eichenkulturen. An die Stelle nahezu gleichzeitiger, gleichaltriger Buchenbeimischung trat der Buchenunterbau, der bei den Altheistern erst mit 250 bis 270 Jahren, bei den Jungheistern mit 60 bis 70 Jahren schon einsetzte. Man gab damit die wohltätige Beimischung der Buche zur Eiche von erster Jugend an preis, verstopfte aber gleichzeitig die Gefahrenquellen, die durch die vorwachsende eingemischte Buche und versäumte Bestandspflege entstanden waren. Zudem lehrte der großartige, von aller Welt bewunderte Stand der Alt- und Jungheister die unbedingt sichere Möglichkeit der Erreichung des Wirtschaftsziels in seinen höchsten Anforderungen durch die Reinanzucht von Eichen und den späteren Unterbau. Der starke Gegensatz zu den Bestrebungen der ersten Epoche der Neuzeit ist offenbar. Hat aber der allmählich in Anlehnung an die Vorbilder zum Prinzip gewordene reine Eichenanbau nicht wie jede Reaktion über das Ziel hinausgeschossen? Die Entwicklung der Wahrheit vollzieht sich oft in Spirallinien, kehrt nach weitem Umweg auf einen dem früheren nahe gelegenen Punkt zurück, nur mit dem Unterschied, daß man nun von höherer Warte und bereichert durch die Arbeit der Zwischenzeit den Standpunkt und die Wege, die zu ihm führten, besser überblickt. Der Gedanke an den von erster Ju-

gend an mit Buche gemischten Eichenbestand, der zu Anfang der ersten
Epoche und dann der zweiten Epoche betont, durch die horstweise
Eichenmischung ersetzt und schließlich im letzten Menschenalter ganz
verlassen wurde, taucht in abgeänderter Form wieder auf: wenn Wildverbiß vom Beginn der Eichenkultur an durch Einzäunen sicher verhindert, wenn die Buche nicht in Vorwuchsexemplaren, die sich schon
viele Jahre vorher im Altbestand angesamt und ein starkes Wurzelwerk ausgebildet haben, der Freistellung harrend, um sich auch oberirdisch stark auszulegen und in die Höhe zu wachsen, vorhanden ist,
sondern gleichzeitig oder nachträglich mit der Eiche aufschlägt und
eingemischt wird, unter diesen Voraussetzungen läßt sich bei der
gegenwärtigen intensiveren Wirtschaft eine Buchenbeimischung zur
Eiche von Jugend an vertreten. Sie sichert die Erhaltung besserer
Boden- und Bestandsverfassung und bringt voraussichtlich die Eichenstangenhölzer über jene Periode des Kümmerns und der Wuchs-
stockung hinweg, die nach bisheriger Erfahrung alle Eichenrein-
bestände im Spessart vor Abschluß des Hauptlängenwachstums bedrohen und die nach den Stammanalysen R. Hartigs[1]) auch die
Alt- und Jungheister durchzumachen hatten. Das Bessere würde
damit des Guten Feind. Allein die Frage der Erziehung von Rein-
eichen mit späterem Unterbau oder jener von erster Jugend an mit
Buche gemischter Eiche ist zur Zeit noch Gegenstand der Diskussion,
aber nicht mehr die Frage des großflächenweisen Anbaus, der in
seinen Vorzügen bei der Bestandspflege, dem Schutze gegen Wildverbiß und Streuentnahme, der Überführung bestätigt, anerkanntes
Gemeingut aller Spessartforstwirte geworden ist. Mit der Großfläche
scheidet aber auch die organische Verbindung der Eichen- mit der
Buchenverjüngung aus; die Eichenverjüngung ist von letzterer unabhängig und selbständig, nur gebunden durch die allgemeinen Rücksichten, die jede Verjüngung auf die Umgebung und den Betriebs-
verband zu nehmen hat.

2. Das Buchenproblem.

Während das Eichenverjüngungsverfahren von Anfang an seinen
eigenen Gesetzen folgen konnte, war dem Buchenproblem die Ent-
wicklungslinie von den 60er Jahren des vorigen Jahrhunderts an
durch den Zwang äußerer Verhältnisse vorgeschrieben.

---

[1]) Forstlich-naturwissenschaftliche Zeitschrift. München 1893.

Nur das Schirmschlagverfahren im Anhalt an die Regeln G. L. Hartigs in der ersten Epoche war noch frei; dann kam die Nadelnutzholzwirtschaft als Wirtschaftsziel auch für die Buchenbestände, und diesem äußeren Druck mußte auch die Waldbautechnik nachgeben. Der Druck wurde verstärkt durch die wachsenden Mißerfolge der Buchenverjüngung auf der Großfläche. Das Ziel der Nadelnutzholzwirtschaft hat die auf fast allen unbesamten Stellen doch notwendige Bestockungswandlung, die auch ohne die Buchenkrise hätten kommen müssen, erst schmackhaft gemacht.

Das Schirmschlagverfahren zeitigte im Spessart wenigstens bis Mitte des vorigen Jahrhunderts durchaus befriedigende Erfolge. Der Boden war im allgemeinen noch in besserer Verfassung, die Verjüngungsbestände stammten aus der Zeit von 1650—1720 etwa, waren aus Vorwüchsen entstanden, ungleichalterig und damit ungleichartig im Bestockungsaufbau, durch den ständig wiederkehrenden Auszug der Alteichen gleichsam wie durch systematische, stetige Vorbereitungshiebe zur Mast disponiert, durch den Schweineeintrieb außerdem noch besonders bearbeitet, im Boden bereift und für die Mast aufnahmefähig, durch mehrere Vollmastjahre außergewöhnlich begünstigt. Das große Verständnis für die Biologie der Buchennaturverjüngung, das durch G. L. Hartig geweckt worden war und als Prüfstein für den Forstmann jener Zeit galt, schuf auf der Großfläche, auf vielen Hunderten von Hektaren, gleichmäßige, geschlossene Buchenverjüngungen ganz im Sinne der Wirtschaftsabsicht, die auf Erzeugung größter Mengen besten, gut spaltbaren Buchenbrennholzes gerichtet war. Die Verjüngungen sind jetzt zu Stangen- und Baumhölzern herangewachsen und trotz Streu-, Oberholz- und Leseholzrechten, trotz Durchforstungsverbot und umfangreichen Frevels in ihrer Vollkommenheit bewundernswerte Objekte forstlicher Kunst, vielleicht noch mehr Zeugen einstiger Bodengüte und Verjüngungsfreudigkeit. Daß es, dieser Epoche nicht gelang, die horstweise Eichenverjüngung gleich erfolgreich durchzuführen und mit der Buchennachzucht zu verbinden, darauf wurde schon früher hingewiesen und die Ursachen dafür aufzudecken versucht. Es muß aber noch einmal nachdrücklich betont werden, daß nicht zuletzt der Bildungsgrad der ausübenden Forstwirte in der Allgemeinheit in jener Zeit noch nicht den Stand erreicht hatte, daß sie die schwierige Technik der Eichenverjüngung im Rahmen der großflächenweisen Buchenverjüngung so ohne weiteres geistig hätten bewältigen können.

Dieses Bedenken schied in der zweiten Epoche vollständig aus; es handelte sich zwar jetzt um eine wesensverwandte Aufgabe, aber, so dachte man wohl, um eine viel einfachere, da bei dem neuen Ziel und der neuen Verjüngungstechnik nicht ein Ausgleich der Interessen zwischen Buche und der Aristokratin Eiche, sondern zwischen Buche und den für den Spessart als Proletarier geltenden, genügsamen, raschwüchsigen, wenig gefährdeten, leicht anbaufähigen Nadelhölzern zu schaffen war, die als Lückenbüßer für alle von der Buche unbesamten oder schlecht besamten Flächen zur Nachverjüngung gut genug schienen. Der typische Verlauf der Waldbautechnik bei der Verjüngung der Buchenbestände mit dem Ziel der Begründung von Laubholz-Nadelholz-Mischbeständen war etwa folgender: Stark im Banne des in Fleisch und Blut übergangenen Hartigschen Verfahrens, stellte man zunächst genau wie in der vorhergegangenen Zeit auf ganzer Fläche gleichmäßige Vorbereitungshiebe und im Samenjahr selbst als Korrektiv den Besamungshieb — im Gegensatz zu Hartig freilich den alten „Besamungs- oder Dunkelschlag" in zahlreiche Einzelhiebe aufgespaltet —, beschränkte jedoch die Lichtungs- und Nachhiebe auf die Flächenteile des wirklich entstandenen Aufschlags oder schon vorhandenen Vorwuchses. Den Anfang bildete somit die Technik der ungedeckten Schirmstellung, die Fortsetzung jene der, wenn auch modifizierten, gedeckten Schirmstellung. Die Wirtschaftsabsicht ging auf Erzeugung von Buchenjungwuchs auf ganzer Fläche und ordnete dementsprechend gleichmäßige Hiebe auf ganzer Fläche an, rechnete aber von vornherein zunächst nur mit einzelnen verstreuten Buchenjungwuchsgruppen, die an den besten Stellen der Bestände entstanden, die fatalistisch da, wo sie ankamen, hingenommen wurden, während die übrigen Teile der Bestände unbesamt blieben, jene, die im Boden und Bestockung rückgängig waren, die Köpfe, Nasen, Geländerippen, Plateaus, wo aber Buchenansamung am notwendigsten gewesen wäre. Im stillen hoffte man auf Besamung dieser Flächen in späteren Mastjahren. Die aktuelle Sorge und Rücksicht des Wirtschafters galt von jetzt an ganz den Buchenverjüngungsgruppen, den Verjüngungszentren, die dank dieser Meistbegünstigung freudig in die Höhe wuchsen, in der ersten Jugend kegelförmig gegen die Altholzränder abgestuft, später aber mit Steilrandbildung und anschlußlos, da im Altholz sich Aufschlag nicht gebildet hatte oder der vorhandene sich nicht hatte halten können. Auch die Schneedruckgefahr war groß; denn der Schnee lagerte sich mit Vorliebe in den Horsten ab, und die am Erdstammstück gebogenen Stämmchen zeigen meist noch nach Jahrzehnten diese Gefahr der Kinderstube.

War somit das Gedeihen der Buchenhorste gesichert, so kam der übrige Teil des Angriffsbestandes in um so ungünstigere Verhältnisse. Der Schluß des gesamten Bestandes war durch die Vorbereitungshiebe und den Besamungshieb aufgelockert, der Neben- und Unterstand durch Frevel und späte Niederdurchforstungen entfernt, die Kronen durch den engen Schluß in die Höhe gedrückt, besenförmig, oft einseitig, fahnenartig entwickelt. Aber immerhin, der Bestand bildete im ersten Stadium, bei der Anwendung der großflächenweisen Hiebstechnik, noch ein geschlossenes Ganzes, lag eingebettet vielleicht in anderen Althölzern — die Wirtschaftsregeln legten darauf Gewicht —, genoß damit Wind- und Sonnenschutz und Luftruhe in seinem Innern. Diese wohltätigen Einwirkungen wurden aber in dem Zeitpunkt gestört, als die Wirtschaft im zweiten Stadium der Verjüngung die bisherige Struktur des Bestandes grundlegend umänderte, als sie die Freistellung der Buchengruppen in Angriff nahm. Die Störung steigerte sich im Verhältnis dieser Freistellung und erreichte ihr Maximum beim letzten Nachhieb über dem etwas erstarkten horstweisen Jungwuchs, der gewöhnlich schon wenige Jahre nach der Mast erfolgen konnte, weil der Seitenschutz der Umgebung Frost- und Hitzeschäden verhinderte, die Freistellung die Entwicklung des Aufschlags durch Zufuhr von Niederschlägen, Beseitigung der Wurzelkonkurrenz förderte, und der zur Erfüllung des Hiebssatzes meist auch bald stattfinden mußte. Eine Besamung der Altholzbänder stellte sich aber nicht ein, auch nicht, wenn sie etwa weiter aufgelichtet wurden, was mancher Wirtschafter in Sorge um Hiebssatz und Besamung nicht unterließ. Im Gegenteil: die Güte der noch mit Altholz bestockten Teile, die ja von Anfang an nach Boden und Bestand weniger begünstigt waren — deshalb hatte schon die Buchenverjüngung auf ihnen nicht oder nur unvollkommen Fuß gefaßt —, sank immer mehr, und zwar einmal

durch die schon erwähnte Windwirkung: die freigestellten Horste öffneten dem Wind die Eingangspforten in die aufgelichteten Altholzteile, er verjagte das Laub, entführte die feuchte Bodenluft, die Kohlensäure, trocknete den Boden aus, zerstörte die normale Streuzersetzung, verhärtete den Boden, der Mull verflüchtigte sich, an den Rändern der Verjüngungshorste siedelten sich auf dem verhärteten Boden Binsen an, im Innern der Altholzbänder zeigten sich die ersten Anflüge von Beerkraut und Zeichen versäuerten Bodens. Im gleichen Verhältnis zu diesem Bodenrückgang traten Wuchsstockungen am Altholz ein, da seine wichtigste Nährstoffquelle, der Boden, immer mehr versiegte, aber auch unmittelbar litten die Altholzbestände in der durch Durchlöcherung und Auflichtung veränderten Umgebung Schaden durch den Bewegungs- und Verdunstungsreiz, durch mechanische und physiologische Einwirkungen, bei dem relativ flachen Wurzelsystem der Buche im Spessart auch durch Windwurf. Ebenso nachteilig machte sich

die Sonnenwirkung bemerkbar. Durch den ungehinderten Sonnenzutritt erwärmte sich die Luft in den Buchenhorsten, sie stieg in die Höhe und saugte die feuchte Bodenluft aus den Altholzteilen nach. Die Horste wirkten wie Abzugskanäle für die Luftfeuchtigkeit und verstärkten den Einfluß des Windes. Außerdem kam Untersonnung der Altholzsüd- und -ostränder hinzu, an den Stämmen Sonnenbrand und Windbruch.

Dieser kombinierte Einfluß von Wind und Sonne beeinträchtigte die Fruktifikation der Altholzteile, der sehnlichst erwartete weitere Buchenaufschlag blieb aus oder verschwand wieder, auch der Lichtungszuwachs stellte sich nicht ein. Als Ergebnis waren somit nur mehr oder weniger zahlreiche Buchenhorste auf den besten Teilen des Bestandes, in den Mulden, an den frischeren Stellen, im Grunde zu buchen, dazwischen aber befanden sich ausgeblasene Altholzteile, die Zwischenbänder, aufgelichtet, verhagert, steril. In dem durchaus verständlichen Bestreben, die Buche nach Möglichkeit überall zu erhalten, wo immer sie sich einstellte, ging der Wirtschafter bei der stets schwieriger werdenden Buchennachzucht nur zu oft weit über die ursprünglich zum Angriff zunächst vorgesehenen Teilflächen der Bestände hinaus und schädigte damit die räumliche Ordnung. Dieses Moment machte sich bei der überwiegenden Hanglage im Spessart besonders mit steigender Buchennutzholzausbeute sehr unangenehm bemerkbar; denn bei den starken Dimensionen der Buchenalthölzer und der überall im Bestand zerstreuten Alteichen bestand für die Abfuhr in der Regel keine andere Möglichkeit, als den Weg über das stärkste Gefälle senkrecht zur Horizontalkurve zum nächsten Hangweg oder ins Tal zu wählen. Daß dabei Buchenaufschlag und Kulturen nicht geschont wurden, zum Teil nicht umgangen werden konnten, bedarf kaum der Erwähnung.

Ein Hauptnachteil erwuchs endlich bei dem Einbringen des Nadelholzes auf den Altholzteilen, nachdem diese genutzt, „durchgeschlagen" waren. Nicht nur dadurch, daß die Buche hier meist fehlte oder in verbutteten, sperrigen Vorwüchsen nur vertreten war, sondern vor allem, weil der Boden hier unter dem mit dem Alter und den ständigen Eingriffen immer mehr sich lichtenden Altholz degeneriert war, seine Krümelung verloren hatte und das Nadelholz, für dessen Kultur

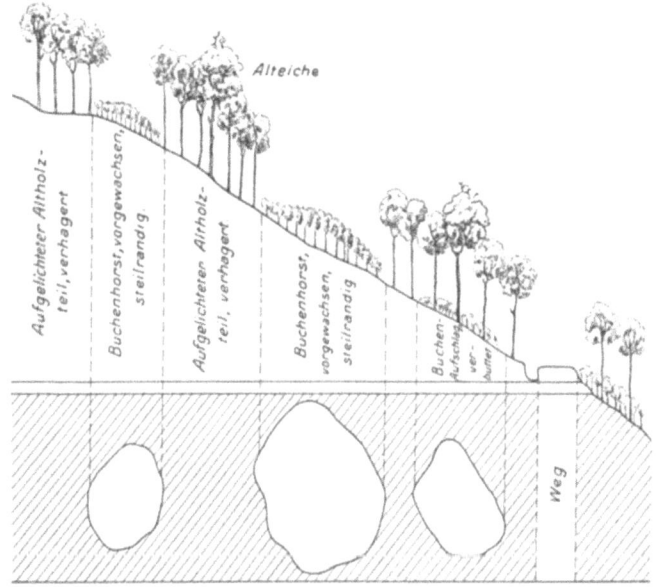

Abb. 3. Schematische Darstellung der bisherigen Verjüngungsform nach den Vorschriften der Wirtschaftsregeln vom Jahre 1888.
Stadium einige Jahre nach der Stellung des Besamungshiebes; die Buchenhorste sind durch Lichtungshiebe bereits freigestellt.

nur mehr die Pflanzung gewählt werden konnte, auf einen denkbarst ungünstigen Standort kam und weiterhin die vollständige Freilage die Lebensbedingungen der jungen Nadelholzkultur aufs äußerste beeinträchtigte. Diese völlige Freilage ergab sich aber durch den Kahlschlag der Zwischenbänder, der zur Regel werden mußte, wollte man sich durch die Buchenhorste und Nadelholzkulturen nicht jede Möglichkeit für die Holzbringung absperren lassen. Kein einziger Vorteil stand der späten Nadelholzeinmischung zur Seite. (Vgl. Abb. 3.)

Ein gewaltiger Zwiespalt klafft zwischen der Wirtschaftsabsicht, dem Ziel, das vorschwebte, und dem Erfolg, der tatsächlich erreicht wurde. Die Waldbautechnik war auf der viel zu optimistischen Voraussetzung umfassender Buchenverjüngung auf der ganzen Fläche, wie ihn die erste Epoche noch in der Regel auf den geschonteren Böden geliefert hatte, aufgebaut; auch Gayer war diesem Irrtum verfallen; aber diese Voraussetzung erwies sich als falsch, die Buchenbestände verjüngten sich nur mehr örtlich, horstweise, die übrigen Teile litten unter der Auflichtung, den Löcherhieben, blieben unbesamt. Infolge dieser irrigen Tatsachenbeurteilung, dem größten Fehler der letzten Epoche, war auch der Weg ungangbar und konnte nicht zum Ziele führen.

Das gezeichnete Bild mag düster erscheinen. Aber kaum ein Gang durch die in der letzten Epoche entstandenen Buchen=Nadelholz=Mischbestände vermag voll zu befriedigen. Man darf freilich die Mühe nicht scheuen, in die Buchenhorste sich einzuzwängen, um Abfuhr=schäden, Schneedruck unvoreingenommen zu beurteilen, man muß an Hand der Kulturnachweisungen die Nachbesserungen in den einzelnen Beständen sich zusammenstellen, die noch aufstehenden Zwischenbänder nach Boden und Bestand betrachten. Auch gibt es zahlreiche Ausnahmen in beschränkter räumlicher Ausdehnung, wo Natur und Kunst des Wirtschafters viele Schäden milderten. Aber nicht um sie handelt es sich, sondern darum, an Hand der großen durchschnittlichen Ergebnisse den Typ zu abstrahieren und die Nachteile der bisherigen Waldbautechnik darzustellen, die damals, als vor nahezu vierzig Jahren die Waldbautechnik zur Ausbildung und Aufnahme kam, auch nicht annähernd überblickt werden konnten. Denn alle bestandsgeschichtlichen Untersuchungen beweisen den stetigen Rückgang von Boden und Bestand seit jener Zeit, verursacht durch die mit dem Wachstum der Bevölkerung, der stärkeren Viehhaltung zusammenhängenden stärkeren Eingriffe in den Wald, die intensivere Laubstreunutzung, die Auswüchse in der Leseholz= und Oberholznutzung, die verheerenden Wirkungen der Kriegs= und Nachkriegszeit. Dieser Rückgang bildet ja nur die entwicklungsgeschichtliche Fortsetzung eines Vorgangs, der mit seinen Wurzeln Jahrhunderte zurückgeht und in seinen Ursachen schon 1719 erkannt wurde. Die jetzige Boden= und Bestandsgüte im Spessart steht ohne jeden Zweifel tiefer als vor vierzig Jahren. Davon, von diesem Tatbestand, nicht von einem Zustand „als ob", muß bei wirtschaftlichen Er=

wägungen ausgegangen werden, und angesichts dessen hat in der
Gegenwart und Zukunft die Waldbautechnik der letzten Epoche ihre
Existenzberechtigung verloren.

3. Das Nadelholzproblem.

Nach tastenden Vorversuchen im 18. Jahrhundert wurde es um die
Wende zum 19. Jahrhundert durch die Buchenkrüppelbestände auf-
gerollt. Das aber hat die Forstwirtschaft in einem halben Jahrhundert geleistet, daß sie verkrüppelte, zuwachslose, verjüngungs-
unfähige Buchenbestände in der Ausdehnung von fast 13 000 ha in
wertschaffende Nadelholzbestände umgewandelt hat, geleitet von dem
klaren Urteil über die einzige Möglichkeit der Abhilfe und von un-
beirrter Energie bei der Durchführung, aber doch bis in die 70 er
Jahre des vorigen Jahrhunderts durchdrungen von dem Bewußtsein, daß allein Buche und Eiche das erstrebenswerte Wirtschaftsziel,
die Nadelhölzer nur der vorübergehende Ersatz, nur Mittel zum
Zweck, zur Bodenverbesserung seien, um das Laubholz wieder nachzuziehen. Erst um 1870 und in der Folgezeit machte man aus der
Not eine Tugend, als die Buchenverjüngung auf weiten Flächen versagte, als die Rückumwandlung der Nadelhölzer in Laubholz sich als
Unmöglichkeit erwies, als zugleich finanzielle Momente den Be-
stockungswechsel empfahlen, und kultivierte nunmehr die Nadelhölzer
um ihrer selbst willen. Die hohen Erwartungen, die man an ihren
Anbau knüpfte, wurden aber nicht erfüllt: die Kiefer erwächst astig
und rauh, krumm, gibt fast nur Gruben- und Schwellenholz, kaum
Bauholz und Schnittholz, leidet außerordentlich durch Schneebruch
und Schneedruck, durch Schütte, Honigpilz, stellt sich bald licht und
liefert den Boden der Heidelbeere aus. Die Fichte gedeiht wohl in
den luftfeuchten engen Tälern, in Mulden, auch auf Nord- und Osthängen gut, zum Teil vorzüglich, doch sind diese Standorte in der
Ausdehnung sehr begrenzt, im übrigen aber kümmert sie. Die Lärche
hat sehr enttäuscht, die Strobe, zwar raschwüchsig, bodendeckend,
streuliefernd, schüttefest, fast gefeit gegen Gefahren durch Schnee,
siecht in Massen durch Hallimasch und Blasenrost dahin. Der Tanne,
die nur spärlich, nur versuchsweise eingebracht wurde, sind Hirsche
und Rehe erbitterte Feinde, vermutlich fehlt ihr auch Luftfeuchtigkeit und Bodenfrische. Welch ein Gegensatz gegenüber der heimischen,
ursprünglichen Eichen- und Buchenbestockung, die beim Fernbleiben
waldschädlicher Eingriffe, der Streunutzung, der Übergriffe der Ober-

holz- und Leseholznutzung — bei der Eiche vom Wild abgesehen — kaum einen Feind kannte und kennt!

Die Vorschriften der Verjüngungstechnik der letzten Epoche sowohl bei der Umwandlung der schlechtwüchsigen Buchenbestände in Nadelholz als auch bei der Verjüngung der Nadelholzbestände, der ersten Altholzgeneration des Nadelholzes, erwiesen sich im allgemeinen als zu gekünstelt und in der Praxis undurchführbar; sie gingen wie bei der Buche von viel zu optimalen Verhältnissen aus, als sie in Wirklichkeit vorlagen, und führten deshalb in der Praxis zu Mißerfolgen. So wurde ein Buchengrundbestand durch Naturverjüngung auch in den sog. matten Buchenbeständen fast nirgends erzielt; die Vorbereitungs- und Besamungshiebe gaben nur Anlaß zu weiterem Bodenrückgang und verfehlten meist ihren Zweck. Nur alter Vorwuchs der Umwandlungsbestände konnte in die Nadelholzkulturen hinübergerettet werden. Bei der Verjüngung der Nadelholzangriffsbestände aber ging die Buchenbeimischung, der Rest der ehemaligen Laubholzbestockung, zum großen Teil verloren. Insbesondere führte die Freistellung und Pflege einzeln beigemischter haupt- und zwischenständiger Buchen zum Zweck der kleinhorstweisen natürlichen Buchenversamung selten zum Erfolg, weil der Boden verunkrautet war, die Einzelbuchen, meist aus Vorwüchsen ehemaliger Krüppelbestände stammend, durch jahrzehntelanges Kümmern geschwächt, nicht mehr genug Lebensenergie zur Samenerzeugung aufbrachten. Eine Buchenbeimischung wurde hier meist nur durch Voranbau von Buchengruppen oder in frostfreien Lagen auch durch horstweisen Mitanbau bei der Nadelholzkultur erzielt. Der Unterbau der Buche unter die Kiefer durch Saat und Pflanzung hat sich bewährt. Die Naturverjüngung des Nadelholzes wurde selten, vielleicht ab und zu bei der Fichte versucht; die Norm bildete der kahle Saumschlag mit Frontrichtung von NO nach SW und nachträgliche Kunstverjüngung, in der Regel durch Pflanzung.

D. Ausblick. Die Buchenkrise und ihre Überwindung.

Bisher schweifte der Blick in die Vergangenheit und fragte nach dem Woher; er konnte sich dabei an das reiche Tatsachenmaterial heften und objektiv auf historisch sicherer Grundlage die Ursachen aufdecken, warum es so geworden ist. Aber er muß auch suchend in die

Zukunft schweifen und sich um das Was jetzt? und Wohin? kümmern, und hier tritt das subjektive Moment in den Vordergrund.

Von den drei Problemen, die seit dem Beginne des 19. Jahrhunderts die Waldbautechnik im Spessart beherrschten, kann das Eichenproblem als gelöst gelten: Eichensaat auf der Großfläche als selbständige Wirtschaftsfigur wegen Vereinfachung des Betriebes und der Streurechte willen, besonders aber wegen der dadurch allein gegebenen leichten Möglichkeit der Überführung in die späteren Umtriebe; stets von Anfang an mit Schutz gegen Wildverbiß durch Umzäunung; aus Gründen der Bodenpflege und des Schutzes des Jungwuchses unter Schirmstellung, die so lange dauern soll, bis der Jungwuchs den Jugendgefahren entwachsen ist und der Boden durch die neue Generation annähernd gedeckt ist; soweit die Natur sie darbietet, mit mäßiger, untergeordneter Beimischung der Buche von früher Jugend an, die Buche aber niemals in Vorwüchsen, die oft, viele Jahre, ja Jahrzehnte alt, verbuttet, mit reichem Wurzelsystem, oberirdisch schwach entwickelt auf den Eichenflächen sich vorfinden und bei der Lockerung des Schirmes rasch die Äste und Blätter vermehren und weit ausladend rücksichtslos die Eichenumgebung erdrücken, sondern in jungen, wenige Jahre nach der Begründung der Eiche sich einfindenden Kernwüchsen; Beachtung der Buche bei allen Eingriffen, sei es, um ihr die Existenz zu ermöglichen oder sie durch Entfernen oder Zurückschneiden unschädlich für die Eiche zu machen; wo die Buche fehlt oder ungenügend vorhanden ist, späterer Unterbau, für dessen Einbringung der Zeitpunkt, wie aus der Bestandsgeschichte der Alt- und Jungheister hervorgeht, eine für die Erreichung des Wirtschaftszieles ausschlaggebende Rolle nicht spielt und der je nach der Entwicklung des Einzelbestandes schwankt; dichte Erziehung zur Schaftreinigung, aber trotzdem frühzeitig einsetzende Bestandspflege mit oft, aber sehr mäßigen Eingriffen zur Begünstigung bester Schaftformen und soweit möglich der Kronenausbildung, die aber gegenüber ersterer Forderung im Anfang zurückzutreten hat und erst nach gesicherter Erfüllung dieser an Bedeutung gewinnt; weitgehende Geduld und Nachsicht bei Wuchsstockungen, die bisher im Leben der Eiche im Spessart, wie eine über 300jährige Geschichte lehrt, regelmäßig auftraten, die aber eine Kinderkrankheit darstellen, die nach Möglichkeit vermieden werden soll und vielleicht durch die Bestandspflege und Beimischung der Buche von Jugend an auch vermieden werden kann, die aber keinerlei Bedenken wegen der zukünftigen

Entwicklung in sich trägt und fast mit unbedingter Sicherheit, freilich oft nach einem oder zwei Menschenaltern, überwunden wird; zukünftige Überführung im allgemeinen nur auf der Großfläche, ausnahmsweise in Horsten und dann gemeinsam mit der Buchenumgebung, die blenderwaldartig zu bewirtschaften und völlig dem Zwecke der Eichenstarkholzzucht aufzuopfern ist; größte Stetigkeit und langsamstes Vorgehen bei allen Maßnahmen ist bei der leichten Reaktionsfähigkeit der Spessarteiche (Zopftrocknis, Wasserreiser) und des Spessartbodens selbstverständliche Voraussetzung. Die horstweise Beimischung der Eiche zur Buche ist für die Spessartverhältnisse ungeeignet und zukünftig zu unterlassen. Der Eichenreinbestand mit späterem Unterbau ist zwar durchaus bewährt, steht aber wohl der Eichenerziehung mit untergeordneter Beimischung der Buche von Jugend an nach. In der Praxis werden beide Verfahren ineinander übergreifen und sich ergänzen.

Das sind die Grundsätze, die sich aus der Vergangenheit herauskristallisieren, die in mühsamer Entwicklung und unermüdlicher Zielstrebigkeit entstanden sind, die nichts schöpferisch Neues, sondern ausgesprochen die Synthese der Versuche und Erfahrungen darstellen. Die Spessarteiche ist nicht nur das wertvollste und vornehmste Produkt des deutschen Waldes, sondern sie besitzt den höchsten Preis sämtlicher in Deutschland gehandelten in- und ausländischen Hölzer. Sie ist ein ens per se, unvergleichbar jeder anderen Holzart, und dementsprechend ist auch die für ihre Anzucht anzuwendende Waldbautechnik hinsichtlich der Dauer der Produktionszeiträume einzigartig, „großartig", wie sie schon 1820 genannt wurde, in dem Sinne, daß sie weiter als jedes andere menschliche Gewerbe ausschaut, nicht nach raschem Effekt strebt, sondern für eine Ernte nach drei, meist vier Jahrhunderten säet, pflegt, sorgt, und daß angesichts dessen nahezu alle ökonomischen Erwägungen, die sonst das menschliche Handeln leiten, verstummen.

Auch in der Nadelholzfrage haben die über hundertjährigen Erfahrungen Klarheit geschaffen und weisen bestimmte Leitlinien für die Zukunft. Verkrüppelung der Buchenbestände, wenn auch in geringerem Ausmaße, wird auch in Zukunft eintreten und Bestockungswandlung in Nadelholz ebenso unbedingte Notwendigkeit werden wie vor 100 Jahren. Der dabei einzuschlagende Weg kann nur der gerade, rasch zum Ziele führende sein, der im Ersatz der zuwachslosen Buchen durch wüchsiges Nadelholz besteht, er wird aber

Ausblick. Die Buchenkrise und ihre Überwindung.

nicht wie früher in der Großflächen-, sondern in der Kleinflächenwirtschaft bestehen. In den Nadelholzbeständen, die meist die erste Generation bilden, drängt sich die stärkere Betonung der natürlichen Verjüngung unter größtmöglicher Ausnutzung des Mutter- oder Altbestandes zu ihrem Schutze in der Betriebsform der gelockerten Randstellung mit Nordeinstellung als relativ bestes Verfahren auf; es ist — ohne Nordsaum jedoch — in den Wirtschaftsregeln von 1888 schon, begrifflich zwar noch unklar, aber im Wesen übereinstimmend, anempfohlen. Der Nordsaum hat im Spessart für das Nadelholz nicht allein, sondern auch für die anderen Holzarten größte Bedeutung und muß grundsätzlich neu hinzukommen. Auf starke Beimischung der Buche in den Nadelholzbeständen ist bestimmter wie in der Vergangenheit hinzuwirken durch langfristige Pflege der eingemischten Buchen im Wege der Reinigungen und Durchforstungen schon, die vom ersten Eingriff an auf Freistellung der Buche ausgeht mit dem Ziele ihrer späteren Samenerzeugung und natürlichen Verjüngung, dessen Erreichung später wiederholte Bodenbearbeitung unter der Buche, ja selbst Kalkdüngung zu dienen hat. Kein Opfer für die Erhaltung der Buche in den Nadelholzbeständen kann zu groß sein, und wo die Buche fehlt, muß für ihre Wiedereinbringung durch Vorverjüngung oder Mitanbau Sorge getragen werden.

Während somit bisher im wesentlichen die alten Bahnen weiter benutzt werden können, tritt als neue Aufgabe die Lösung der Samenprovenienzfrage, zunächst bei der Kiefer, an die Waldbautechnik heran: hat der Sperrwuchs, die Brüchigkeit, Astigkeit, Breitringigkeit, Kurzschaftigkeit, das Ausladungsvermögen der Spessartkiefer seine Ursache im Anbau einer falschen, nicht standortsgemäßen Kiefernrasse, der südwestdeutschen Tieflandskiefer, der Darmstädter Kiefer, und lassen sich durch Saatgutwechsel, durch Anbau einer anderen Rasse, durch Verwendung von Samen anderer Herkunft, einer Gebirgskiefer, diese Nachteile vermeiden? Oder ist das Auftreten dieser ungünstigen Eigenschaften nur Funktion von Boden und Klima, Folge des vorhergegangenen, jahrtausendelangen Laubholzanbaues, der Bodenentartung, des ersten Nadelholzanbaues, eine immanente Eigenschaft der Kiefer ganz allgemein im Spessart als einem künstlichen Verbreitungsgebiet? Fragen von ungeheurer Tragweite tauchen auf, die nur durch langwährende Versuche zu beantworten sind und die Waldbautechnik unter Umständen stark beeinflussen. Aber auch andere Gedanken, die die forstliche Literatur der letzten Zeit so sehr beschäftigen, streben nach Realisierung im Spessart, und wäre es auch nur versuchsweise, und zwar nicht nur bei der Waldbautechnik der Nadelhölzer, aber hier, weil am notwendigsten, vor allem, so das Problem der Bodenbearbeitung auf maschinellem Wege zur Erleichterung oder überhaupt Ermöglichung der natürlichen Verjüngung, zum Zwecke der Bodengesundung, der Förderung der Bodengüte, der Zuwachsförderung, und jener Problemkomplex, der mit dem Wort „Dauerwaldbewegung" das ausdrückt, was jedem wahren Forstwirt, wenn auch vielleicht latent, schon immer in der Seele steckte und nur des Zeichens harrte, mit dem es verkehrsfähig wurde. Nicht als Betriebsform oder Verjüngungsform, die der Dauerwald nicht ist, nicht sein will und kann, als Leitmotiv bei allen forstlichen Maßnahmen soll der Begriff gewertet werden in dem Sinne der Erhaltung und Steigerung der Bodengüte als des wichtigsten Produktionsfaktors, des obersten Zieles, zu dem aber viele gangbare Wege führen, die an ihm als höchsten Maßstab zu prüfen sind. Wo könnte auch die Betonung der „Dauerwaldidee" mehr angebracht sein als bei den Nadelholzbeständen des Spessarts, die ja den Sünden gegen ihre erste Forderung ihr Dasein verdanken, die wie eine lebendige Anklage gegen die maßlose Ausnutzung des Bodens erscheinen?

Während über die zukünftige Waldbautechnik bei der Eiche Sicherheit hinsichtlich Ziel und Weg, beim Nadelholz wenigstens Klarheit in den wichtigsten Punkten herrscht, Eiche und Nadelholz somit zurzeit nicht im Brennpunkt des Interesses stehen, taucht jetzt, in den Anfängen zwei Menschenalter zurückreichend, aber immer wieder verschwindend, seit Beginn des 20. Jahrhunderts aber häufiger wiederkehrend und bestimmter formuliert, die Buchenfrage auf, die bisher ungelöst ist, aber dringend einer Klärung bedarf. Die Waldbautechnik der Buche ist das wichtigste Gegenwarts- und Zukunftsproblem des Spessarts. Ja, ich behaupte, daß eine Krise über den Spessart hereingebrochen ist, die dritte große Krise in der Geschichte seiner Waldbautechnik, die größte, am schwersten zu beseitigende vielleicht, seitdem eine geregelte Forstwirtschaft zwecksetzend die Kräfte des Waldes in den Dienst menschlicher Bedarfsdeckung gespannt hat, deren Ausgang über Sein und Nichtsein des Spessarts als Laubholzgebiet entscheidet: die erste Krise war jene, als zu Anfang des 18. Jahrhunderts die Buchenbestände nicht mehr mit Vorwuchs unterstanden waren, auf den gewirtschaftet werden konnte; sie wurde beseitigt durch die

Ausbildung der — aktiven — Schirmschlagverjüngung. Die zweite betraf die Nachzucht der Eiche um die Wende des 18. zum 19. Jahrhundert, als seit dem Jahr 1500 etwa fast jeder Eichennachwuchs im Spessart fehlte, die Eichenalthölzer sichtbar abnahmen und durch das Fehlen der bis 300jährigen Altersklassen Mangel von Eichenholz drohte; sie fand ihre Lösung durch Ausbildung der Technik der Eichenverjüngung im 19. Jahrhundert. Die dritte Krise besteht darin, daß die Buchenverjüngung immer mehr versagt, auf großer Fläche, geschlossen sich überhaupt kaum findet, nur mehr horstweise auf besten, besonders begünstigten Bestandsteilen, etwa in Mulden, auf Schattseiten, in den luftfeuchten Tälern gelingen will, trotz sorgsamster Vorbereitung durch die Hiebstechnik und zur Regel gewordene öftere mechanische Bodenbearbeitung durch Handarbeit und Maschine. Ausnahmen kommen selbstredend vor, besonders in den abgelegensten Teilen, im NO des Forstamts Rohrbrunn, im SW des Forstamts Lohr-West, wo Streu- und Forstrechte weniger ausgeübt wurden und weniger wirkungsvoll blieben, im ganzen jedoch im Verhältnis zur Gesamtfläche des Spessarts in nicht sehr bedeutender Ausdehnung. Sie ändern den Gesamteindruck nicht, sie lassen ihn nur um so schärfer hervortreten und bestätigen den Durchschnitt; es sind nur graduelle, nicht prinzipielle Unterschiede. Auch der Umstand, daß in der letzten Epoche entstandene Jungbestände — Dickungen und Stangenhölzer — in der wechselvollen Mischung von Buchen-, Kiefern-, Fichten-, auch Tannen- und Lärchenhorsten äußerlich oft gutes Gedeihen zeigen, kann nicht darüber hinwegtäuschen; denn die Buchen stocken auf den besten Örtlichkeiten und fehlen da, wo sie besonders, wenn auch nur als Grundbestand und Mischholz zum Boden- und Bestandsschutz erwünscht wären, auf Köpfen, Rippen, und die meist nicht allzu reichlichen Buchenhorste tragen bei näherer Untersuchung nur zu oft die Narben vergangener Kämpfe, der Beschädigungen durch Schneedruck, Fällungs- und Rückungsschäden, der Entstehung aus häufig verbutteten Vorwüchsen, mit der Folge des Vorherrschens ungünstiger Stammformen ebenso an sich wie die Nadelholzhorste, deren Bestandsgeschichte durch die Begründung auf verhagerter, oft verunkrauteter Kahlfläche, durch die zahlreichen Abgänge und Nachbesserungen, die sich aus den Kulturnachweisungen zahlenmäßig Jahr für Jahr nachweisen lassen, das lange Kümmerstadium und die späte Erreichung des Schlusses den häufigen Mangel jeder Buchenbeimischung beweist, daß diese Waldbautechnik den Anforderungen der

Stetigkeit des „Waldwesens" nicht entspricht. Diese immerhin erfreulichen Jungbestände bezeugen höchstens, daß durch unendlichen Fleiß und — ebensolche Kulturkosten, durch sorgfältige Kunstverjüngung der moderne Forstwirt auch auf Böden, die schwer durch nicht wirtschaftliche Eingriffe, durch die Streu- und Holzrechte gelitten haben, und auch bei Anwendung der jetzt vorgeschriebenen Waldbautechnik noch Anerkennenswertes schaffen kann und geleistet hat, aber sie sind kein Beweis für die Möglichkeit, Besseres an die Stelle des Guten zu setzen, zahlreichere und bessere, weniger schneegedrückte und beschädigte Buchenhorste, einen lockeren Buchengrundbestand auf größerer Fläche als bisher zu erziehen, kein Beweis, daß die Kahlfläche für die Nadelholzkulturen vermieden, ihnen der krümelig-gare, unverdorbene und unkrautfreie Boden des Altholzes und dessen wohltätiger Schutz für die junge Generation gewährt werden kann. Die Tatsache einer schweren Krise, der Buchenkrise, im Spessart steht felsenfest, kein Spessartkenner leugnet sie, jeder Waldbegang überzeugt davon, es wäre eine Vogelstraußpolitik, sie nicht rückhaltlos anzuerkennen. Aber auch ihre Ursachen sind bekannt.

Wohl liegen sie zum großen Teil und gerade die bedeutungsvollsten außerhalb des unmittelbaren Wirkungsbereiches der Waldbautechnik. Die Vergangenheit seit Bibers Zeiten und auch schon vorher, wenn auch vielleicht nicht so sicher, kennt das Grundübel, die Streunutzung, warnt davor, sucht sie abzustellen, führt den statistischen Nachweis für ihre Schädlichkeit durch die Angabe der Flächen der Buchenkrüppelbestände, klagt, daß infolge der Streuentnahme die Buchenbestände immer seltener und geringere Mast tragen, die Mast nicht aufschlägt, der Aufschlag verschwindet, der Lichtungszuwachs am Altholz ausbleibt, mechanische Bodenbearbeitung die normale Bodengare ersetzen muß. Diese Erkenntnis ist allgemein, außer Zweifel. Aber sie muß jetzt endlich zur Selbstbesinnung und damit zur radikalen Beseitigung dieser ersten und furchtbarsten Gefahrenquelle führen. Das ist das A und O, die Kernfrage der Spessartwaldwirtschaft. Muß sie vorbehaltlos verneint werden, dann lasse man alle Hoffnung auf Besserung fahren, dann wird mit der weiteren Streuentnahme die Boden- und Bestandsgüte des Spessarts auf dem abschüssigen, seit über 200 Jahren eingeschlagenen Weg weiter hinabgleiten ins Verderben. Die Lehren der Geschichte wären umsonst gewesen. Wir wollen nicht so pessimistisch sein, sondern hoffen, daß Rebels eindringliche Worte in seinem Buch „Die Streunutzung

Ausblick. Die Buchenkrise und ihre Überwindung.

in den bayerischen Staatswaldungen" nicht die eines Predigers in der Wüste sind und bleiben, sondern die maßgebenden und hierfür verantwortlichen Stellen unbeirrt die richtigen Wege zur Beseitigung des Übels finden werden; sie werden steil und schwierig, aber nicht ungangbar sein.

Die zweite Ursache der Buchenkrise wurde in ihrer Tragweite erst neuerdings erkannt: die Ur- und Leseholznutzung, so wie sie nicht de iure besteht, sondern de facto geübt wird, mit all ihren Begleiterscheinungen und Folgen. Wenn sie sich ihrem Wesen nach auch ähnlich wie jene der Streunutzung äußern, so unterscheidet sich die zweite Ursache von der ersten doch dadurch, daß ihre Beseitigung nicht annähernd mit denselben Schwierigkeiten verknüpft sein dürfte.

Als dritte Ursache muß das bisherige Wirtschaftsverfahren bezeichnet werden. Es sei betont, daß die Waldbautechnik der letzten Epoche in den Buchenbeständen vor allem deshalb versagte, weil die beiden ersten Hemmungen sich ins Riesenhafte auswuchsen und der Technik damit die Voraussetzungen der Erfolg versprechenden Anwendung entzogen waren. Ohne Beseitigung der beiden ersten Ursachen wird eine vervollkommnete künftige Waldbautechnik die Buchenkrise mildern, das Übel vermindern, niemals aber allein heilen können. Die dritte Ursache ist damit die am meisten bedingte, am wenigsten in sich selbständige; aber sie ist die am leichtesten zu beseitigende. Mit dieser Einschränkung und im Bewußtsein dieser Grenzen soll an die letzte Frage herangetreten werden.

Die Kritik an der Waldbautechnik der Vergangenheit lautete nicht günstig. Darin liegt die Verpflichtung, nach einem Ausweg zu suchen und die Überwindung der Krise vom waldbautechnischen Standpunkt wenigstens einzuleiten durch eine bessere Verjüngungsmethode. Gibt es eine solche, welche Nachteile vermeidet, welche Vorteile bietet sie? Die Frage glaube ich bejahen zu können, gestützt nicht nur auf deduktive Erwägungen, sondern auf Grund von vielseitiger Beobachtung und praktischer Erfahrung.

Das zukünftige Wirtschaftsziel bleibt dasselbe wie bisher, ein Buchengrundbestand möglichst auf ganzer Fläche, wovon einzelne Teile als reine Buchenhorste ausgeformt, lockerer Aufschlag als Einzelmischung für das künstlich einzubringende Nadelholz benutzt werden soll. Aber die Taktik zur Erreichung dieses Zieles, die Waldbautechnik, muß sich ändern.

Es muß ausscheiden die Anwendung der ungedeckten Schirmstellung auf ganzer, der Großfläche bei Einleitung der Verjüngung durch die Vorbereitungshiebe und den Besamungshieb, weil sie dem Bestockungsaufbau der jetzigen Verjüngungsbestände, die sich als typische Schichtschlußbestände ohne Unterstand, meist ohne Zwischenstand präsentieren, nicht angepaßt ist, weil sie den gegenwärtigen Anforderungen an die räumliche Ordnung im Hinblick auf die gesteigerte Buchennutzholzausbeute nicht genügt, weil sie bei der herabgesetzten Verjüngungsfreudigkeit der mit eingeengten, hoch angesetzten Kronen erwachsenen Buchenbestände und des durch die Streunutzung erkrankten, der normalen Humusdecke entbehrenden Bodens mit außerordentlichem Risiko verbunden ist; denn bei dem nur zu häufigem Mißlingen vollkommenen Aufschlags ist der Boden infolge der Auflichtung bei der geringen Neigung des Altholzes zu neuem Schluß und der gesteigerten Windwirkung in dem des Traufschutzes an den Bestandsgrenzen und entlang den Wegen entbehrenden Bestande der Verhagerung und Verunkrautung ausgesetzt, und es besteht sehr geringe Aussicht auf Überwindung dieses Schadens und Gelingen der Verjüngung bei einer zweiten Mast. Aber auch die Anwendung der, wenn auch modifizierten, gedeckten Schirmstellung bei der Nachzucht der Buchenhorste muß ausscheiden, weil sie nur anfänglich Vorteile für diese, dagegen größte Nachteile für die dazwischen liegenden Altholzteile mit sich bringt.

An ihre Stelle muß treten die Schirmstellung auf dem Schmalschlag, auf begrenzter Zone, der Schirmschmalschlag nach Wagner, die Schirmbesamung in Saumschlägen nach Gayer als erstes Stadium der Verjüngung, als Verjüngungsform für die Buche, die durch langsame Absäumung zur gelockerten Randstellung für die künstliche Einbringung des Nadelholzes als zweitem Stadium übergeht. Die Technik der Schmalschlagführung nach Streich= und Frontrichtung, nach Himmelslage und Geländeneigung darf als bekannt vorausgesetzt werden. Vorbereitungs= und Besamungshiebe konzentrieren sich auf die Verjüngungszone und erstreben hier Buchenaufschlag. Nur tastend und vorsichtig greifen sie in die folgende Zone ein. Die dahinterliegenden Altholzteile bleiben von der Auflichtung verschont. Auf der Verjüngungszone ankommender Buchenaufschlag wird gepflegt durch weitere vertikale Lichtung und durch Absäumung vom Rande her, die dem Buchenaufschlag durch Zufuhr der Niederschläge, wie die Erfahrung zeigt, sehr zuträglich ist, ohne Gefahren durch Sonne und Frost zu bringen, und den besten Übergang vom

Ausblick. Die Buchenkrise und ihre Überwindung.

Oberlicht über Ober= und Unterlicht = Seitenlicht zum Freistand darstellt. Hand in Hand damit geht die sofortige Kunstverjüngung mit Nadelholz auf Fehlstellen. Versagt der Buchenaufschlag bei der ersten eintretenden Mast, so kann im allgemeinen auf spätere natür= liche Buchenverjüngung am Bestandsrande und im erweiterten Innensaum nicht gerechnet werden. Künstliche Einbringung der Buche durch Saat und Pflanzung muß einigermaßen ergänzen, was

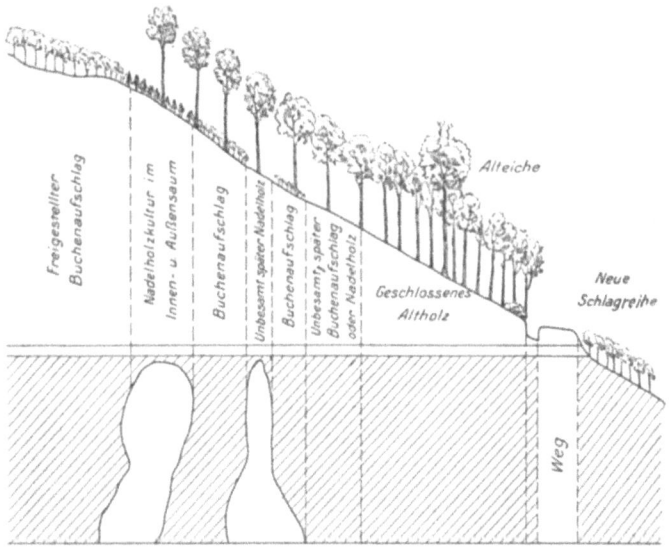

Abb. 4. Schematische Darstellung der zukünftigen Verjüngungsform.

die Natur nicht bietet. Kunstverjüngung der Buche und des Nadel= holzes erhält dann allein den Saum in Bewegung. (Vgl. Abb. 4.)

Mit dem Schirmschmalschlag verschwindet die Gefahr, die in Buchenbeständen mit der Auflichtung auf der Großfläche stets und im Spessart besonders verbunden ist. Es wird der Nachteil ver= mieden, den die durch die Ausformung der Buchenhorste bedingte Aufreißung der Bestände den dazwischen liegenden Altholzteilen durch die Sonnen= und Windwirkung bisher stets gebracht hat. Die Kultur des Nadelholzes erfolgt nicht auf jahrzehntelang verhager= tem, sondern auf Boden, der sich nach Lage der Verhältnisse in bestgeeignetem Zustand befindet; sie vermeidet die Kahlfläche, indem sie die Randstellung biologisch zum Schutz für die Kultur ausnützt. Aber auch die Bedingungen für Aufschlagen und Gedeihen der Buchelmast sind auf dem Schmalschlag die günstigsten, da jeder Mast neue aufnahmefähige Verjüngungszonen dargeboten werden. Produktionstechnisch liegt in diesem Umstand die Lösung der Buchenkrise. Die übrigen Vorteile des Schmalschlags aber sind betriebstechnischer Art. Die Konzentration der Holznutzung auf dem Schmalschlag ermöglicht eine einfache, relativ unschädliche Fällung und Bringung, weil das Holz mit den Kronen von der Verjüngung weg in das Altholz geworfen und durch dieses abgeschleift und abgefahren werden kann. Je weniger verlässig und gewandt der Holzhauer, je schwieriger das zu fällende Holz zu bewältigen ist — bei den Dimensionen der Spessarthölzer hat diese Frage größte Bedeutung —, um so wichtiger ist es, daß Wurfrichtung und Abfuhr von Anfang an und stets zweifelsfrei feststeht. Der Verjüngungsstreifen ermöglicht, ja fordert auch eine Konzentration der körperlichen und geistigen Tätigkeit aller Arbeitskräfte vom Wirtschafter bis zum Kulturarbeiter auf ein fest umgrenztes, das streifenförmige Arbeitsfeld mit besonders bei den großen Verwaltungsbezirken des Spessarts außerordentlichen Vorteilen für die Intensität der Waldbautechnik.

Bei der Anempfehlung des Schirmschmalschlags als zukünftiger Verjüngungsform für die Buchenbestände des Spessarts könnte nur ein Umstand als nachteilig geltend gemacht werden: Ist es beim Schmalschlag möglich, den Hiebssatz zu erfüllen, die Altholzbestände im gewünschten Verjüngungszeitraum zu verjüngen? Die Antwort darauf lautet: ja, wenn die notwendige Anzahl von Schlagreihen gebildet werden, deren Anlage bei den zahlreichen Hangwegen keinerlei Schwierigkeiten bietet und kaum Gefahren wegen Störung der Bestandskontinuität mit sich bringt; auf jeden Fall aber sind diese Nachteile nicht vergleichbar mit denen, die das bisherige Verfahren in sich schloß. Zudem läßt die Schlagfront in Abweichung von der Geraden sich mannigfach entwickeln durch Ausbuchtungen, Staffelungen, Verbreiterung von Verjüngungskeilen und selbst durch Inbetriebnahme von Vorwuchshorsten nahe hinter der Verjüngungszone, ohne das Prinzip zu verletzen.

Anhang.

1.

Speſſarter Förſterweistum.[1]

Diß ſindt die rechte alß meines genedigen herrn von Mayntz förſter weyßen unnd theylen zum rechten.

Zum erſten weyßen unnd theylen ſie zum rechten, denn wyldtpandt zue Keſſelſtatt, an die Kinzige, mitten uff, biß gehn Ubernawe an denn Yſenphat unnd die Kling anwe uff, biß uf denn Allensberg, unnd mitten über denn Allensberg biß in die Hoßauwe, unnd die Hoßauwe abe, biß in die Sinne, unnd die Sinne abe, biß in den Main ahn Gemündten, unnd denn Main mitten abe, wider biß gehn Keſſelſtatt. Dar zue weyßen unnd theylen ſie meines herrn wyldtpandt zum rechten, daß niemandt kein bürgerlichen bauw ſolle machen, in meines herrn wildtbandt, er thue es dan mit meines herrn willen unnd laube, unnd ſoll auch niemandt kein neüw dorff machen, darzu, er thue es dann auch mit willen und laub unſers herrn. Auch ſoll in dem wiltbanne niemandt keinen eigen hirten han, es ſey dann, mit meines herrn willen und laub. Auch weyßen ſie, er ſey herr oder arman, das niemandt keine hekhen ſoll ſchlagen oder machen, in meines herrn wiltbanne, das vorweyßen ſie zum rechten, hat aber jemandt ichts guts rechten, das verweiſet mann ihme nicht.

Rieneckh.

Auch weißen ſie meines herrn förſter, dem elſten von Rieneckh, daß der ſoll fahen ſechs hirtzen uber landt, zwiſchen den zweyen unſer frauwen tagen in der feiſten, darzue mag er wartte beſtellen in meines herrn wiltbanne, zue denn ſechs hirtzen zwiſchen den zweyen unſer frauwen tagen, ſehet er ſie zwichenn denn zweyen unſer frauwen tagen nit, ſo enthat er uf das jahr keine recht mehr zue den hirtzen, und enthat auch keine wartte mehr zue beſtellen, in meines herrn wiltbanne uff das jahr.

Auch weyßen meines herrn förſter, das der elteſte von Rieneckh, mag jagen in ſeinen weldten, uber landt, und ſeine jeger mögen einen hirtz ſuchen in ſeinen weldten, wer es aber, daß ſich der hirtz nehete meines herrn waldt, ſo ſoll er hengen, biß an die lach, unnd ſoll nit ferner hengen in meines herrn waldte, denn das laidſail gelangen mag, trauwet er aber, daß er den hirtz jagen mag werden, ſo ſoll er ſeinen hunden abziehen, gelangts jne, trauwet er aber nit jagen werden, ſo ſoll er abbrechen, und wider hinder ſich ziehen, und ſoll einen andern ſuchen, ob er will, wer es aber, daß er jagen würdte in ſeinem waldte

---

[1] Nach dem Original im Staatsarchiv Würzburg.

so mag er ihne jagen, also weith, alß meines herrn wiltbanndt ist, auch soll er keine wartte mehr bestellen, vor das in seinen welbten, oder in meines herrn welbten, nach denn zweyen unser frauwen tagen.

Auch weißen meines herrn förster der pfarr zur Lohr das recht, wer darzu gehört, wer es, daß der einer begehrt zur bauwen, der soll zue einem forstmeister kommen, unnd soll laub gewinnen, die soll er ihme geben, umb ein viertell weins, weder des besten, oder des ergsten, auch soll er ihme geloben, das er nit mehr soll hauwen, dann zue dem bauw gehöret, auch soll er denn sechs förstern sechs wedderauwische pfennig geben zue wein kauff, auch soll er sie zue hauß unnd zue hoff suchen, findet er dan der förster keinen, so soll er denn weinkauff mit ihme tragen, unnd soll ihn uf den stock legen, kömmen sie denn zue ihme, und fünden denn weinkauff nit bey ihme uf dem stock, so möchten sie ihme darumb pfendten.

Auch weißet mann der pfarr zue Lohr das Recht, was darin gehört, würdt eckern in meines herrn von Maintz waldte, hetten sie darin viel schwein, das die dann darein führen, unnd nachts wider heim uf ihr misten, die weren davon niemandt nichts schuldig, wer es aber das die auß der pfarr sich dem waldt geneheten, eine nacht mit ihren schweinen, so weren sie ihren behem schuldig, gleicher weis, alß ein wildter Behem, wer es aber, das ihr einer darüber schwein kauffe, uff winnunge, der soll seinen behem darvon geben, alß eine wildter Behem. Auch weißet man, wer in die pfarr zu Lohr gehöret, mehet der in dem Speßhart, der wer keinen mad habern darvon schuldig. Auch weißen sie, wer es das ein graff von Rienech der eltest eins försters gedings begehrt, so soll ein forstmeister es ihme kundt thun, mit der sechs förster einem zue Hoespach gesessen, mit einem offenen brieff, so soll er kommen, und soll ein forstmeister das recht hegen, wann er das geheget, so soll ihm ein forstmeister den stab in seine handt geben, unnd ihne laßen fragen, nach allen seinen rechten, wan er das gethut, so soll er einem forstmeister den stab wieder in seine handt geben, so soll ein forstmeister fragen, auch nach allen meines herrn von Maintz rechten. Auch weißet mann, würde genohmmenn in meines herrn von Maintz waldte, kömme dan eine forstmeister, oder die seinen, unnd mahnten ihne von meines herrn von Maintz wegen, so soll er, unnd die seinen, ihme geryten mit einer usgereckten pannere, er unnd all die seinen, unnd was er uffbringen möchte, unnd sollen ihme helffen eylen uff ihren schaden, unnd verlust, er unnd die seinen, bey der nacht, und bey dem tage. Auch soll der forstmeister oder die seinen bennselben herrn von Rienech führen, ihne unnd die seinen, daß sie bey demselben tag unnd der nacht, wider heim geruhen mögen, wer es aber sach, daß er ihne unnd die seinen, förter führte, was er dann cost, schaden oder verlust nehme, daß wer ihm mein herr von Maintz schuldig zue kehren. Auch weisen meines herrn förster, würdte ein treüwer, oder stricher gefangen, die soll ein forstmeister antwortten, in denn indern hoff gehn Lohr, dem eltesten graffen von Rienech unnd der soll sie fürtter antwortten gehn Hoßauwe und sie bewahren, da soll er bestellen, daß ein treüwer seine rechte handt werd abgehauen, unnd einem stricher der rechte daumb, das weißen sie zum rechten.

Auch weißen meines herrn förster, daß ein newe soll sein zu Lohr an dem fahre, unnd wann des noth ist, so soll der feherer kommen, zue einem forstmeister, unnd soll laub gewinnen, darzu unnd darumb soll der feherer einen forstmeister, die seinen, unnd die förster überführen, alß dick, alß es ihme noth ist, ohne goldt unnd ohne silber. Auch weißen sie, das derselben fahr eins soll sein zue Hefener Lohr, eins zue Lengfurth unnd eins zue Statt Prozelden.

Auch weißen meines herrn förster, was ein rechts hat, das hat die ander auch, unnd was ein thun soll, das soll die ander auch thun.

Rottenfels.

Auch weißen meines herrn förster, dem hauß zue Rottenfels das recht, das die drey hirtz sollen fahen, unnd sollen die jagen über landt in der feisten, zwischen denn zweyen unßer lieben frauwen tagen.

Brottzelden.

Auch weißet man dem hauß zue Brottzelden zween hirtze, die sollen sie jagen über landt, in den feisten, zwischen den zweyen unßer frauwen tagen. Auch weißen sie der pfarr zue Brottzelden zue, wer es, das ein eckhern würdte, was die schwein hetten, die in die pfarr gehörten, die möchten sie in das eckhern lassen gehen, unnd alle nacht wider heim uff ihr misten, darumb weren sie niemandt nicht schuldig, wer es aber, das sie sich dem waldt ein nacht geneheten, so weren sie ihren behem schuldig, als ein wildter Behem.

Wer es aber das ihr einer schwein kaufft, ulf winnunge, der soll seinen behem geben, alß ein wildter Behem, auch weißen meines herrn förster derselben daß recht, wer es, das jemandt aus derselben pfarr, mehete in meines herrn waldt, von Maintz, da wer er niemandt keinen madt habern von schuldig.

Mengebuer.

Auch weißen meines herrn förster dem hauß zue Mengebüer einen hirtz zue fahen über landt in der feisten zwischen den zweyen unßer lieben frauwen tagen.

Aschaffenburg.

Auch weißen meines herrn förster zum rechten, der statt Aschaffenburg, wer es, daß ein eckhern würde, in meines herrn waldte, schlügen sie dan ihr schwein darein, so sollen sie von ieglichem schwein geben zween wedderawische pfening, von St. Michels tag ahn, biß uf denn achtzehnnden tag, ließen sie aber die schwein lenger gehn, so gingen sie in affter behem, umb ein wedderawischen pfening, von dem achtzehnndten ahn, biß uf St. Walpurg tag; wer es aber sach, das ihr einer bawens bedörfft, zur einem hauß oder zur einem kandtell, oder zu einer scheüren, oder worzne er seiner bedörfft, so soll er gehen zu einem forstmeister, unnd soll laub gewinnen, umb ein vierttel weins, weder des besten, oder des ergsten, unnd denn sechs förstern sechs wedderawische pfening zu weinkauff, unnd wer alßo laub gewinnet zu einem baw, er sey wer er sey, das soll er in einem monath außführen, wer es aber, das er es in einem monath nit außführte, oder könte geführen, so hat er ein gantz jahr laub, wann die jahrsfriste außgehet, so soll er es umbwenden, wendet er es nit umb, so ist es eines forstmeisters, wendet er es aber umb, so hat er ein jahr laub.

Die graffschafft Hiediesset.

Auch weißen meines herrn förster der graffschafft Hiediesset, wer es das ein eckhern würde, in meines herrn waldte, von Maintz, schlügen sie dann ihre

ſchwein darein, ſo ſollen ſie von jeglichem ſchwein geben zween webberawiſche
pfening, von St. Michels tag, biß uf den achtzehnnden, ließen ſie aber die
ſchwein lenger gehen, ſo gingen ſie in affter behem, umb ein webberawiſchen
pfening, von dem achtzehnnden an, biß uff St. Walpurg tag.

Auch weißen meines herrn förſter, wer es das jemand bawes bebörfft, der
ſoll kommen zue einem forſtmeiſter, unnd ſoll laub gewinnen, unnd börfft er
ſein zue hauß unnd ſcheüern, uff einmal, bem ſoll man laub geben, umb ein
halb malter habern, unnd umb ein hun, unnd benn ſechs förſtern, ſechs webberawiſche pfening, zue wein kauff, unnd ſoll das in einem monath ausführen,
möcht er aber das nit gethan, ſo hat er ein jahr friſt, unnd wan die jahrfriſt
ausgehet, ſo ſoll er das Holtz umbwendten, ſo hat er aber ein jahr friſt, wendet er es aber nit umb, ſo iſt es eines forſtmeiſters.

Daß recht eines forſtmeiſters.

Auch weißen meines herrn förſter zum rechten, das ein forſtmeiſter ſoll han
einen geſchwornen knecht, der ſoll laub geben ahn eines forſtmeiſters ſtatt, zur
laubigen holtz, der ſoll auch zue benn heiligen geſchwohren han, gleicher weiß,
als ein förſter, alle bing vorzuebringen, als ein förſter, wann er das gethut,
an der ſtatt, da es hingehört, ſo ſoll er bannen gehn unnd die förſter damit
laßen gewehren; auch reitt der geſchworn knecht mit denn förſtern, oder mit
ihr ein, unnd wer es, daß ſie einen pfenbten er, wer, wer er wer, der unrecht
hett, des hett er nit zue ſchicken, wann er mit benn förſtern rhtte, denn möchten ſie bann büeßen hohe oder niber, wie ſie bann gelangt, auch ſoll er ſie
jme ſeinen theil davon geben; wer es aber, bas berſelbe geſchworne knecht
allein rhett, unnd yemandts pfenbt, die pfenbung ſoll er einem forſtmeiſter
antwortten, unnd ſoll ben mit laßen gewehren.

Auch weißet man unnd theilt einem forſtmeiſter, wann ein eckhern were,
ſo ſoll er von hundert ſchweinen denn behem uffheben, von rechts wegen, auch
hat er bißher gehalten hundert ſchwein barzue von gnaben.

Auch were es, das ein behem würbte, in meines herrn walbt, denn ein
forſtmeiſter beſeße, unnd bie ſechs förſter, unnd wan mein herr von Maintz
barzue beſchiedt, zue beſitzen, biweil das er ſetze, unnd ben behem hette, bäte
ihne bann jemanbt, er were pfaff oder laye, ſo hett er bie gewalt wol, bas er
ihme ließ, alle biweil er benn behem beſeße. Auch ſollen dieſelben ſechs förſter
benn behem verkündigen, alß ſie wohl wißen, in benn pfarren, wann ſie bas
ein forſtmeiſter heißet. Auch ſollen bie ſechs Förſter pfenben, umb benn behem,
ob er nit gefiell uf ein zeit, wan ſie bas ein kellner hieße. Auch ſoll ein
Kellner einem forſtmeiſter einem grahen rock geben, unnd ben ſechs förſtern
jeglichem einen alle jahr, wann ein volle behem were, baß weißen meines
herrn förſter zum rechten.

Auch ſoll ein forſtmeiſter han einen fiſcher in dem gemein vaßer, bas ba
angehet zue wiſen, der ſoll legen uf ſeiner ſetzten, alß fern er gereichen
mag, mit ber legereben mitten in baß waßer. Auch ſoll der eltteſte graff vonn
Rieneckh, auch einen fiſcher han, in benſelben waßer, uf der anderen ſeytten,
der ſoll auch alß fern legen, alß er mit ſeiner ruthen gereichen mag, wer es
aber, bas ſie eintrechtig würben, miteinander, bas yeglicher uf des andern
ſeyten ginge, bas möchten ſie thun, bas weißen meines herrn förſter zum
rechten.

Hoespach.

Auch weißett mann unnd theilt, das sechs försthube zue Hoespach sein, dieselbe sechs hube han das recht, das sechs geritten förster daraus sollen sein, unnd wan ihr ein forstmeister bedarff, von des walts wegen, so sollen sie ihme gerytten, unnd wan sie ihme reiden, so soll er vor sie bezahlen, er ober seine geschworne knecht. Auch weißt mann ein hube daselbst zue Hoespach, das heist die stern hube, darufs soll der forstmeister finden einen man, der soll han ein roßmeßigisten hengst, unnd wo er sein bedarff, so soll er ihme reyten, mit einem schilt, unnd mit einer glenwen, unnd soll das thun von nöth wegen, des walts, unnd darumb so hat dieselbe sternhube die freyheit zu schweinen unnd zu küehen, alß die andere sechs hube han, unnd soll auch darüber niemandt dienst thun. Auch sollen dieselben sechs förster reyten, alß weith der Speßhart ist, sehen sie jemand darin ichts schebbigen, das sollen sie wehren, alß fern sie möchten. Auch han dieselbe sechs förster das recht, von Hoespach, das sie laube sollen geben zue urholtze waß in meines herrn zendt sitzt, von einer St. Märtins nacht zu der andern, im Speßhart, in meines herrn zendt, er sey edell oder unedell, unnd der ist denn sechs förstern ihren weib habern schulbig, unnd wer mit vier redern fehret, der gibt ein halbmalter habern, unnd ein hun unnd wer mit zweyen redern fehert, der gibt ein sommern haberns, unnd ein hun. Auch han sie das recht, das sie umb den walt all umb unnd umb haben laube zue geben zue oreholtze unnd derselbe weydhabern, der ist ihr, unnd hat niemand mit zu schicken, dan die sechs förster. Auch weißet mann, unnd theilet alle forsthube frey, das sie niemandt keinen dienst sollen thun, anders, dann meinem herrn von Maintz, auch witzen die förster wol, waß ieglicher thun soll, von seiner hube, von rechts wegen.

Auch han dieselbe hube das recht, hett ein mann zwanzig kindt, sein söhn da, so wer sie des jüngsten sohns, sindt nit söhn da, hett einer dann töchter, so wer sie der jüngsten tochter. Auch han die förster das recht, hett einer viel schwein uf dem Speßhart, die soll man ihme laßen gehen, ohn verdechent, auch sollen sie einen forstmeister darumb bitten, der soll sie ihne auch laßen, von rechts wegen, hetten sie auch rindt viehe, daruff, da es wer viel, oder wennig, da soll er ihnen den behem auch von laßen, von rechts wegen, es wer viel oder wennig.

Auch weißet mann, wer es, das ein forstmeister schwein laufft, die er förter verkauffen wolt, umb gewinn, da wer er seinen behem von schulbig, bedörfft er aber ihr selber, in seinem hauß unnbt wolt sie stechen, so wer er meinem herrn nichts darvon schulbig, auch sollen die sechs forsthube schuffeln führen, meinem herrn, wann er eß ihm gebührt, mit einem geschwornen knecht.

Meines herrn förster, weißen auch, wer es, das ihr einer mit einem armbrust ritte zue waldt, unnd das er einen brackhen hette, unnd sehe er wilt, bey ihm stehen, unnd möcht er ihme einen schus angwinen, das möcht er thun, lief er aber hinweg, so soll er ihme nachhengen, biß über den nechsten berg, unnd sehe er es aber darzwischen, unnd könte er ihm aber ein schuß angwinen, daß möcht er wohl thun, könt er es nit gethun, so soll er es fortter laßen lauffen, schuß er aber ichts, so soll derselb förster die vier stück ant-

wortten einem forſtmeiſter in ſeinen hoff, unnd der ſoll es dann förtter ant=
wortten in die burg. Auch weißen meines herrn förſter, zum rechten, wer
es daß ein armman fünde einen affrais, der ſoll es einem dem negſten förſter
ſagen, das affrais ſoll ein förſter einem forſtmeiſter antwortten, wer es auch,
das das affreis ein loch hette alſo groß, daß ein rab ſein haubt möcht darin
ſtoßen, ſo wer es eines forſtmeiſters, iſt es aber gantz, ſo ſoll er es meinem
herrn antwortten, were es, das er einen hundt hette, unnd der erlieff einen
haßen, unnd antwortt denn einem förſter, der wer niemand nicht darvon
ſchuldig.

Auch weißen meines herrn förſter denn Mey, von St. Walpurg tag an,
uber vier wochen, ſo iſt allermenniglich der waldt verbotten, unnd wer es,
das der forſtmeiſter, oder die ſechs förſter, oder des forſtmeiſters geſchworn
Knecht, jemandt darin begriffen, ohne in den vier ſtraßen, denn möchten
ſie darumb rechtfertigen, unnd der ſtraß iſt eine genant, die hoehe ſtraß,
die ander, die eßelspfadt, die dritte, die wiſer ſtraß und die viertte, die
Espelbacherſtraß. Auch verbeüt man denn Speßhart, den maye, vor allen
hunden unnd vor allen ſchweinen.

Auch weißen meines herrn förſter zue recht, das nit mehr in dem Speß=
hart ſollen ſein, dann vier hütten, die das glas machen, unnd die vier hütten
ſoll jegliche nit mehr han, dann ein glaß hauß, unnd ein hauwe hauß, auch
ſoll ein jede hütt nit mehr han dann vier knecht, das das ohn verſprochene
biderleüt ſeind, der ſollen zween ſcheider ſein, unnd zweene duleſchen bronne,
unnd die ſollen auch nit ferner heraus gehn, dann das ſie wider in die
hütte mögen geſehen, der meye, wer es aber, das die ferner wollen gehen,
ſo ſollen ſie gehen uff den ſambstag vor Walpurgis zue einem forſtmeiſter,
oder ahn wen er es ſtelt, unnd zue denn ſechs förſtern, die ſollen dem förter
laub geben, alß es vor alter herkommen iſt. Auch han die vier hütten das
recht, das mann ſoll laßen, einem meiſter den behem, von zweyen küehen,
yedem meiſter zwo küehe.

Auch weißen meines herrn förſter, zum rechten, allen denn dörffern,
die umb den waldt gelegen ſein, die darein gehören, die ſollen laub ge=
winnen, alß von alter herkommen iſt, zue einem forſtmeiſter, oder an wehn
er das ſtelt, unnd der ſoll laub geben, von eines forſtmeiſters wegen, alß
fern, alß ein hirt inn dem waldt mag geſtehen, unnd mag wider uff das
feldt geworffen mit ſeinem ſtab, ſo ſollen dann die ſechs förſter vonn Hoeſpach
fort laub geben ahn die lach, alß von alter herkommen iſt, alß ſie wohl wißen,
unnd darumb ſollen ſie denn ſechs förſtern ihr recht geben, alß die ſechs förſter
wohl wißen. Auch weißen meines herrn förſter, das die vier hütten ſollen
uf St. Martins tag, ihr hütten wider beſtehn, umb ein forſtmeiſter, unnd
ſollen ihme darvon ſeinen weinkauff geben, unnd denn ſechs förſtern ihren
auch. Auch han die förſter das recht, hetten ſie ichts zu Aſchaffenburg
zue kauffen, oder zue verkauffen, da ſein ſie keinen zoll ſchuldig davon zue
geben.

Auch han die förſter das recht, wer ihr einer zue Aſchaffenburg ſchuldig,
da ſoll ihne niemand umb beküntmern, ihne oder ſein pferdt. Auch han
die forſtmeiſter, unnd die ſechs förſter das recht, das ſie einen wyrth ſollen
han zue Lohr, der ſoll zwey beyhel han gehe in denn waldt, unnd ſoll
hauen büches holtzs, was er es genießen mag, darumb ſoll er dem forſt=

Speſſarter Förſterweistum.

meiſter unnd ſeinen geſchwornen knecht unnd den ſechs förſtern wan ſie zue ihm heim kommen in ſein hauß, ſoll er ihne uber tiſch zue eßen unnd zue trindhen geben, genug, wollen ſie nach tiſche eßen oder trincken, das ſoll lauffen ſie, auch ſollen ſie einen ſchmid da han, der ſoll groben kohlen brönnen, was er der verſchmiden mag, darumb ſoll er dem forſtmeiſter vier huffeyſen uf ſeinen hengſt ſchlagen, unnd den ſechs förſtern ieglichen zwey alle iahr; wer es auch, das meines herrn hengſt von Rienneckh, ſtündte gehefft zue Lohr vor der ſchmibten, unnd köme ein forſtmeiſter, oder die ſechs förſter ſo ſoll er ſeinen hengſt dannen ziehen, unnd biß laßen beſchlagen, das recht han ſie da.

Auch hat ein forſtmeiſter und die ſechs förſter das recht, das ſie ein würth ſollen han zue Biſchoffsbronn, der ſoll han zwy beyhel in denn Speßhardt, unnd ſoll büches holtzes hauen, was er ſein genießen mag, darumb ſoll er dem forſtmeiſter unnd ſeinem geſchwornen knecht, unnd den ſechs förſtern, zue eßen und zue drincken geben genug, uber tiſch, wollen ſie darnach mehr zehren, das ſollen ſie kauffen. Auch weißet man, wer es, daß ihne umb eines baumes oder zweyer benöth, ſo ſollen ſie kommen zue einem forſtmeiſter, unnd ſollen ihne darumb bitten, ſo ſoll er es ihm erlauben. Auch hatt der forſtmeiſter unnd die ſechs förſter das recht, das ſie zue dem alten buch auch einen würth ſollen han, unnd der ſoll auch zwey beyhel in dem Speßhardt han gehen unnd derſelbig würth ſoll ſchiffholtz hauen, eychen holtz, darumb ſoll er einem forſtmeiſter, ſeinem geſchwornen knecht, unnd denn ſechs förſtern zue eßen und zue drinckhen geben genug, uber tiſch, wollen ſie nach tiſch eßen oder trinckhen, das ſollen ſie kauffen, das weißen meines herrn förſter zum rechten. Auch verweißen meines herrn förſter, das man kein miler kolen ſoll brönnen, in dem Speßhardt, oder auch kein eſchen, auch verweißen ſie, das niemandt in dem Speßhardt zackern ſoll. Auch ſoll der forſtmeiſter unnd die förſter einen geſchwornenn bübel han, das weißen ſie zum rechten, der ſoll ein förſter bing gebieten, wann ein forſtmeiſter will darvon hat er ein hueb, das heiſt ein bütel hueb, die iſt frey, als der andere forſthueb ein, das er niemandt nicht davon ſoll thun, dann denn dienſt dem forſtmeiſter, unnd denn förſtern, auch hat er mit ſeinem viehe das recht in dem Speßhardt, das die andern förſter han. Auch weißen meines herrn förſter, wann meines herrn von Maintz jeger ligen zue Waldtaſchaff, uf der hueb, mit meines herrn jagenden hunden, ſo ſoll derſelb büetel, der die hueb innen hat, gehn Aſchaffenburg reyden oder fahren unnd ſoll zue dem keller kommen, und ſoll habern fordern, den hunden, unnd ſoll den habern führen in die mühlen, die man nennt die Honigmans müehl unnd ſoll den habern da laßen zu aiß machen und ſoll das aiß brengen unnd führen gehn Waldtaſchaff, denn hunden, unnd ſoll er von jedem malter habern nehmen ein ſichter habern, das ſeine pferdt geſſen, das weißen meines herrn förſter zum rechten.

Auch weißen meines herrn förſter, wer es das ein forſtmeiſter, oder ſeine geſchworne knecht, laub geben, einem wer der wer, warzne er ihme laub geben, der ſoll es machen, in dem walt, ob ein forſtmeiſter oder ſeine geſchworne knecht, oder die förſter ahn ihne kämen, das ſie ſehen, warzue er laub hette. Wer es, das die förſter mit einem forſtmeiſter ritten, unnd ein begriffen, mit einem wagen, oder karren, der ohne laubig holtz füerhrte, ſo wer das hinderſt viehe, eins forſtmeiſters unnd wer daß förderſt der förſter.

Wer es auch, das, die förster mit einem forstmeister ritten, unnd ein begriffen, der ohn laubig holtz hiebe, so müst der mann mit dem forstmeister thaidingen, unnd die beyhel weren der förster.

Wer es auch das der arme mann oder wer er dann were ichts von pfändern bey ihm hette ligen, das möcht ein förster auch nehmen, ob ihne gelangt.

Wer es auch, das ein forstmeister, seine geschworne knecht, oder die förster kommen zue stock oder zue stame, unnd der hinweg were, so möchten sie ihme nacheylen, ob sie gelengt, erritten sie ihne, das sie einen reitel zwischen die hindern reder, unnd die ohnestile gestoßen möchten, so hetten sie gut recht zue ihme, wer es aber, das einer füran mehr mehntte unnd hette dann abgeladen, unnd gewant, so wer er niemand nicht schuldig. Wer es aber ohn abgeladen, so hetten sie guet recht zu ihme.

Wer es auch, daß meines herrn förster einer ritte, oder ginge, von des walts wegen unnd begegnet ihme einer unnd deücht ihne, das er führte oder trüge ohn laubig holtz, der soll meines herrn förster weißen zue stock unnd zue stame, hett er dann ohnlaubig holtz geführt oder getragen, so möcht er ihne darumb pfendten. Wer auch laub hat in meines herrn waldte dörffte der eins noth holtzes ein berg inn fünde der orholtz, das soll er hauen, fünde er aber keins, was er aber sonst hiebe, da soll er mit hemmen bis under denn berg, lüd er es dann uf, unnd kem dan ein forstmeister oder sein geschworne knecht oder die förster darzue, so möchten sie ihne pfendten. Auch weißen meines herrn förster, wer es das sich einer lies ausdingen, wolt denn dan ein forstmeister suchen zue haus unnd zue hoff, so soll er die sechs förster zue Hoespach zue ihm heischen, unnd wan er ihne dan sucht zue hauße unnd zue hoff, was er dan unwendig schlieffbalkhen fünde, das wer meines herrn von Maintz, unnd was ober dem schlieffbalkhen wer, das wer der sechs förster, die mit ritten.

Waltaschaff.

Auch ligt ein forsthub zue Waltaschaff, das heist die Zihlhube, uff derselben hub hat mein herr das recht, das derselb förster soll han ein stall zue zweyen pferdten, unnd ein stall zue vier und zwantzig hunden und einen hundts Troch zue vier unndt zwantzig hunden unnd ein keßel, das man waßer darin gewarme und zwey dürre scheib, die sollen uf der daisen ligen, wen die jeger kommen, das sie das finden, auch soll derselbig förster meines herrn waßer bereiden, unnd begehn, hie in meines herrn wiltbanne, begreifft er darin gewandt, den soll er rechtfertigen ob er möcht, unnd das vorbringen, als bisher kommen ist. Auch wan ein Flecher ist, so soll derselb förster meim herrn hundert schwein halten, ob ihme die ein kellner sendet von meines herrn von Maintz wegen, unnd soll die halten, von St. Michelstag an, bis uff den achtzehenden, von denn hundert schwein soll man ihme geben, von jeden schwein denn ruckgangk, dumen elen lang auch soll ihme der kellner geben, vier elen grofes buchs zue einem schapper an, unnd zwen robe gebunden schue, unnd ein somern erbes unnd spech, das ein keller ehre hab, das er seines knecht desto bas gehalten mag. Wer es auch, daß ein kellner, demselben förster mehr schwein schickte, dann das hundert darvon soll ihme ein kellner thun, alß ein andern arme man, der der schwein hütt, in dem waldte, unnd soll das ein kellner thun, von meines herrn wegen. Auch soll derselb förster alle jahr, vier, gehn Sanct Vite geben, gehn weiber in die Kapellen, die soll er fahen, in der apfel der blüeth unnd soll die antwortten, wann mann den apfel über das haus geworffen mag. Auch hat derselb förster das recht, das er mag laub geben, ein ohn versprochenen bib=berwe man, der da zihlt, ob er es anders selber nit gethan mag.

Sommerawe unnd Wintterspach.

Auch weißen meines herrn förster, das drey hueb sind gelegen, zue Sommeraw unnd ein zue Wintterspach, unnd dieselben vier hube sollen thun, als hernach geschrieben stehet, mit nahmen.

Weiset meines herrn förster, daß ihr lach gehe die Trüsenbach, uff biß zum rad, unnd vom rad an biß zum Lindefurth, unnd vom Lindefurth ahn, biß die Haselauwe, die Haselauwe ein biß in denn main, unnd denn main ab biß in die Elsaffen, darumb sollen die vier förster, die dieselben hueb innhaben, behüten unnd bewahren meinem herrn sein wiltbanne, da zwischen, wer es sach, das sie jemand darin fünden, der da jaget, vischet, oder anders daß nit sein solte, thete, von des wiltbants wegen, denselben sollen sie rechtfertigen unnd brengen an stette, da er hin gehört, ob sie möchten.

Auch weißen meines herrn förster, das dieselben vier förster mögen pfenden wen sie sehen hauwen, in demselben lach, in dem Speßhardt, ohnlaubig holtz, unnd ihne darumb rechtfertigen, wer es nun sach, das dieselbe vier förster, oder ihr einer keme, ahn das lach, unnd hörten einen jenseith des lachs hauwen, so möchten sie sein wahrnehmen, unnd fünden sie dann einen, der ohnlaubig holtz hiebe, den möchten sie pfenden, unnd rechtfertigen, unnd sollen nit förtter reyden, dan wann sie ihne alß gepfendet unnd gerechtfertigt hetten, so sollen sie wider in ihr lach reyden, unnd wer es, das derselben vier förster einer ritte durch den waldt, unnd fünde eine der ohnlaubig holtz hiebe, denselben möchten die vier förster, oder ihr einer, auch rechtfertigen.

Auch sollen dieselben vier förster drey gericht suchen in dem iahre von rechts wegen, wenn mann es ihne gebeütt, unnd wer es das ihr ein forstmeister bedörfft, zue einem noithgericht, alß dich der noth wer, so sollen sie es auch suchen, wann man ihne das gericht verkündiget.

Auch ist ein hueb zue Obernhem gelegen, wer dieselb hub inn hatt, derselb soll die genannten vier förster zue Sommeraw unnd Winterspach, laßen weißen, uf jede hub, was mann ihme dann verkündiget von gerichts wegen. Auch soll derselb förster meines herrn wiltbandt behüten unnd bestehen, an die Elsaffen, unnd in meines herrn wiltbanne, alß ein ander förster, unnd sehe er jemandt, in meines herrn wiltbandt, frewelen, das nit sein solte, das solte er rügen unnd brengen an die statt, da das hingehöret. Auch soll er alle gericht suchen, wann man ihne es verkündiget. Auch sind gelegen sechs forsthube zue Ostenheim. Wers nun, daß ein kellner oder jemandt anders, von meines herrn wegen, denselben förstern wiltprecht antwortt uff die forsthube, daßelbe wiltprecht sollen sie mein herrn schicken, denn Main ihne biß in die Reine, unnd die Rein ine biß gehn Lohnstein. Wer meines herrn gnad, alßo ferre uff ihr koste, unnd wer es auch sach, das meins herrn gnad einen sehrer hette, der sachstangen bedörffte, zum sache berselb feher soll gehn in die ostenheimer marth, unnd soll jeglicher hube hauen ein hundert stechen unnd die antwortten zue wege, da sich ein wag gewenden mag, so sollen dann die sechs förster jeglicher mit einem wagen, von seiner hube ein hundert stechen holen unnd die antwortten uf sein hub das sie ein secher baruff finde, unnd wan ihr ein secher bedarfft, so mag er sie ban holen, unnd dieselben sechs förster sollen barafter nicht mehr damit zue schichen haben, unnd wer es sach, bas viel, den waldt mabhabern gefielle, all umb unnd umb, so soll ein laubmeister, denselben sechs förstern zue Ostenheim das zue wißen thun, unnd dieselbe sechs förster sollen denselben mabhabern all umb unnd umb holen unnd den antwortten mein herrn in die burg, unnd soll ein kellner von jedem malter alß manchs sie bann antwortten, ihren pferdten ein sithern habern geben. Auch sollen dieselben sechs förster meines herrn wiltbandt behüten, bewahren unnd vorbringen, alß andere meins herrn förster unnd sehe ihr einer einen bischen, oder jagen, möcht er denn behalten, so solt er ben einem forstmeister antwortten. Auch sollen sie alle gericht suchen, wan es ihnen verkündt würdt. Auch so sind zwo hub zue Hirsfelt gelegen, wer dieselbe hube inhalt, der soll pfenden ben graben weg, uff, biß uff die straßen, unnd von der straßen ahn, biß ahn die alten lehrgründen unnd durch das henrebuch hin, biß wider oben ben ruch herein, biß an den breitenstein, sehe er darin jemandt, der ohnlaubig holz hiebe, den soll er rechtfertigen, unnd dieselben förster sollen meins herrn wiltbandt behüeten unnd bewahren, sehen sie darein jemandt frevelen, den sollen sie rechtfertigen, ob sie möchten, unnd sie vorbringen unnd rügen, ahn den stetten, da das hingehört, unnd sie sollen hüten, bewahren unnd vorsehen, biß ahn den Allensberg unnd biß ahn die Josauwe, die Josauwe ab, biß in die Sinne. Auch sollen dieselben förster nit mehr dann vier gericht im iahr suchen, wann es ein forstmeister ihne verkündiget, wer es auch das ihr ein forstmeister bedörfft, zu einem nothgericht, so sollen sie auch das gericht suchen, wann mann es ihne verkündiget.

Auch ist ein forsthub zue Schelltrippen, wann ein forstmeister ein gericht heißet, gebieden einen bübel, so soll der bübel dem förster zue Schelltrippen uf sein forsthube, das laßen wißen unnd derselb förster soll es dann förtter kundt thun uf die zwo hube zue Hirsfelt gelegen.

Auch soll derselb förster zue Schelltrippen pfenden am graben wege, außen biß an die straßen, unnd von der straßen biß ahn die alten leregründen unnd von der alten leregründen durch das hochbuch, oben ben ruch herein, biß an den breitenstein, der unten an wißen leit, auch so soll derselb förster behüeten die water, in meines herrn wiltbandt.

Auch weißen meines herrn förster zum rechten, welcher beselben meines gnedigen herrn förster, der ber forsthube ein zue Sommeraw, Winterspach, Obernheim, Schelltrippen, Waltaschaff, Hirsfeldt, oder zue Ostenheim in hatt, keinen ausgeschiden, fünde oder begriff, der jemandt in des genanndten meines gnedigen herrn wiltbandt, walte unnd Speßhardt, alß weith der ist, unnd umbgrifften hat, der da darin schaden thete, oder gethan hette, es wer mit bischen, jagen, hauwen oder sonst, wie der schadt were, unnd ben wiltbandt berührt, ben, oder dieselben, die also schaden theten, oder gethan hetten, so soll derselbe förster, der sie also begriffen hett, pfenden unnd rechtfertigen.

2.
Mainzer Forstordnung vom Jahre 1679.

„Wir Anselm Frantz von Gottes Gnaden des Heiligen Stuhls zu Mayntz Ertz-Bischoffen, des Heiligen Römischen Reichs durch Germanien Ertz-Cantzler und Chur-Fürst, cc. Entbieten allen und ieben unsern Prälaten, Abten, Stifftern, Clöstern, Ober- und Unter-Beambten, auch Ober-Forst- und Jägermeistern, Forstmeistern, Wildmeistern, Jägern und Forst-Bedienten, und allen unsern angehörigen Schuldheissen, Bürgermeistern, Unterthanen und Schutz-Verwandten unsern Gruß und Gnade zuvor, und fügen hiemit offentlich zu wissen, daß wir bey Antrettung unserer Churfürstl. Regierung wahr genommen, ob wol unser vierter Vorfahr am Ertz-Stifft Mayntz, Herr Johann Philipp Ertz-Bischoff und Churfürst, cc. Christmildister Gedächtnuß, denen bey vorgewesenen Kriegs-Troublen in unsers Ertz-Stiffts Waltungen, Wildbahnen und Fischereyen eingeschlichenen Unordnungen und darauß enstandenen Verößungen zu steuren, eine gewisse Wald-Forst-Jagd-Wild-Weydwercks- und Fischerey-Ordnungen verfassen, und zu jedermans Verhaltung in unser Ertz-Stifft Anno 1666. im Truck publiciren lassen, daß dannoch eine solche bißhero wenig oder gar nicht an theils Orten beobachtet worden sey, bannenhero wir bewogen worden, besagte Ordnung nochmahls durchgehen, und wie hernach folget, erneuern, und nochmahln publiciren zu lassen, und befehlen solchem nach unsern Prälaten, Abten, Stifftern, Clöstern, Ober und Unter-Beambten, auch Ober-Forst- und Jägermeistern, Forst-Wildmeistern, Unterthanen und Schutz-Verwandten hiemit ernstlich und wollen, daß ein ieder zu viel ihn angehet, gebührt und betrifft, sich solcher unserer Verordnung gemäß verhalte und bezeige, wie solches der Innhalt im Buchstaben nachgesetzt mit mehrerm besaget und außweiset, das meynen Wir ernstlich und zwar.

CAP. I.
Von Gräntzen.

1. Nachdeme an unterschiedlichen Orten, unseres Ertz-Stiffts, die Wälder und Förste, zum Theil an den Gräntzen gar nicht, Theils aber allein mit gewissen Mahlbäumen vermarcket seynd, jenes zwar zu allerhand Jrrungen Ursach gibt, dieses aber kein beständiges Werck, sondern solche und dergleichen Mahlbäume durch Windbrüche nicht allein umbgerissen werden, sondern auch endlich mit der Zeit vergehen und verwesen; Alß sollen unsere Ober-Jäger- und Forstmeister, Wildmeister, Ober-Jäger, Ober-Förster, und andere Forstbediente in Beysehn der Beambten, und angräntzenden Benachbarten eines Theils dahin trachten, damit die ungemarckte Gräntzen (wo deren noch vorhanden seynd) mit Steinen oder zum Anfang mit gewissen Mahl-Bäumen besetzt werden. Andern Theils aber neben die vorhandene Mahlbäume, gewisse sichtige Marck- oder Mahlsteine, insonderheit wie es eines, und anderen Orts bey unterschiedlichen benachbarten Fürsten und anderen, auch unseren eygenen Vasallen und Unterthanen hergebracht, mit Wappen-Schrifften,

und Zeugen verfertigen und setzen lassen, wo bey das Jahr dieser neuen Vermarckung in acht zunehmen: Und solle der Ober-Jäger- und Forstmeister mit Vorwissen unserer Cammer, auch nach Gelegenheit in Gegenwart besagter unserer Cammer-Räthe, und mit Zuziehung der Beambten, darunter es gehört, die Marckung wieder richtig machen, die Verrichtung, und was dabey vorgangen, nachrichtiglich beschreiben. Es wären dann, daß die Sach von solcher Wichtigkeit wäre, daß wir nothwendig darüber behölliget werden müsten, alsdann sie es unterthänigst zu berichten hätten. Da nun jährlich, oder zu gewissen Zeiten die Gräntzen bezogen werden, sollen unsere Forst- und andere Beambte und Bediente, die Mahl- und Versteinigungen registriren, und beedes in das Ambt- und Forst-Buch treulich schreiben, und gleiches Inhalts ein verleiben, und davon ein Exemplar zu hiesiger unserer Cammer-Repositur einschicken. Auch jedesmahls dabey vermelden, wer die Gräntzen bezogen, wer neben den Forst- und Ambts-Personen an alten und jungen Zeugen von beeden Theilen dabey gewesen, zu welcher Zeit es geschehen, und was jedesmahls dabey vorgeloffen.

2. Da auch an einem, und andern Ort die Bäch, und Fischwasser die Gräntzen scheiden, und es begebe sich, daß bey Steigung, und Anfliessung der Wässer, uns an unseren und unseres Ertz-Stiffts Landen Abbruch geschehe: So sollen die Forstbediente ein wachtsambs Aug darauf haben, damit bey Zeiten vorgebauet, und die Wässer in ihrem alten rechtgängigem Strohm getrieben, und dabey erhalten werden mögen: Wie sie dann, da ein sonderlich Bedencken fürfallen würde, uns in Zeiten fürderlichst dessen zuberichten hätten.

3. Unsere Forst-Beambte, und deren untergebene Forstknecht, sollen alle Jahr zwischen Ostern, und Bartholomaei, da der Tag am längsten ist, die Gräntzen der Aembter, und Gehöltze beziehen jedes Orts und Bezircks, welche es betrifft, die alte und junge Einwohner, auch Knaben von 12. Jahren an, umb künfftiger Wissenschafft, und Erlehrnung der Gräntzen willen zu sich nehmen, die alte Mahlstein, und Gräntz Bäume mit Fleiß besichtigen, und was daran unerkentlich, und nicht wol mehr zusehen, erneuern, die mit-und an uns gräntzende frembde Nachbarn dazu bescheiden, und da etwa die Mahl-Bäume nidergefallen, sich gesencket, oder zubesorgen, daß solche in kurtzem umbfallen mögten, oder die Gräntz-Steine weg-gerissen, und wegkommen wären, andere neue Steine nach Art und Weise, wie es jeden Orts Herkommen, mit Wappen, Schrifft und Zeichen bemercket, setzen, und wie die Gräntz jedesmal befunden, welchen Tag sie dieselbe zu beziehen angefangen, wann sie damit fertig worden, wer von beeden Theilen an Forst- und Ambts-Bedienten, alten und jungen Zeugen dabey gewesen, auch wie viel Mahl-Bäume und Steine zwischen einem jeden Gräntz-Nachbarn stehen, mit Fleiß auffzeichnen, und jährlichen der Forst- und Ambts-Rechnung mit anhängen, im Fall sie aber einig Bedencken dabey, hätten, solches an uns oder unsere Regierung berichten, und Befehl darüber erwarten.

4. So sollen auch die Gräntz-Nachbarn, die in unserem Territorio, und unter ein- und andern Bottmässigkeit gesessen, wann Mahl-Bäume umbfallen, oder Marck- und Gleits-Steine sich verliehren, und außgehoben werden, dasselbe den Kellern, oder Forst-Bedienten anzeigen, damit dieselbe alsobalden besichtiget, und ein anderer Baum gezeichnet, oder in Stein gesetzt werde: Da-aber einer, oder der ander solches über 8. Tage nach seiner

erlangten Wissenschafft verschweigen, und von denen außgehobenen, und weggeschafften Mahl-Gräntz-Jagd- und Gleits-Steinen nichts melden würde, derselbe soll, so er dessen überwiesen werden könte, 6. Flor. zur Straff erlegen: Würde sich auch jemand vergreiffen, und die umbgefallene Bäume zu sich zu nehmen gelüsten lassen, derselbe soll den Umständen nach in höhere Straff genommen werden.

5. Ebenes Falls sollen sich auch die Forstknechte verhalten, und wann Mahl-Bäum umbfallen, oder abgehauen werden, dasselbe bey obgesetzter Straff nicht verschweigen, sondern solches dem Ober-Beambten, unter dessen Bottmässigkeit es gehörig, auch dem Ober-Jäger und Forstmeister, innerhalb 8. Tagen nach erlangter Wissenschafft anzeigen, sich aber vor ihre Person neue Gräntz- oder Reinungen, ohne Beysehn der Beambten und Forstmeisters anzuordnen, oder zusetzen gäntzlich enthalten.

6. Wann auch zwischen den Gräntz-Nachbauren wegen der Gräntzen, Bedencken und Irrungen sich ereigen würden, sollen solches die Forstknecht, so balden den Beambten und Forstmeistern, berichten, die es nachgehends mit allen Umbständen an uns gelangen lassen, und unsers Bescheids gewarten sollen.

7. Da sich auch, bey denen Unter-Forstbedienten durch Absterbung, oder Fortsetzung der Forstknechte Veränderungen zutragen, und neue angenommen, oder ein- oder der ander fortgesetzt würde: So soll demselben bey Anziehung seines Dienstes, diese unsere Wald- und Holtz-Ordnung durch unsere Forstbeambte vorgelesen, und nach Befindung der Umbstände, und deß Orts Gelegenheit, deutlich erklärt, hernacher ein Exemplar davon zugestellt, und darüber, so wol auch denen Gräntzen, welche ihm von dem Forstmeister und Beambten, neben dem Abgedanckten, oder an ein ander Ort gesetzten Knecht, und etlichen anderen benachbarten Forstbedienten, und Aeltisten in der Gemeind gewiesen, festiglich zuhalten erinnert werden.

8. Gestalten auch ein jeder Knecht, auff seiner Refier die Gräntzen dermassen in acht nehmen soll, daß er sich selbsten in Schrancken behalte, nichts weiters zur Ungebühr sich unterfange, und zu Zanck und Zwitracht Ursach gebe, hingegen auch niemanden von den Benachbarten dergleichen zu thun gestatten.

9. Würde auch jemand einen Laag-oder bezeichneten Marck baum, so die Gräntzen, und Marckungen auff den Höltzern und Wäldern zeiget, wissentlich verstümpffen, der solle 50. Floren zur Straff geben: Dafern auch jemand einen solchen Marckbaum umbzuhauen sich vermessen würde, derselbe soll zu wohlverdienter Straff 100. Floren erlegen, und wo auch einer, oder anderer uns gelieferten Baum gar abthun solte, derselbe soll unseren Ober-Beambten geliffert, und solch Verbrechen alsdann fürter an uns oder Regierung berichtet werden.

10. Dafern sichs auch an den Gräntzen begeben und zutragen, daß das Wildprett von denen Benachbarten zu Holtz geschossen, und nicht fallen, sondern auff unsere Refier, und hohe Jagd-Gerechtigkeit lauffen würde: So sollen unsere Forst-Beambte und Forstknechte keinem angräntzenden, welcher die Folg nicht hergebracht, gestatten, dem Thier mit Hunden, oder Büchsen über die Gräntz herein nachzuziehen, sondern solches nicht allein widersprechen, und den nachfolgenden abtreiben, auch da er sich nicht weisen

lassen wolte, uns zu fernerer Andung berichten: Da aber biß Orts, etwas von Wildprett geschossen würde, und über die Gräntzen hinauß lieff, so soll derselbe Knecht, so es geschossen, ungescheuet nachziehen, und solches, so weit er kan, und biß auff 24. Stund lang verfolgen, und dadurch unsere und deß Ertz-Stiffts unstreitig-wohlhergebrachte Gerechtigkeit beobachten, und daran nicht das geringste begeben, oder Eintrag geschehen lassen.

CAP. II.
Von Jagdten.

1. Unser Ober-Jäger- und Forstmeister, sambt seinen untergebenen Forst-Bedienten, und Forstknechten soll neben den Windhetzern und Wild-Förstern, auff die Wildbahn, und das kleine Weidwerck fleissige Auffsicht haben, damit derselben, über altes Herkommen nichts entwendet oder entzogen werde, und wann sie etwas, so demselben zuwider lauffen möchte, erfahren, es sey gleich in was Fällen es wolle, so sollen solches, unser Ober-Forstmeister und Forst-Beambte, wofern sie den Sachen beständig vorzubauen, und abzuhelffen, nicht genug, an unsere Stadthalterey zu Maintz, oder an uns selbsten, nach Wichtigkeit der Sachen, zeitlich berichten, und sich darüber Bescheids erholen.

2. Alle die unserige, so der hohen Jagt und Wildbahn befugt, sollen die gewisse Zeit zum Jagen halten, als nemlich mit dem rothen Wildprett von Trinitatis biß Andreae, mit dem schwartzen Wildprett aber von Michaelis biß Weynachten, und sich vor oder nach benannter Zeit deren gäntzlich entäussern, bey Straff 100. Goldgülden, so offt jemand hier wider hanblen wird, in unsere Cammer zubezahlen.

3. Nachdeme auch zur Zeit, wann das Wildprett setzet, die Wildbahn zuberschonen, und solcher Kalbzeit ihre rechte Ruhe zulassen, als soll unser Ober-Forstmeister das Durchfahren, und Wandern in der Wildbahn an Orth und Enden, da es schädlich, solche Zeit über, sonderlich daß keine Hund in die Wildbahn kommen, bey Vermeidung ernstlicher Straff, verbieten: Wie dann auch denen Schaffhunden ein höltzenes Creutz, $3/4$ Elen in die Länge und Breite, und ein viertel Elen tieff, vom Hals an, biß unter die Brust angehänckt werden solle; bey 5. Floren Straff.

4. Würden sich auch heimliche Wildprett-Schützen vernehmen lassen, so sollen unsere Forstbediente, dahin alles Fleisses trachten, damit dieselbe zu Hafften gebracht werden, dazu ihnen unsere Beambte jedes Orts die hülffliche Hand zu bieten hätten: Wie sie dann auch niemand, bey deme einiger Verdacht zu spühren wäre, und deme es sonderlich nicht gebühret, mit Pürschbüchsen, und anderen dergleichen Feur-Rohren, in-umb-und durch die Wildbahn passiren lassen sollen: Doch ist unseren Dienern, und anderen frembden Leuten, die auff freyer Strassen durch unsere Wälder reisen müssen, nicht gewehrt, wann sich etwa besorgender Unsicherheit wegen vorsehen, gleichwol mit der Verwahrung, daß sie sich bey Verlust der Büchsen, und nach Gelegenheit anderen willkührlichen Straffen, im Wald zu schiessen, keines weges sollen gelüsten lassen.

5. Ebenmässig sollen unsere Forst-Beambte und Forstbediente nicht verstatten, daß wider Weidwercks Gebrauch zu unrechter Zeit gejagt, und damit

unseren Unterthanen mit Ubung deß kleinen Weidwercks, als Hetzen und Jagen, weil die Früchten noch im Feld stehen, Schaden zugezogen werde.

6. Auch soll unser Ober-Forstmeister, wie auch alle und jede Forstbediente, Dorff-Schultheissen, und Fluhr-Schützen fleissig Achtung geben, daß von Petri Cathedra an biß auff Bartholomaei, in welcher Zeit die Hasen am meisten setzen, das Hetzen-Reiten, Hasen-Jagen, und Schüssen: Item das Hünerfangen eingestellt bleibe; Solte aber jemand darwider freventlich handlen, der solle jedesmahls andern zum Abscheu, umb 10. Goldgülden gestrafft werden.

7. Gleicher Gestalten sollen unsere Forst-Beambte dahin sehen, daß unsere Unterthanen, so wol als die angräntzende, sich deß Schlingenstellens, womit sie in unserer Wildbahn die Hasen zufangen pflegen, allerdings enthalten, bey 20. Floren, die ein jeder, so offt er dawider handlet und betretten wird, zur wohlverwürckten Straff erlegen solle.

8. So soll auch hiemit bey Vermeidung in unserer Buß-Ordnung gesetzter Straff, mit Ernst verbotten seyn, daß sich keiner im Frühling, wann die Vögel außbrüten, in Wäldern, an Eyern, oder jungen außgebrüteten Vögeln vergreiffe: Auch sonsten niemands in denen Wäldern, welcher nichts darinnen zu schaffen hat, sonderlich an Feyer-Tägen betretten, viel weniger junge Hasen, Rehe- und Wildkälber auffzuheben, und zu stehlen sich gelüsten lassen.

9. Weilen auch die Vogelsteller die in unserem Land gefangene Vögel ausserhalb Lands in frembde Herrschafften und Städte zu tragen sich unterstehen: So wollen wir solches dergestalt abgestellet wissen, daß sie vor allen Dingen, so sie deren zuverkauffen hätten, sich bey unserer Hoff-Küchen, demnechst bey unseren Beambten, und solchen nach bey den Gastwirthen anmelden, und dafern sie allda nicht gekaufft würden, alsdann erst ausserhalb gelassen werden, bey Verlust der Vögel, und nach Nothdurfft anderen ernstlichen Einsehens.

10. So sollen in den Vogelschneiden, und anderstwo gantz keine Fallen, oder Dratschlingen vor Auer- und Birckhanen verstattet werden, weil hierdurch wider Pflichte, das hohe Feder-Wildpret hinweg gefangen, und heimlich verpartheiret wird: Dannenhero die Forst-Bediente fleissige Auffsicht haben, und so einer darwider handlen, und betretten würde, jedesmals 15. Floren zur Straff erlegen solle: Jedoch mögen Schnepffen und Haselhüner fallen, so nicht höher, als fünff Nürnberger Zoll, auch die Drat-Schleiffen von 5. oder 6. Haren, von denen, so es in gewissen Bestand, zugelassen wird gebraucht werden.

11. Unsere Beambte, Forstmeister, und andere Ambts Befelchshaber, und Forstknechte, sollen ohne unsere Erlaubnuß in denen ihnen anbefohlnen Aembtern und Forsten, mit Jagen, Schiessen, Abschrecken, Lauffen, Verziehen der Hasen, und andern Wildpretts, auch Hünerfangen, kein Weidwerck üben, noch jemand andern solches zu thun verstatten, oder auch jemand, so dessen nicht befugt, oder Erlaubnuß erlangte, darüber betroffen würde, denen sollen sie die Hund und Garn nehmen, und sich mit demselbenn, auff eingewandten ihren unterthänigsten Bericht unsers Befelchs halten.

12. Nachdem auch die Mastung an Eicheln, Buchen, Haselnüssen und dem Holtz-Obst zur hohen Wildbahn gehörig, und wir vernehmen, daß biß anhero Leute, solche Mastung eygenen Gefallens, ohne unserer Forst-Beambten Vorwissen auffzulesen, ja auch die wilde Obs- als Birn-Aepffel und Speierlings-Bäume, in unserer Wildfuhr umbhauen zu lassen, und an allerhand Schreiner-Arbeit zuverwenden, sich verkühnet, welches wir in keine Weeg gestatten kön-

nen. Als sollen unsere Forst-Beambte, und Forst-Bediente zu rechter gewöhnlicher Zeit solche Mastung verbieten, und vor das Wildprett hegen; Würde aber einer, oder der ander sich bey dem Forst-Ambt anmelden, und umb etwas an dergleichen Mastung zu lösen suchen, so seynd wir gemeint, ihnen auß Genaden, aber zu keiner Schuldigkeit etwas zuverstatten, und soll unser Ober-Forstmeister und Forst-Beambte Verordnung thun, damit an Ort und Enden, wo es ohne Nachtheil der Wildbahn geschehen kan, ihnen ein Platz angewiesen, und das andere dem Wildprett zum besten geheget werde. Im übrigem befehlend, daß sich niemand bey 5. Floren Straff gelüsten lasse, einige Aepffel-Birn-Speierling- oder dergleichen wilde Obsbäume in unserer Wildfuhr eygenen Gefallens fällen zu lassen, es wäre dann, daß wir solches auff sein gebührendes Ansuchen auß Genaden erlaubt hätten, und demnechst vom Forst-Ambt die ordentliche Anweisung geschehen wäre.

13. Es sollen auch die Forst-Beambte und Forst-Knecht alle Jahr, was vor Mastung hin und wider in deß hohen Ertzstiffts Waldungen sich zeigen, umb Jacobi und ferners von 14. Tagen zu 14. Tagen unserer Cammer und Forstambt fleissig anzeigen, damit sich bey Zeiten nach Schweinen umbthun, und auß den Waldungen ein Nutzen möge geschafft werden.

14. Weilen auch die unserige so wohl als angräntzende Unterthanen, sich deß Dax- und Marterfangens hin und wider, in unseren Wildbahn angemasset, und dardurch allerhand inconvenientien erwecket: Also sol hiemit solches alles, ernstlich, und bey 10. Floren Straff, so offt einer hierwider zu handlen betretten wird, verbotten seyn: Inmassen unsere Forstbediente fleissig darauff Achtung geben, und die Ubertretter jedesmahls gebührlich anzeigen sollen:

15. Da auch jemand auff Erlaubnuß, und Anweisung im Wald zu thun hätte, und einen Hund mit sich nehmte, der solle 3. Floren zur Straff erlegen, wobey jedermänniglich verwarnt werden, ihre Hund in ihrer Hoffraith an Ketten zuschliessen, und nicht frey lauffen zulassen.

16. Es begiebt sich auch unterweilen, daß etliche Wildpretts-Diebe Fallen und Selbst-Schüsse legen, das Wildprett damit zu fällen, welches keines wegs ohnbestrafft nachzugeben, so sollen unsere Forstbeambte alles Fleisses dahin trachten, damit die Ubertretter ergriffen, und nach Gelegenheit in Hafften gebracht werden, worauf sie dann uns die gantze Sach hinterbringen, und wegen der Abstraffung sich gemessenen Befelchs erholen sollen.

17. Weilen auch unseren Forstknechten und Förstern, welche hin und wider zu Vertilgung der Wölffe, Luchsen, Fisch-Ottern und dergleichen Raub-Thieren ihre Fallen legen, solche Fallen von leichtfertigen Leuten auffgehoben, und entfrembdet werden, als sollen unsere Forstbeambte solchen Fallen-Dieben fleissig nachforschen lassen, und so offt jemand auff der gleichen Diebstahl betreten würde, jedesmals umb 20. Floren abstraffen.

18. Nachdemmahln auch bißhero dieser Mißbrauch eingeschlichen, daß die Jäger und Förster ihres eygenen Gefallens Wildprett geschossen, und hin und wider unseren Beambten oder Kellern zu dem End heimlich, oder offentlich gegeben, damit sie ihre Bestallung desto schleuniger erhalten mögen; Als wollen und befehlen wir hiemit, daß solcher Unfug alles Ernstes, bey Verlust deß Dienstes und anderen willkührlichen Straffen, abgestellt, und vermitten bleibe. Gestaltsamen unsere Beambte und Bediente sich dißfalls zu hüten

wissen werden, damit sie keine Ursach dazu geben. Dahingegen sollen unsere Forst-Beambte ihre unterhabende Jäger, und Forstknecht zeitlich visitiren, und fleissig auff sie inquiriren, damit der gleichen Unbefugnussen und Mißbräuche abgeschafft, und hingegen ein jeder zu treu-gehorsambster Dienstleistung angewiesen werde.

CAP. III.
Von Verlassung deß Holtzes, bey dem Wald-Gedinge

1. Nachdemmahln wir verspühret, daß bißhero in unsern Waldungen, die hin und wider jährliche gehaltene Wald- oder Först-Gerichte, ein- und anderer Orten, nicht allein wenig gefruchtet, sondern auch, wider alle Zuversicht, zu unserer Wälder unersetzlicher Ruin, und höchstem Nachtheil außgeschlagen: Wir auch darüber bewogen worden, uns anderen Benachbarten Geist- und Weltlichen Fürsten dißfalls zu conformiren, als wollen und befehlen wir, daß dergleichen Wald- und Förster-Gerichte, in unserem gantzen Ertz-Stifft, insonderheit aber im Spessart, abgeschafft, cassirt, und forthin auffgehoben: Hingegen jährlichen zween Schreibtäge in unseren Aembtern gehalten, und im Früling auff Petri Cathedra, im Herbst aber auff Michaelis gelegt werden sollen; Bey welchen Schreibtägen jederman, auff sein Anmelden, die Nothdurfft an allerhand Holtz, umb billigen Preiß angewiesen werden solle, und werden unsere Forstmeister und Beambten, sich der Täge, jedes Orts zuvergleichen wissen: Jedoch daß es denen Gemeinden zu jeder Zeit 8. Tage zuvor, in allen Städten und Dörffern auff dem Rathhaus, oder in den Dorfschafften, auff der Cantzel, offentlich verkündet werde, mit dem Anhang, wer sich auff denselben Tag nicht einstellete, daß deme hernacher nichts geschrieben werden solte; Doch hat ein Nachbar dem anderen Vollmacht auffzutragen, sich deßwegen anzugeben, und die Gebühr zuverrichten: Und ist im Schreiben von denen Ober-Forstmeister, und Forst-Beambten diese Ordnung zu halten, daß die Rechnung nicht confundirt, sondern die Capital ein Jahr wie das ander geführet werden: Es wäre dann, daß bey Abhörung der Rechnung sich ein Mangel befinden, welcher zu verbessern wäre, auff welchen Fall, nach unserer Cammer-Ordnung die Forst-Register und Rechnung anzustellen.

2. Die Anweisung betreffend, sol der OberForstmeister, und Forst-Beambte einen gewissen Tag dazu bestimmen, und wer sich nicht einstellet, auch einem andern keine Vollmacht aufftrágt, dem soll auch dasselbe halbe Jahr, ob er gleich geschrieben, nichts angewiesen werden, und sollen die Forstmeister und Forstbeambte, so viel müglich, selbsten bey der Anweisung seyn, sonderlich aber keine Bäume ohne ihr Beyseyn zeichnen lassen, noch es denen Förstern allein zu verrichten aufftragen; Jedoch wann unsere Forstbeambte und Bediente befinden werden, daß ausserhalb den Schreib- und Anweisungs-Tägen, etwas zu unserem Nutzen zuverlassen wäre, sollen sie dahin sehen, daß solches in dem nechsten Waldgeding bezahlt, auch bey der Holtz-Außlassung, die Stöck mit dem Wald-Eysen gezeichnet und geschlagen werden.

3. Daß es auch mit dem Holtzkauff recht zugehe, so sollen die Leute alle auff einen Tag, und auff dem Forst, darunter sie gehören, beschieden, und der Kauff, wo müglich, allzeit in Beyseyn der Forstbeambten, nach jedes Orts anbefohlener Anstalt gemacht werden.

4. Es sollen unsere Forstmeister und Beambte dahin bedacht seyn, daß sie auff die angesetzte Zeit, es sey gleich im Schreiben, Anweisen, oder Abzehlen, gewiß erscheinen, und die Unterthanen nicht vergeblich warten, noch ihre Arbeit versaumen lassen: Fielen ihnen aber andere nothwendige Sachen und Hinderungen vor, so sollen sie solches denen Unterthanen zeitlich zuerkennen geben, und einen anderen gewissen Termin ernennen.

5. Nachdem man auch befindet, daß das unordentliche plätzige Hauen, so in den Wäldern hin und wider geschicht, Schaden bringet, dann solche Oerter und Plätze zu keiner Heeg gebracht werden können, auch der Wind desto ehender einbrechen, und Schaden thun kan, der entwegen dann ordentliche Gehäw und Schläge angefangen werden müssen; So sollen demnach nusere Forstbeambte über solcher Ordnung dergestalt halten, daß dieselbe Gehäwe also angestellt werden, damit es der Wildbahn und männiglich an hergebrachter Huet und Trifft, so viel müglich, unschädlich sey.

6. Ob nun wohl ausserhalb den ordentlichen Waldgedinge nichts anzuweisen, so ist doch solches auff zutragende Nothfäll nicht gemeinet, sondern wann durch Feuers-Brunst, oder grosse Wässer Schaden geschicht, die Mühlwehr, Brücken und Steeg, weg-gerissen werden, oder sonst an Berg-Mühl- und Hammer-Wercken, die Wellen und anders zerbrechen, so sollen nusere Forstbeambte schuldig seyn, jedesmahls auff Anlangen, in dergleichen Fällen mit Vorwissen unserer Cammer, denen Unterthanen gegen gebührende Zahlung außzuhelffen, und sie anzuweisen, und solches ebener massen zu Register, und Rechnung zu bringen, auch alsdann unserer Cammer bey ihren Pflichten davon Bericht zu thun.

7. Da Genaden-Holz verwilliget würde, sollen unsere Forstbeambte dieses wol in acht nehmen, daß die verwilligte Stämme an solchen Orten angewiesen werden mögen, daß es dem Gehölz, insonderheit der Wildbahn ohne Schaden sey.

8. Weilen auch bey jeder Kellerey-Rechnung die darin gehörige Forst-Rechnung mit bey-gebunden wird: So soll darbey jedesmals das auß Genaden geschenckte Holtz, mit unseren Original-Befelchen belegt werden.

9. So sollen unsere Forst-Beambte und Forstbediente, dahin ihr Absehen haben, wo Holtz verkaufft wird, an welchem unsere Unterthanen ihre Nahrung suchen, und ihr Gewerb damit treiben, daß solches billich ihnen, vor Außwertigen in jedem Ambt und billichen Preiß gelassen und gegönnet werde.

10. Auff die Schneid- und Brett-Mühlen, so wol auch auff die Eisen-Hämmer, soll nicht mehr angewiesen werden, als die Wälder ertragen können: Wie dann unsere Forstbeambte in allen Sachen dahin sehen, und gedencken sollen, weil ihnen die Gelegenheit der Wälder und Gehöltze am besten bekant, sie auch mit ihren unterhabenden Forstknechten dieselbe täglich bereiten, und damit umbgehen, daß so wol bey dieser, als anderen Anweisungen, uns eine immerwährende beständige Holtz-Nutzung, dem Land zu Conservation der Gebäu ersprießlich, und eine beharrliche Feuerung, von Jahren zu Jahren, jetziger und künfftiger Zeit, denen Nachkommen bleiben, und folgen möge, und solches bey den Anweisungen in acht nehmen, daß die Gehöltze über den Ertrag nicht angegriffen werden, wie wir sie dann ihrer Eyd und Pflichten dißfalls ernstlich erinnert haben wollen.

11. Weil auch in den Floßschlägen, und wo Bauholtz gefället, viel dürres

Reißholtz, Späne, Abgänge und Affterschläge liegen bleiben, so sollen unsere Forstbeambte jedes Orts dahin fleissig sehen, damit solcher Abgang allezeit dem jungen Nachwuchs zum besten hinweg geraumet werde.

12. Alles das jenige Gehöltze, was auff jedem Waldgeding und jedem Forst, oder Ambt verkaufft, oder auff unsern Befehl, auß Gnaden, oder an Gelds-statt vergeben wird: Darüber sollen die Forstbeambte und Keller dreyfache Register eines Lauts halten, und darinnen richtig beschreiben, an welchem Ort, auch wie theur ein jedes nach Stammen, oder sonsten verkaufft sey, als-dann von Forstbeamten und Kellern unterschrieben, und gesiegelt ein Exemplar zu unserer Cammer übergeben, das ander im Forst-Ambt, und das dritte bey der Kelleren zur Nachricht beygelegt werden, und soll auch jeder Forstknecht, was auff seiner Refier verkaufft, oder sonst vergeben wird, vor sich auffzeich-nen, und zu seiner Verwahrung beylegen.

13. Damit auch hinführo bey allen Waldgedingen, und Anweisungen gute Richtigkeit erhalten werden möge, so solle unsere Cammer einige neue Wald-Eisen verfertigen- und dieselbe nach Außtheilung unsers Ober-Jäger- und Forst-meisters, hin und wider auff unsere Kellereyen verwahrlich legen lassen: Wann nun Waldgeding angestellt, auch sonsten extraordinari Anweisungen vorge-nommen werden, so sol auf Abfordern dem Forst- oder Wildmeister, Ober-Jäger, oder Ober-Förster, oder weme es von unseren Ober-Forstmeister in eines oder deß anderen Abwesenheit auffzutragen für gut befunden wird, das Waldeisen auff seine Pflicht zugestellt werden, welches er bey seinen Ver-richtungen in Beyseyn eines von unseren Unterbeambten dergestalt gebrauchen sol, daß wann er Waldgeding und Anweisung verrichtet, er alle und jede Stöck, von welchen der Baum abgehauen, und abgegeben worden, bezeichnet und vermerckt. Wann nun die Anweisungen ihre Endschafft erreichet, so soll der Forstbeambte, oder Bediente das Wald-Eisen, so bald er wieder nach Hauß kombt, zur Kelleren wieder bringen, und in des Kellers Angesicht versiglen: Welches alsdann wieder beygelegt, und auffkünfftig ferner bedürffen, ihme also wieder zugestellt, und damit jederzeit, biß auff fernere Verordnung also verfahren werden solle.

14. Und endlich über dieses alles, soll sich ein jeder Forstknecht, seinen Pflich-ten gemäß verhalten, das Geringste nicht, ohne deß Forstmeisters und Be-amtten Vorwissen, über beschriebene Anordnung, ohne sonderbahren schrifft-lichen Befehl verkauffen, noch anweisen: Gestalten dann diese Ordnung hin-fürter jederzeit allen Forstknechten bey Haltung deß Waldgedings zweymal im Jahr ordentlich, bey Vermeidung ernster Straff und Einsehens, sich darnach zu halten, solle vorgelesen werden.

15. Damit auch diese unsere Ordnung desto richtiger in acht genommen, und allerseits Betrug und Arglist vermieden bleibe, so wollen wir, daß durch das gantze Ertz-Stifft in jedem Ambt 2. 3. oder gar 4. Zimmerleute bey den Schreib-Tägen angenommen, auch von dem Forst-Ambt würcklich beaydigt, also, daß bey dem Waldgeding geschriebene und angewiesene Bau- und ander Haupt-Holtz, von niemand anders, als solchen beaydigten Zimmerleuten solle gefällt werden.

16. Es sollen auch unsere Forst-Beambte ein wachtsames Aug darauff haben, wo etwa einige Bergwerck, von Eisen, Kupffer und dergleichen Mine-ralien zu erfinden wären, und solches gleich so bald an uns, oder unsere Cam-mer berichten.

CAP. IV.
Was bey Verlassung Holtzes, und jeder Gattung in acht nehmen.

1. Vor allen Dingen haben unsere Forst-Beambte in acht zunehmen, daß an Ort und Enden, wo das junge Gewüchs durch einander stehet, und eins vor dem andern nicht fortkommen kan, sondern verdürbet, die Lattenstangen, Hopffenstangen, Eichene- und Bürckene Reiffstangen, und dergleichen herauß genommen, zu Nutzen gebracht, und dem übrigen Holtz und Stangen zum Fortwuchs gelüfftet und Raum gemacht werde.

2. Alles dasjenige, was zu Schiff-Bau-Zaunstecken-Pfäl-Tauben, Schindelholtz und dergleichen, wie es Namen haben mag, angewiesen wird, soll von Bergen zu Bergen, nach der Reihe und Ordnung, vornemlichen aber das liegend, es sey weit, oder nahe, und alle die Stämm, sie seyen grün oder dürr, mit dem Waldzeichen beschlagen werden.

3. So sollen auch unsere Forst-Beambte und Forst-Bediente, bey Außgeb- und Anweisung des Holtzes zusehen, daß kein Schiff-Bau-Pfäl-Tauben- oder Werckholtz ins Kohl- oder Brennholtz gehauen werde.

4. Mühlwellen, grosse Träger, Fischträge, Bloch-Bäume und andere Haupthöltzer, sollen bei der Anweisung Pflichtmässig taxirt, und nach Befindung angeschlagen werden.

5. Trüge sichs zu, daß ein solcher geschätzter Baum umbschlüge, Hohl und nicht Kauffmanns-Gut wäre, daß er, worzu er angewiesen, nicht zugebrauchen, und der Kauffer daran Schaden leiden müste: So sollen ihme von unseren Forstbeambten andere Bäume gegeben werden: Die umbgeschlagene Bäume aber, soll der Kauffer auch umb einen billichen Preiß, und wozu sie am besten dienlich behalten: Doch wo es im Kohl- oder Floß-Gehäu, wollen wir die verdorbene Bäum sonst vertreiben lassen.

6. Zu wünschen wäre, daß unsere Unterthanen ihre Häuser mit Ziegeln decken, und dadurch der Schindel-Bäume verschonen könten, zumahlen solche Schindel nicht gar lang ligen, sondern in kurtzen Jahren abgehen: Wie wir dann den jenigen, welchen auß unsern Wäldern Schindelholtz umbsonst zugeben, Holtz zum Ziegelbrennen ohne Bezahlung folgen lassen wollen.

7. Vor den Köhlern her soll alles Nutzholtz zu Tauben, Felchen, Pfählen, Fensterrahmen und anderen Sachen, wie es Namen haben mag, dienlich, zuvor herauß gehauen, und keine Obs- und Frucht-tragende Bäume, als Eichen, Depffel, Birn, Kirschen, Castanien, Speyerlings-Bäume abzuhauen gestattet werden.

8. Nachdem sich auch befindet, daß in Hauung des Holtzes vielmals Vortheil gesucht wird, welches nicht allein bey dem Floßholtz geschicht, sondern auch wol andere Leute, so Holtz umbs Lohn hauen lassen, von den Holtzhauern schändlich betrogen werden, indeme sie die Klafftern nicht gebührender massen machen, oder nach Vortheil legen, so sollen unsere Forstbeambte und Forstknechte, auch Flösser, hierauff genaue Auffsicht haben, die Holtzhauer zur Schuldigkeit annahmen, in befundener Widersetzlichkeit aber, sollen die Verbrecher nach Außweisung unserer Buß-Ordnung, unnachläßlich gestrafft werden.

9. Die Gehäw zu den Flössen, sollen unsere Forst-Beambte also anstellen, daß der Floßmeister und Flössere, und die Holzhauer, nicht allein das nahe am Wasser, sonder auch das abgelegene Holz, und also eins mit dem andern zugleich hauen lassen, damit unser Nuz in allem treulich gesucht, und Schaden und Nachtheil verhütet werde.

10. Auch sollen die Strich nach der Wasser Beschaffenheit, auff beyden Seiten also eingetheilt werden, daß mit dem Einwerffen und Abflössung keine Hinderung vorfalle, welches dann die Forst-Beambte allezeit selber besehen, und die Abtheilung drauff machen sollen.

11. Und weil hieran mercklich hoch und viel gelegen, daß das Schlag- und Bauholz zu rechter Wädelszeit gehauen werde, so sollen unsere Forst-Beambte und Forstknechte dahin bedacht seyn, daß berührt Gehöltze zu Frühlingszeit in den Monaten Hornung, Merzen und Aprill, zur Herbstzeit aber im Herbst- und Wein-Monat, und so viel müglich, jedes Holzes Art nach zu rechter Wädels-zeit, wie oben gemeldet, gehauen, das junge Schläge geraumet, und auff jedem Morgen 16. Heeg-Reiser stehen gelassen werden: Gestalten wir diese Ordnung in allen unseren und des Erzstiffts, wie auch anderer unser Schutzverwandten und Unterthanen Eigenthümlichen und Lehen-Wäldern, also genau observirt und in acht genommen haben wollen: Wie dann auch die jenige Leute, so Holz angenommen, und schlagen lassen, dasselbe jedesmahls von Pfingsten ab- und zu sich, oder an andere Ort führen sollen, da es den jungen Schlägen unschädlich seyn möge, bey Vermeydung in der Buß-Ordnung vermeldter Straffen.

12. Würde auch einer, oder der ander bey dem Abzehlen befunden, daß er mehr Holz gehauen, als er einschreiben lassen, dem soll solche Ubermaß abgenommen, und in andere Wege der Herrschafft zu gutem, in gewöhnlichem Preiß verkaufft werden, und er das Hauerlohns verlüstigt seyn.

13. Nachdeme auch die Holzhauer sich unterstehen, jedesmals wann sie heimgehen, ein Stück Holz, oder Feyerabend, wie sie es nennen, mit sich zu nehmen, wordurch allerhand Parthiererey getrieben wird, dieweil sie nicht allein die beste Scheid, sondern auch Nuzholz mit sich nehmen: So sollen solches die Forstknechte keines wegs gestatten, sondern ernstlich verbieten und abwehren, die Verbrecher auffzeichnen, damit dieselbe der Gebühr nach gestrafft werden können: Jedoch mögen die Holzhauer etwas von dürrem Holz aber im geringsten nicht von frischabgehauenen Holz mit sich nehmen.

CAP. V.
Von Maaß und Messung, so bey Verlassung des Holzes zugebrauchen.

1. Das Brenn- oder Floß-Holz betreffend, sollen die Scheid 3. 4. Nürnberger- oder mehr Werck-Schuhe, nachdem es sich flössen läst, geschnitten und gehauen werden.

2. Auff einen Morgen Holz sollen Einhundert, und Sechzig Ruthen gezehlt werden, und jede Ruthen 18. Merckschuhe lang seyn.

3. Nachdem auch beym Auß- und Nachmessen vielmal grosser Betrug vorgehet, so soll allemal solches durch den geschwornen Nachmesser in Beyseyn der Forstbeambten geschehen.

4. Welche Leute ihr geschriebenes Holtz schlagen lassen, die sollen beß Abzehlens halber zeitlich vor hero auff einen gwissen Tag, sambtlichen auff einmal beschieden werden, und wer sich darauff nicht einstellet, oder keinen Vollmächtigen abschicket, dem soll das Holtz verbotten, und so lang auffgehalten werden, biß er die bey der Buß-Ordnung benannte Straff erlegt.

5. Wann abgezehlet wird, so sollen unsere Forst-Beambte, einen jeden Abzehler (wozu aber keiner, so nicht in Pflichten, gebraucht werden sol) die Klaffter-Holtz, und die Scheit-Länge zustellen, und daß er sich darnach richte, und seine Pflicht treulich in acht nehme, erinnern.

CAP. VI.
Von der Holtz-Gerechtigkeit.

1. Demnach auch verschiedene Oerter unsers Ertz-Stiffts hergebracht, daß sie in der Wochen ein, oder mehr gewisse Täge in den Wald zugehen, und das dürre Holtz auffzulesen befugt seynd: So sollen sie auch nach jedes Orts Gelegenheit, wo sie es wol hergebracht, bey solchen Tägen gelassen, und ihnen das Holtzlesen gegönnet seyn: Ausser solchen Tägen aber, sol sich niemand betretten, viel weniger frisch Holtz abzuhauen gelüste lassen: Würde aber jemand betretten, so hierwider handelte, der sol gepfändet, und über das gewisse Pfandgeld, welches dem Forstknecht gehört, nach unserer Buß-Ordnung, auch nach Gelegenheit der Sachen härter bestrafft werden.

2. Imgleichen seynd auch etliche Städt- und Dorffschafften berechtiget, daß man ihnen zu ihren Zäunen, Stickhel und Zaunstecken geben muß, dieselbe sollen von den Forstbeamten mit Ernst dahin gewiesen werden, daß sie an denen Orten, wo es müglich ist, und gewüchsige Dorn vorhanden, sich auf selbst wachsende lebendige Zäun befleissigen, und dieselbe erziehen, damit man hernachmals, wann solche erzogen, mit Abgebung der Stickhel und Zaunstecken verschonet werden möge.

3. Und weilen man auch den jenigen, so Wald-Röder annehmen, Pflöck- und Rigelstangen, ihre Wald-Röder damit zu verwahren, zum Anfang zugeben pflegt, so ist doch solches ein- für alle mal zuverstehen, und weiter nicht zu extendiren: Wir erfahren aber mit Befremdung, daß solche Leute sich unterstehen, dergleichen Pflöck, und Rigelstangen auff den Winter zum Feur-Holtz zu hauen und zuverbrennen, und begehren auff den folgenden Frühling frisches; worduch dann dem Gehöltze grosser Schad geschicht, welches wir keines wegs weiter gestatten, noch zulassen, sondern nach unserer Buß-Ordnung bestrafft wissen wollen. Hingegen wir uns dahin erklären, daß, wo einer oder der ander deren bedürfftig, und die alte Pflöck und Rigelstangen wären sichtiglich faul und mürsch, also, daß sie länger zu stehen nicht vermöchten, und sie sich zu rechter Zeit anmelden würden, so sollen die Forst-Beambte dem Knechte, unter welchen es gehörig, anbefehlen, daß er ihnen wieder ander dergleichen Holtz umb leidentliche Bezahlung, die sodann gebührlich zuverrechnen, anweise und abfolgen lasse.

4. Wo aber das Zaun- und dergleichen Holtz zugeben nicht abzuwenden, sollen unsere Forstbeamte dahin sehen, und es reichen lassen an dem Ort, wo es dem Forst am wenigsten Schaden bringt; oder wo Bauholtz, Blöcher und

Floßholtz geschlagen wird, die Äste von solchen Bäumen darzu anwenden, auff daß in allem, wo nur müglich, das stehende Holtz verschonet werden möge.

5. Demnach auch unsere Unterthanen die ihrige in den Wäldern gelegene Wiesen, zu Abwendung der wilden Pferden mit vielem Holtz vermachen, daburch gar zu grosser Schad geschicht; Als sollen unsere Forstbediente fleissig Achtung geben, damit man bey solchem Verhauen aller Müglichkeit nach mit dem Holtz sparsamb umbgehe, und dem Wildpret insonderheit kein Schad barburch geschehe.

6. So sollen auch die jenige, alle und jede, wes Stands die auch wären, so Gerechtigkeit von Holtz in den Wäldern haben, sich keiner selbst eygenen Anweisung unterfangen, bey Verlust der Gerechtigkeit.

7. Denen jenigen, welchen vermög deß Herkommens jährlich ein gewisses abgefolgt wird, soll es hinführo ferner gegeben, aber dabey dahin gewiesen werden, daß solches nicht verkaufft oder verparthiret, sondern zur Nothdurfft dazu es verordnet, angewendet und verbraucht werde; Würde aber jemand sich hierüber betretten lassen, der soll ebenmäßig seiner Gerechtigkeit verlüstigt seyn, auch nach Beschaffenheit der Sachen, mit ernstlicher Straff angesehen werden.

8. Nachdem wir auch vernehmen, daß theils Hoff-Bauren, wann sie die Wasser und Gräben, dem Wießwachs zum besten raumen, die Erlen und ander dabey wüchsiges Holtz auffhauen, und solches zu ihrer Feuerung brauchen, auch gleichsamb vor eine Gerechtigkeit zu haben anziehen wollen, das in den Schlägen ihnen angewiesenes Holtz zu Marck führen, und verkauffen, welches gantz nicht zuverantworten, noch weiter zugestatten, so soll zwar denen Hoffbauern unverbotten, und ihnen die Wiesen und Gräben, auch an solchen Orten, da es der wilden Fischerey unschädlich, zuraumen, vielmehr gebotten seyn, jedoch daß das sie dabey stehende Holtz rein auffraumen; würde einer, oder der ander hierwider handlen, der soll mit der in unserer Buß-Ordnung angesetzten Straff angesehen werden.

9. Alle unsere Unterthanen, auch diejenige, so auff unsern Höltzern einige Gerechtigkeit haben, es sey in Jagten, Trifften, Holtzung und wie es Namen haben mag, sollen verbunden seyn, da durch Gottes Verhengnuß Feuersbrunst in denselben entstünde, und sie von unseren Forstbeamten umb Rettung angeruffen würden, nicht allein gebührende Folge zu thun, sondern auch da einer oder der ander eines solchen Feur-Schadens, ehe als unsere Beamten innen würden, solches alsobald den nechst gesessenen unseren Ambts- und Forsts-Bedienten eilfertig zuwissen machen. Vor sich aber, neben allen denen Personen, so er fähig und mächtig seyn kan, dem Feuer zulauffen, und so viel müglich, retten und löschen, und sich hierinnen als ein Pflichtschuldiger Unterthan und treuer Nachbar verhalten, welches wir dann hinwiderumb mit sonderen Genaden erkennen wollen: Solte aber bey solcher Noth, einer oder anderer Hand von uns abziehen, und vorsetzlich nicht zu hülff kommen, denen jenigen soll die Gerechtigkeit, so er oder sie auff unseren Wäldern haben, gäntzlich gesperret, und sie deren nach befundenen Umbständen gantz verlüstigt seyn, sie seyen gleich unter uns, oder Frembden gesessen.

CAP. VII.

Worfür sich Forstbeambt- und Bediente bey Verlassung des Holtzes insonderheit zu hüten, und was sie in acht zu nehmen.

1. Die Forstbeambte und Forstbediente sollen sich in dem gantzen Forstwesen, keines Schenckens, Erlassung an Gelt, oder Holtze, das geschehe gleich unter welchem Scheines wolle, unterfangen, sonder dieser Ordnung richtig und pflichtmässig nachgehen, und stehet bey uns, welchen wir vor uns, von unsers Ertzstiffts Gehöltz Genad einige erzeigen wollen, oder nicht.

2. Es soll auch ohne unserer Forstbeambten Vorbewust und Bewilligung kein Bauholtz, Nutzholtz, Kohlen und anders, wie es Namen haben mag, zuhauen verstattet werden, es haben dann die Forstknechte solches zuvor im Forstamb angezeigt, oder sey sonsten unser eigener, oder unserer Cammer Befelch deßwegen vorhanden, damit alles ordentlich zu Register gebracht, und Unrichtigkeit vermieden werde.

3. Es soll auch an Dienst- und Beschied-Holtz ein mehrers nicht, als einen jeden in seiner Bestallung verordnet, ausser unserer ferneren Special-Ordnung angewiesen und geschlagen werden.

4. Die Forstknechte sollen die Schreibpfenning, und Stammgeld nicht zuvor sondern zu Verhütung Irrthumbs, und Untreu, nach der verschreibung, und Anweisung zu sich nehmen auch mit Ubernehmung, und schatzung der Leut mit Schreib-Stam: Und Anweiß-Gelde, über die Gebühr nicht geschritten werden, deß gleichen Zehrungen auff dieselbe zubringen, und annehmung Geschencks, hiemit gäntzlich verbotten seyn.

5. Der Burgerschafft, und Handwerckern in Stätten, soll so viel ohn Nachtheil der Wildbahn, und Veröbung der gehöltze geschehen kan, insonderheit zu ihrer Burgerlichen nahrung des Brauens, zum Handwerck, Haußhaltung, und gebäuen nothürfftig Holtz gelassen werden, damit auß Mangel deselben die allgemeinen Nahrung nicht in Abfall kommen möge:

6. Demnach etlichen Unterthanen, auch wol außwendigen ihr Bau- und Brennholtz in geringem Anschlag, teils auch umbsonst gefolget wird, dabey e auch nachmals sein bewendten hat: So haben unsere Forstbeambte insonderheit darauff zusehen, daß solche Gnad nicht Mißbraucht werde, In deme sie solche Holtz zum Marck führen, auffs theuerste verkaufen, und hernachmahls mit verbotten zugreiffen, mit Brennholtz wider versehen.

7. Ebener massen sollen die Gebäu, worauff dergleichen Gerechtigkeit ge folget wird, wann etwas da zu begehrt, jedesmahls von unseren Forstbeamt besichtiget, die nothurfft Ermessen, und darauff die Anweisung geschehen, dabe aber dahin gesehen werden, das aller Uberfluß, ungebührlicher Vortheil und Parthiererey vermieden bleiben möge: Solte sich auch Jemands dergleiche ungebührlichen Vortheils unternehmen, so wollen wir nach Erfahrung be gestalt verfügung thun, daß die Verbrecher der Gebühr, und befindung der um stände nach gestrafft, dergleichen Holtz-Gerechtigkeit von unserer Renth Camm gar eingezogen, und ins künfftig nit mehr anzuweisen befohlen werden sol Wobey wir unsere Forstbeambte ernstlich Erinnern ein wachsames Aug darau

zuhaben, damit unsere Unterthanen, bey auffbauung ihrer Häuser, daß unterste Stockwerck, oder doch etliche Werckschuhe hohe mit Mauerwerck, auffführen sollen.

CAP. VIII.
Von Hegung des Holtzes.

1. Diejenige Höltzer so am Wasser gelgen, und zur Flösse zu gebrauchen, die sollen unsere Forstbeambte schonen, und biß zur rechter Zeit verwachsen lassen.

2. Wann die Schreibtage, und anweisung fürüber, so sollen die Forstbediente bey den Leuten dran seyn, damit sie mit dem Holtzschlagen deß nechsten fortfahren, und die Wälder zu rechter Zeit wider gerauwmet werden.

3. Nach dem Anweisung geschehen, soll den Leuten aufferlegt werden, daß erkauffte angewiesene Holtz in 2. Monatsfrist nach der Anweisung, bey Verlust desselben Holtzes, vom Stamm zuschlagen, auch mit dem Reissig, und allem abgang auß dem gehöltz, und Wäldern zuschaffen: Vnd wann die Käuffer fürwenden würden, daß sie in solcher frist, nicht Furleut erlangen könten, so soll ihnen verstattet werden, daß selbige nach gelegenheit der Höltzer, in einer nahmhafften Frist, welche ihnen gesetzt werden soll, vor die Wälder, und Gehöltze, an die Oerter da es nichts schaden thut, zuverschaffen; So auch jemand Bäume, oder Stamm-Holtz anweissen lisse, und dasselbe nicht vor dem nechsten Waldgeding hauen, und auß dem Wald schaffen würde, der soll solches Holtz nicht allein bezahlen, sondern auch desselben gäntzlich verlustigt, und es uns heimbgefallen seyn.

4. Sol niemand in den jungen Gehäuen unter 4. Jahren, ehe solches wider in die Höhe gewachsen, mit Sicheln zu grasen verstattet, sondern da Gräser darüber angetroffen würden, dieselbe gepfändet, und gestrafft werden.

5. Es sollen auch die Forstknechte niemands, in die Wälder, Heege, oder Schläge, weder mit Pferden, Rind Viehe, Schaffen, Geissen, noch anderem Viehe, das Schaden thun mag treiben oder hüten lassen, es sey dann wissentlich vergönnet, und daß jung Gehöltz wider bestanden, und zwar mit dem Rindviehe nicht vor 6. vollen Jahren, dem Schaffviehe aber 4. Jahren, wo aber das Gehöltz nicht sonders wüchsig, sol, nach dem jedes Ort am Auffwachs zufinden, auch noch länger, biß das Viehe keinen Schaden mehr thun, oder die Gipffel erreigen kan, nicht in dem Gehäu gehütet werden; Wo aber die Unterthanen, als arme Leut, den Wäldern, und Höltzern so nahe gesessen, daß sie deren mit ihrem Viehe nicht entbehren, noch dieselbe meiden könten, auch vor Alters das Trifft Recht darinnen gehabt, und noch haben denen sol dannoch nicht verstattet werden durchauß an alle Ort zutreiben, sondern es sol ein jeder Forstknecht, nach Gelegenheit der Wälder, und deß Gehöltzes den armen Leuten, jedoch mit Vorbewust der Forstbeambten, sonderliche Ort anweisen, da sie ihres Viehes hüten, und dasselbe ernehren mögen, doch in keinen jungen Schlägen, oder Gehägen, damit daß junge Gehöltz wider über sich kommen möge, bey Straff in unserer Buß-Ordnung angesetzt, so jemands darinnen betretten wurde. Die Ambts- oder Forstbediente sollen sich auch, selbst hüten, daß sie ihr Viehe, an der gleichen, und andern verbotenen Orten nicht weiden lassen, damit wir nicht Ursach haben, sie, gleich anderen, von berührter Waldweit außzuschliessen, und vor den gemeinen Hirten zuweisen.

6. Imgleichen sollen auch die Knechte weder vor sich, noch anderen gestatten neue Waldröder zuzumachen, und was allbereit gerotet ist und nicht zinßbar, mit gewisse Zinsen belegt, und besteint, auch nachmahls dem Ambt zur Nachricht, und künfftig getreulicher Berechnung angezeigt werden.

7. Die gesunde fruchtbare Bäume sollen auff den jungen Schlägen, und darneben auff jeden Morgen, wie oben vermeldet, 16. Heegreiser von Eichen, und Buchen, darunter aber sonderlich das Eichene Holtz, so viel zum geraden Fortwuchs dienlich, stehen bleiben, Was aber oben in Wipffeln trucken, und dürr, und am Stamm hol wird, weil es von Jahren zu Jahren abnimbt und endlich gar niderfält, mit weg gehauen, und was an Handwercks-Holtz daran noch tüchtig, außgehauen, und das übrige zu Brennholtz geschlagen werden: Wie dann die Forstbeambte, und Forstknechte, so solche Heegreisser außhauen und stehen lassen sollen, welche so starck seyn, daß sie von Schnee, und Wind nicht untergetruckt werden können. Ebenmässig sollen auch die junge Schläge wol in acht genommen, damit weder Zaungärten, Lattenstangen, Hopffen- oder Reiffstangen darauß gehauen, und die Berg dardurch schändlich verderbet werden.

8. Nachdeme auch unsere Stiffter, Klöster, Städte, die Bauren, und Gemeinden in den Aembtern ihre eigene Gehöltz, so an, und in unserer Wildbahn gelegen, nicht allein zu ihrem, und ihrer Nachkömbling grösten Nachtheil, und unwiderbringlichen Schaden, sondern auch zu mercklichem Abgang unserer Wildfuhren, bißhero übermässig, und unpflegliche verhauen, und verwüstet; So wollen wir daß sie hinführo so viel deren an-oder in der Wildbahn gesessen, und deren Güter daran, oder darinnen gelegen, forder anderer Gestalt, nichts hauen, dann allein was sie zu ihren Gebäuen, und Feuers Notturfft vor ihre Haußhaltung gebrauchen, mit dem Verkauffen aber mit Vorwissen der Ambs-Personen und Forstbedienten handlen, welche ihren Pflichten nach erwegen sollen, was einem jeden, nach Gelegenheit seiner Gehöltze zuverkauffen zugelassen werden möge. Damit der wildbahn und Trifft kein Schade zugefügt werde: Würde aber jemand darwider zuhandlen gelüsten lassen, der sol die in der Buß-Ordnung benambte Straff, ohnnachläßlich erlegen.

9. Da auch jemand Schlagholtz hette, sol demselben zugelassen sein, dieselbe in ordentlichem Gehäu zuvertheilen, und zu seinem besten zugebrauchen, damit nicht alles auff einmahl verwüstet werde, sondern die Nachkommende auch etwas finden mögen.

10. Gleicher Gestalt sollen auch unserer Stiffter Clöster, Städten, und Gemeinden Gehöltzer in guter Heegung gehalten, und nicht verstattet werden, dieselbe zuverhauen, noch solche mit Grund und Bodem unter sich zuvertheilen, sondern dieselbe spahren, damit sie auff die Nothfäll, da nach Gottes Verhängnuß, Brand, Wasser- und andere Schäden sich zutrügen, Hülff und Ergetzung haben mögen.

11. Alle, und jede unsere Stiffter, Clöster, Städte, Unterthanen und Gemeinden, so Gehöltz unter uns ligend haben, sollen schuldig seyn, sich alsobald nach Verkündigung dieser unserer Forst-Ordnung eines oder mehr Förster, Gemeind- oder Fluhr-Knechte unter ihnen, entweder umb eine ziemliche Belohnung, oder auff dem Wechsel, und Umbgang, wie sichs am

fügligsten schicken wil, oder sonsten hergebracht, uber gemelte ihre eigenthümliche Holtzung zuvergleichen, und den-oder dieselbe ihre Bestellte, oder erwehlte Förster, Jährlich, entweder umb Michaelis, oder Lichtmeß denen Forstbeambten vorzustellen, damit sie den oder dieselbe, an unser statt in Pflichte nehmen, und ob dieser Ordnung, auff bemelten ihren anbefohlenen Höltzern, alles mit getreuem Fleiß, und wie sichs gebührt zu halten, und die Verbrecher jedesmahls bey dem Forst-Ambt zugebührender Straff anzuzeigen ernstlich Erinnern können.

12. Und nach deme unsere Neben-Stifftern, Prelaturen, und Clöster, hin und wider ihre Höltzer unpfleglich gebrauchen, und verwüsten: Alß sollen sie fürters hin ohne vorwissen unserer Forstbeambten nichts verkauffen, auch ihr Brennholtz auff deren Anweisung, also hauen, damit die gehöltze in guter besserung, und nicht alles auff einmahl verwüstet werden, sondern denen successoren auch was bleiben möge.

13. Wo schlag Höltzer an Feldern und Gütern gelegen soll allezeit, wann dieselbe abgetrieben werden, der Eck, oder Marckbruch an Feldern, oder anstossenden Gütern stehen bleiben, damit von den angräntzenden dieselbe nicht geschmählert, und uns daran Schaden zugefügt, und also die grosse Bäume geheget werden.

CAP. IX.
Von Köhlern.

1. Die Köler sollen auch ohne Anweisung zumahlen kein Holtz außhauen, noch eigenen gefallens ein-oder andern Orts einlegen, und selbst anweisen: Und haben unsere Forstbeambte ihnen bey der anweisung mit Ernst einzubinden, daß sie das Feur wol in acht nehmen, solches in trucknen Zeiten nicht lauffen lassen, nach unseren Waldungen und gehöltze schaden damit thun: Solte es aber (wofür uns GOtt genädiglich behüten wolle) geschehen, daß sie alsdann nach Umbständen der Sachen an Leib, und Leben gestrafft werden sollen.

2. Sie sollen auch an wüchsigem gesundem Holtz keinen schaden thun, sonder gewiesen werden, an die in den gehauen überbliebene Affterschläge, alte, gefallene, ungesunde, Krumme, kurtz, und strüppige, Knörrigebäum, Windfäll, und was auff dem Stamm außgetrucknet, und nicht mehr fortwachsen kan, und alles was Keil helt, mit einschlagen, einen Ort nach dem anderen Raumen, damit die Eichen-Buchen, und andere Wälder widerumb in guten wachs kommen. Alles bey straff in unserer Buß-Ordnung gemeldet.

CAP. X.
Von Schmirbrenner.

Die Schmier Oeffen, so viel sich der Wälderhalber leiden wil, sollen von Kiffernstöcken erhalten, und keinem Schmirbrenner verstattet, noch seine Handthierung zutreiben zugelassen werden, er habe sich dann zuvor bey dem Forstampt angemeldet, und einen Zettel erlangt, damit er die gebührende Zinß da von zugeben möge angewiesen werden.

CAP. XI.
Von Glaßmachern.

1. Nach deme auch zu den Glaßhütten eine sehr grosse Anzahl Holtzes järlichen Erfordert wird, so sollen unsere Forstbeambte fleissig obsicht haben damit solches Ebenmässig zu rechter Zeit angewiesen, ordentliche Gehäw gemacht, und alles Jahrweise nacheinander abgehauen werde, gleich den andern gehöltz, damit es widerumb gehöget, und zum zuwachs gebracht werden könne, und soll gantz nicht verstattet werden, hin, und wider neue Gehäwe anzurichten, und wie sie bißhero pflegen zuthun, daß sie gleich nach verfliessung 3. oder 4. Jahren, widerumb in die vorige Gehäw stehen: sonder sie sollen firterhin sich dessen enthalten, die Bäum biß auff den Gippel sauber auffarbeiten, und jeden Samm über eines Werckschugs höch über Erden nicht stehen lassen, alles bey straff in unserer Buß=Ordnung gmeldt.

2. Wo den Glasern Holtz angewiesen wird, sollen zuvor die nutzbahre Eichbäume außgehauen und zu gebührendem Nutzen gebracht werden, oder nach gelegenheit stehen bleiben.

3. Es soll auch ein jeder Haußwirth und Einwohner in den Glaßhütten hinfürter schuldig seyn, sein nothtürfftig Brennholtz, wie auch die Glaßmacher ihr Bauholtz auff die angesetzte Waldgeding, gleich andern Unterthanen schreiben zulassen, und soll ihnen nichts sonderliches gemacht werden.

4. Wann auch die Glaser zu ihrer nothurfft neue Waltröder haben, und angehen wollen, sollen solche Röder dem Forst= oder wald Buch nach dem Morgen=maß ordentlich eingeschrieben werden.

5. Die Hutweide mit ihrem Viehe, sol ihnen zwar gegunnet, dabey aber dahin gesehen werden, daß solche an unterschiedlichen Orten, und nicht in den jungen Schlägen geschehe, wie sie sich dann alle Jahre bey dem Forstambt darumb anmelden sollen.

6. Ihre Hund sollen die Glaßmacher auff ihren Höffen, Häusern, und Ketten behalten, nicht aber mit sich in Wald lauffen, und damit der Wildfuhr schaden thun lassen, bey straff in unserer Buß=Ordnung vermeld.

7. Ebenmässig soll alles Büchsen=tragen, schissen, und platzen, den Glasern durchauß verbotten seyn, und so in den Glaßhütten ein Schuß geschicht, der Verbrecher willkührlich, und nach trücklich gestrafft werden.

8. Es sollen auch unsere Forstbediente die Gläser zum öfftern ermahnen, daß sie ihr Feuer in guter auffsicht halten, damit kein Waldschad dardurch verursacht werde.

9. Wie dann auch fürterhin niemands nachgelassen werden sol, an denen Enden da das Holtz sonst zu Nutz gebracht werden kan, tüchtig und grün Holtz zu veräschen, es were dann das Jemand sonderliche Freiheit darüber erlangte; Jedoch sollen sich alle und jede Aschenbrenner, bey unserm Forstambt anmelden, und gewisser Orten, da es unsere Forstbeambte am fügligsten zugeschehen ermessen werden, anweisen lassen; Vnd zwar die Aschenbrenner von den Glaßmachern angenommen werden, sie sollen aber solche Personen nehmen, die ihnen bekant, und denselben alles Ernstes Einbinden, mit dem Feuer behutsamb umbzugehen, damit sie nicht umb ihrentwillen wann durchs Feur Schaden geschehen, schwere Verantwortung auff sich laden.

10. Solchen Feuer-Schaden zuverhüten, und dem Vnheil umb so viel besser vorzubauen, sollen unsere Forstbeambte, und Forstbediente dahin sehen, daß bey dürren Jahren, und Sommers-Zeiten nicht geäschert, sondern dasselbe jederzeit zu Frühlings- und Herbstzeiten verrichtet werde.

11. Nachdeme auch unsere Unterthanen so wohl, als angräntzende, bißhero hin und wieder in unsern, und unsers Ertzstiffts-oder auch in ihren eigenthümblichen und Lehenbaren-Wäldern, das Laub zusammen zuraffen, nachgehends zuveräschern, und damit ihrem Graßwachs zu tüngen pflegen, wobey sehr grosse Gefahr, daß auch offtmals gantze Waldungen durch dergleichen Laub-brennen eingeäschert werden: Als wollen wir solches ebenmessig allerdings abgestellet wissen.

CAP. XII.
Von Trifften.

1. Alle und jede, so auff unsern Wäldern und Försten der Trifft berechtiget, sollen hinführo Jährlich bey den Forstbeambten, und nicht bey den Knechten, umb die Huet, und Triffte ansuchen, auch jedesmahls wann ein Hirt abgeschafft, und dagegen wider ein anderer angenommen werden sol, dessen Person gleichfalls anmelden, und vernehmen, ob man Forstambtshalber mit ihm zufriden seyn, oder da bedencken darbey, in Zeiten Enderung könne getroffen werden.

2. Weil an den Orten da man hauet, der jungen Schläg halber die Huet auff etliche Jahr lang eingestellt werden muß, so sollen unsere Forstbeambte, nach Gelegenheit der Wälder, und Wildbahn, dargegen an anderen Orten, in den hohen Gehöltzen der gleichen wider anweisen, und einräumen, damit sich der Huet, und Trifft, niemands mit Fug zubeschweeren habe möge.

3. Unsere Forstbeambte sollen fleissige Auffsicht haben, daß den Wäldern, sonderlich den jungen Slägen, bey Vermeidung der in unserer Buß-Ordnung angesetzter Straff, mit heimlichen, oder offentlichen Hüten, auch sonsten kein Schad geschehe.

4. Wiewol man guten Fug, und gnugsame Vrsach hette, von wegen deß merklichen Schadens, so in den Wäldern, Gehöltze, und Gärten, das Ziegen, oder Geiß-Viehe thut, dasselbe in den Wald-Ambtern gantz abzuschaffen, dieweil aber der Arme, so keine Kühe zuhalten vermögens, seine arme Kinder durch solche ernehren kan, so sol bergleichen armen Leuten gegönnet sein, etwas, und zwar deren zum meisten zwo, biß sie eine Kuhe zuhalten vermögen, der Hirte die Böcke, so viel deren nöthig, halten, und die junge Ziegen wann sie abgesetzt, weg gethan; Deme aber, so eine Kuhe schaffen kan, sol keine Ziege zuhalten verstattet werden, wie dann es sonsten auch nur uff die Arme, und Wittiben zu verstehen: Denen jenigen aber, so sich nit vermiethen, und ihr eigen sein wollen, und sich dieses schädlichen Viehes bißhero am meisten beflissen, denen sol das Ziegen halten durchaus verbotten sein. Vnd der darwider handlet, mit der in unserer Bußordnung darauff gesetzter Straffe, zum erstenmahl einfach, zum zweiten mahl doppelt beleget, daß brittmahl aber der Ziegen gantz verlüstigt seyn, und ihme dieselbe gantz abgenommen werden. Wie dann auch die Hütung derselben also anzustellen, daß es ohne Schaden geschehe, und werden die Forstbeambte sie anzuweisen

wissen, derer Orten aber, da man wegen deß Walds ihn keine Huet verstatten kan, sollen auch keine gestattet werden, dann ob gleich die Leute dieselbe im Stall ernehren wollen, so thun sie doch mit Abstreiffung deß Laubs, und Abschneidung der Sommer-Latten desto grösseren Schaden.

5. Wann die junge Schlägeholtz-Gehäge in 4. Jahren etwas auffgewachsen, daß mit den Sicheln dem jungen Gewächs nicht mehr Schaden zugefügt werden kan, so haben unsere Forstbeambte das Grasen nach eingenommenen Augenschein, ob gleich der Ort zum hüten noch nicht alt genug were, zu erstatten.

6. Vor-und in der Jacht-Zeit, sollen die Jenige, welche der Trifft berechtiget, auff Anschaffung unserer Forstbeambten, der Hütung in dem Gehölz, so wir zu Jagen Vorhabens weren, sich enthalten.

7. Demnach auch verschiedene, so auff ihrem Gehöltzen die Hütung haben, dieselbe aber spahren, und unser Gehöltz zubrauchen sich unterstehen, so sollen unsere Forstbeambte, und Forstknechte, mit fleiß darauff Achtung geben, und dahin sehen, daß dieselbe Wochenblich, so wol ihre eigene, als unsere Oerter betreiben, sonderlich die Jenigen, so auff dem ihren deß hohen Weidwercks befugt, in Verbleibung aber dessen, und erzeigung Widersetzlichkeit, uns pflichtmessig berichten, da wir der Sachen schon zu rathen wissen werden.

8. Wir befinden auch unsern Wäldern höchstschädlich zuseyn, daß etliche Wald-Dorffschafften, und Gemeinden eine zeithero, und bey Kriegs-Zeiten, zu einer Gewonheit bringen wollen, daß ein jeder sein Vihe absonderlich hüten lassen, in deme solche unterschiedene Hauß- und privat-Hirten, sich hin, und wider in die Höltzer versteckt, und grossen Schaden gethan, und ohnmüglich, daß unsere Forstbedienten in allen Orten sehen, und auff jeden solchen Hürten sehen, und Unheil steuren können, welches privat-Hürten wir hiemit gäntzlich auffgehoben, und abgethan wissen wollen, und sollen dannenhero unsere Forst- und Unterbeambte, allen, und jeden Gemeinden, so sich solcher eigenen Haußhirten bißhero gebrauchet, ernstlich anbefehlen, daß sie hinfürter bey angehendem Außtreiben mit rechten gemeinen Hirten sich versehen, und dieselbe, wie bey dem ersten Punct erwehnet, in Forstambt persönlich vorstellen, damit, wo nichts verdenckliches an der Person derselben ihren Dienst zuverrichten zugelassen werden möge: Würde sich aber Jemands hierwider zusetzen gelüsten lassen, der soll der Huet- und Trifft-Gerechtigkeit verlüstigt seyn.

CAP. XIII.
Von Fuhrleuten.

1. Wir vernehmen auch daß von den Fuhrleuten unseren Wäldern, und gehöltze ziemlicher Schaden zugefücht wird: damit nun solchem vorkommen, und die Verwüstung, so durch besagte Furleute im herunter fahren der Berg, mit den Schleppreissren, geschiehet, hinführo nach bleibe, so sollen hergegen die Kleffel von den Aesten gebraucht, und die Fuhrleut dahin gehalten werden, daß sie sich derer, bey der in unserer Buß-Ordnung angesetzten straff, gebrauchen.

2. Nachdem durch die Furleut hin und wider in den gehöltzen, Wildbahn, und Schlägen, viel neue Weg gemacht, dadurch daß Junge gehöltz abgefahren,

daß Wildprett verscheuchet, und also nicht geringer Schaden zugefügt wird. Als sollen die Forstknecht jedes Orts, damit hinführo keiner sich mit der Unwissenheit zubehelffen, wo sie neue Weg finden, dieselbe mit vergraben, und Baum fällen abwehren, und deß nechsten, von Eröffnung dieser unserer Ordnung an, in den Stätten, bey den Räthen, und in den Dörffern bey den Schultheißen, und Gemeinden verkünden laßen, wofern ins künfftig einer, oder der ander mehr ausser der ordentlichen Straßen, und Fahrwegen betretten würde, auff frischer That gepfändet, und ohn alle Widerrede, und fürwand, dem Ambte- und Gerichts Herrn dahin es gehört, mit der in der Buß-Ordnung hierauff gesetzten Straff, verfallen seyn, dieselbe auch ohnnachläßlich eingebracht werden soll.

3. Wann die Furleute daß erkauffte Scheit-Zimmer- oder ander Holtz, wie es genennet werden mag, auß dem Wald führen, soll ihnen durchauß nicht verstattet werden, wie sie bißhero imgebrauch gehabt, Karnbäume, Wagen: Leiterbäume, und allerhand Rüstholtz, Bind- und Hebknittel, und Reitel abzuhauen, solche nacher Hauß zuführen, entweder vor sich zu brauchen, oder denen Wagnern hin und wider zuverkauffen: Dahero sollen die Forstknecht mit allem Fleiß darauff auffsicht haben, und wo sie deren einen betretten, der sich dessen Unterfinge, denselben pfänden, und alsobald im Ambt zubestraffen anzeigen, deßwegen dann auch in den Stätten, und Dörffern, durch die Beambte, Forst- und Fluhrknechte, Schultheißen, und Landknecht, gute Auffsicht gehalten, und wehr solch verdächtig Holtz führet, zurede gesetzt, und nach befindung gestrafft werden soll.

CAP. XIV.
Von den Waldlehen Tägen.

1. Wann einer dem andern seine Waldwiesen außgrasset, oder zur ohngebühr abhütet, und darüber betretten wird, sollen die Besitzer solcher Wiesen neben dem Forstknecht jedes Orts denselben pfänden, und daß Pfand ins Forstambt antworten, der dann mit der in unser Buß-Ordnung angesetzten straff belegt werden soll.

2. Da auch in Wäldern und gehöltzen etliche Ort wehren, so den Schlägen, und sonderlich der Wildbahn unschädlich, zu Wiesen, oder Ackerfeld zumachen, und sich Leute darumb angeben würden, solche zu Roden, oder sonsten zu Nutzen, und Erblich anzunehmen, so sollen die Forstbeambte, mit zu ziehung der Forstknechten, den Ort abmessen lassen, nach deme der Boden wüchsig, und gelegen, ob es auff den Bergen, oder Gründen, auch ob Wässerung darauff zubringen, mit Fleißerwegen, solches alles ordentlich dem Waldbuch einverleiben: und solches unsern Kellern jedes Orts nachrichtlich andeuten die sich dann nachgehends bey unserer Renth-Cammer, oder uns selbsten unterthänigst anzumelden, und genäbigsten Verhaltungs befelchs zuerholen hetten.

CAP. XV.
Vom Waldgerichte.

1. Es trägt sich bißweilen zu, kommen auch in unseren Ambtern Klagen ein, dz der benachbarten Schäffer, und Hirten, an Orten, und Enden, da es

nicht herkommen, über die Gräntze hüten, und hernacher solches vor eine hergebrachte Gerechtigkeit angeben: So sollen die Forstknecht in deme fleissig Auffsicht haben, und solche Hirten, und Schäffer ungepfändet nicht lassen: Es soll aber solch Pfand ins Forstambt gelieffert, und nicht wider gegeben werden, der Schäffer, oder Hirt erlege dann die in unserer Buß-Ordnung angesetzte straff, und erkläre sich darneben, daß er nicht wider kommen wolle; Wie dann solches alles, wann gleich das Pfand nicht wider gelöset würde, jedesmahl in das Forstambts-Buch, außführlich, und mit allen Umbständen deß Orts, Personen, Zeit darbey geführter Reden von beeden Theilen, beschrieben werden sol, damit man sich künfftiger Zeit, auff den Nothfall, darnach zurichten haben möge: Ebener massen sol es auch mit den Pfandungen, und Straffen innerhalb Lands gehalten, da aber in solchen Hirten auch Schanden geschehen, sol derselbe taxirt, und die Straff erhöhet werden.

2. Wann auch gleich auff frischer That die Verbrecher nicht betretten, die Förster aber dieselbe hernachmal in Erfahrung bringen wurden, sonderlich wann in jungen Schlägen gehütet worden, so sollen doch dieselbe den andern, welche auff frischer Tat begriffen, gleich gehalten, und eben so wohl als jene bestrafft werden.

3. Die Forstknecht sollen nicht allein für sich fleissige Auffsicht haben, sonder auch denen jenigen, welche in den Hölzern und Wäldern arbeiten, aufferlegen, wann sie verdächtige Leute vermercken würden, daß sie es denen nechst angelegenen Forstknechten anzeigen, dieselbe sollen die Verdächtige mit Hülff deß Ambts, oder auch nach Gelegenheit vor sich selbsten einziehen, sie verwarlichen ins Ambt lieffern, und sich ihrer Verbrechung halber mit Fleiß erkündigen, solches dem Forstbeambten anzeigen, und mit seinem Rath handlen, was sie alsdann in gewisse Kundschafft bringen, denen Umbständen nach ernstlich straffen: Were aber die Sach von importanz, dasselbig unserer Stadthalterey zu Mäyntz, oder auch, uns selbsten berichten, und sich Bescheids erholen.

4. So sollen auch unsere Jäger- und Forstknechte sich nicht unterstehen, unsere Unterthanen, einige Bediente, noch andere Leute zuschlagen, noch zu beschädigen, sonder so sie zu denenselben erhebliche Ursach hetten, sie pfänden, die Übertrett- und Verbrechungen denen Beambten, unter die es gehört, anmelden, welcher sie nach Gelegenheit der Verbrechung zustraffen, oder in bedencklichen Dingen bey unserer Stadthalterey sich Bescheids zuerholen haben.

5. Nachdem auch etliche Personen sich deß Holtzstehlens bey Tag, und bey Nacht befleissigen, und damit ihren Handel treiben, auch zu desto besserem Behuff, zwar ein geringes umb Bezahlung anweisen lassen, hernachmals vielmehr zum Marck führen, und verkauffen; So sollen, deme nis künfftig vorzukommen, solche verdächtige Personen, wann sie mit Holz oder Kohlen, sonderlich mit Reiffstangen, Radspeichen, und dergleichen betretten würden, und nicht gewissen Schein, oder richtige Antwort von sich geben, entweder ins Forst-Ambt, oder zu einem Beambten gebracht werden, der solche examiniren und nach Befindung der Verbrechung, mit ernster Straff, andern zum Abscheuen, ansehen sol.

6. Wir wollen auch das jedesmahls 14. Tage vor den Schreibtägen, eines jeden Ambts vom Forstbeambten, und Knechten die Pfand-Register ge-

toppelt zu unsern Kellern geliffert werden, worauff einem jeden Verbrecher, von unsern Beamdten eine gewisse Geld- oder andere Straff dictirt, solche hernachmahls dem Waldgedings-Prothocoll mit einverleibt, gebührlich berechnet, und sonsten exequirt werden sol. Gestalten dann ein jeder Knecht in termino deß Waldgedings seine Pfandte mit zur Stelle bringen, wo von ihm unsere Keller seine Gebühr entrichten, und solche hernacher von den strafffälligen wider einbringen sollen.

7. So offt nun wie obgemelt Wald gebing, oder Schreibtag gehalten wird, so sollen die Dorffschafften so in den Wäldern Gerechtigkeit haben, bey ihren Pflichten, damit sie uns, und unserem Ertzstiffts zugethan seynd, und bey Verlust ihrer Gerechtigkeit befragt werden, ob ihnen ein, oder mehr Personen wissend weren, so unsern, und deß Ertzstiffts Waldungen, mit Holtz-Wildprett-und Fisch stehlen, oder in andere Weg, Schaden gethan, und nicht gepfändet, noch in der Forstknechte Pfand-Register gemeldet, oder gestrafft worden weren; welchen sie nun angeben; würden der sol gleicher Gestalt, als andere gestrafft werden würden sie aber nicht rund herauß gehen, und gebührliche Meldung thun, sonder die Schäden vertrucken helffen, und man hinderkäme, daß einer, oder der ander Wissenschafft umb etwas trüge, und verschwiege, der, oder die sollen zu gebührender Straff gezogen werden.

8. Nachdem sich auch offtermahls begibt, daß Verbrecher bekommen, und angetroffen werden, in Aembtern, und Gerichtern, darunter sie nicht gesessen seynd, gleichwol ungestrafft nicht bleiben können, noch sollen, als sol jedes Ambt, und Gericht verbunden seyn, einander die Freveler, und Verbrecher zustellen, und auff Begehren zuliffern.

9. Da nun Jemands auff dem Waldgeding oder Schreib-Tage befunden, der in den Wäldern, Gehöltzen, Waldbrödern, Gräntzen, Mahlbaumen, March- und Laagsteinen, und dergleichen gefrevelt, Holtz entwendet, weiter als ihm gebührt, gehüttel, oder sich anderer ohn gebühr unterstanden hette, der sol nach Verwürckung auff dem Waldgeding gestrafft, und alle solche Straffen gebührlich verschrieben, und treulich berechnet werden.

CAP. XVI.

Was für eine Ordnung auff dem Jagten zuhalten.

Wir haben auch von unserm Jägermeister und Jägerey-Bedienten, zu verschiedenen manche Klagen vernommen, wie daß bey den Sommer- Winter- und anderen bevorab Wolffs-Jagten allerhand unordnungen, unterschleiff, und Mißbrauche unterlauffen, in deme ein hauffen untüchtiges Gesindleins, alß Kinder, und geringe Knaben zu den Jagten geschickt werden, und sonst fast ein jedermann, unter diesem und jenem prætext, der Jagt- Dienste zuentziehen unterstehet, theils gantz ohngehorsamlich davon auß- bleiben, theils zu Späte kommen, andere vor Endigung des Jagens, und auffhebung des Zeuchs davon ablauffen, nicht ohne merckliche schaden, denen Fuhrleuten den Zeuch auffzuladen liegen, und also den gehorsamen den Last alleinig auff dem Halß lassen: Damit nun solchen Unordnungen, und Mißbräuchen gesteuert werde: So ordnen, wollen, und befehlen wir, daß hinführo bey allen Jagten folgende Ordnung, und weiß gehalten werden solle: und zwar Erstlich:

1. Nachdemahlen bißhero an verschiedenen Orten unsers Ertzstiffts, diese Ungleichheit mit dem Anspann untergeloffen, das die jenige Unterthanen, so zu ihrem Feld- und Ackerbau 3. 4. und mehr paar Ochsen haben, mehr nicht alß ein paar angespant, gleich dem armen Mann, welcher ein mehreres nicht alß ein paar in Vermögen hat, und also der arme Mann in deme er all sein Viehe anspannet, nothwendiger weiß in wehrender Jagtfrohn seine Nahrung hindansetzen muß, da hingegen der andere Habselige, mit seinem zu Hauß-behaltenen Viehe gantz ohngehindert seine arbeit für sich selbst, oder durch seine Dienstbotten verrichten kan: Solchen nach damit der arme Mann nicht gar undertrucket werde, so wollen wir daß hinführo aller Orten unsers Ertzstiffts, wo die Jägerey hinkombt unsere Unterthanen all ihr Viehe, dessen sie sich zu ihrer Nahrung am Karn, Wagen oder Pflug bedienen, auch an unsere Zeuchwägen spannen sollen: Gestaltsamben jedes Orts Beambte, und bediente, auff diesem Schlag die außtheilung zumachen wissen werden, damit dieser unserer Verordnung allerdings nachgelebt, und allwegen, so wol bey dem anspannen, alß umbwechslen, die Billigkeit beobachtet werde.

2. So sollen auch auff beschehene außschreibung die anspann zu Sommerzeiten Morgens frühe umb 7. Uhren, Winterszeiten aber umb 8. Uhren, bey Vermeidung der in unserer Buß-Ordnung angesetzter straff ohnfehlbarlich, an dem Ort, dahin sie bescheiden worden, bey dem Zeug erscheinen.

3. Damit auch die Jagleute fürters hin ihre bienssten sein ordentlich verrichten und keiner sich über den anderen zubeschweren Verursacht werden möge, so sollen inskünfftig in allen unsers Ertzstiffts Aembtern, welche die Jägerey zu Zeiten erlangt, in jedem Dorff, oder ja wo die Dorffschaften mit geringer Mannschafft besetzt, je in zweyen, dreyen, und nach Gelegenheit mehr Dörffern, ein Jagtschultheiß gezogen, von unserem Jägermeister, oder an dessen statt jedes Orts Forsts- oder Wildmeistern mit Handtrew bepflichtet werden, welcher bey allen Jagten, zu welchen selbige Dorffschafften bescheiden werden, mit seinen Leuten erscheinen, dieselbige den Jägern vorstellen, und solang bey demselben bleiben, hin, und wider, auff, und abgehen und fleissig achtung geben solle, damit ein jeder an dem Ort, dahin er gestellt worden, seinen Dienst recht versehe, auch niemand, ehe, und bevor daß Jagen abgeblasen, und der Zeuch auffzuheben befohlen worden, davon lauffe, sondern soll bey der abzehlung nach dem Jagen, seine Leute widerumb stellen, damit alles in guter Ordnung verrichtet werde.

4. So soll auch ein jeder Jagtschultheiß, wann er mit seinen Leuten auffs Jagen gehet, zwo gleichlautendte Rollen, oder verzeichnussen, mit bringen, in welchen beren allen, so ihme untergeben, ihre Nahmen und zunahmen, verzeichnet sein sollen, dieser Rollen soll er eine dem Jagtschreiber, oder in dessen abwesen, dem Jäger zustellen, umb barauß zusehen, wie viel, und welche etwa ohngehorsamblich außbleiben, und dieselbe fleissig auffzuzeichnen, damit sie zu gebührender Straff, nach Inhalt unserer Buß-Ordnung, mögen angehalten werden.

5. Da aber Jemand kranck wer oder sonst wichtige Ursach seines außbleiben hette, denselben soll der Jagtschultheiß auff dem Jagen verschprechen,

und entschuldigen. Wobey sich aber alle und jede Jagtschultheissen zuhüten haben, damit sie mit keinen Parthierereyen, und Lügen umbgehen, dann so sie auff dergleichen ertappet würden, sollen sie als verpflichte Leute ernstlich abgestrafft werden.

6. Die jenige, so von uns auß Genaden deß Jagens befreyet seynd, dieselbe lassen wir auch dabey, auß genommen das Wolffsjagen, von welchem niemand, als der Schultheiß, Faut, oder Landschöpff, dann der Häimberger, Hirt, und Dorffhüter, frey sein sollen: Die jenige auch so alters halben selbsten nicht kommen können, wie imgleichen die Wittweiber, sollen an ihrer statt einen Dinstbotten, so sie deren haben, auff diese so nothwendige Jagt schicken; wohl erwogen nicht allein uns an unserer Wildfuhr, sondern vielmehr unseren Unterthanen an ihrem säuerlich erzogenen Viehe, durch diese schädliche Raub=Thier viel Schadens zugefügt wird: Wie wir dann die auff den Wolffs=Jagten ohngehorsamblich außbleibende, zu späth=kommende, und zu frühe ablauffende, nach außweisung unserer Buß=Ordnung, schärpffer als bey anderen Jagten bestrafft haben wollen.

7. Weil auch offt und vielmahl geschicht, daß durch liederliche lose Leuthe, die Wind= und andere Leinen, von dem Zeuch abgeschnitten, und dadurch offtmals die unserige in den Stellen mercklich gehindert werden; Als sollen unsere Jägerey=Bediente, und sonderlich die Jagt=Schultheissen, als welche bey dem Zeuch immerfort auff, und abgehen müssen, fleissig auff solche Leinen=Dieb Achtung geben, und da einer, oder der ander betretten wird der solle vermög unserer Buß=Ordnung, auch den umbständen nach höher gestrafft werden: Immittels sollen die Fuhrleute, denen der Zeuch gelieffert wird, dafern der gleichen Schad geschicht, dafür stehen und denselben kehren.

8. Wann auch unser Jägermeister, oder die Jenige so in dessen Abwesenheit das Jagen dirigiren, ein oder anderen Orts zustellen Willens weren, und dessen die nechst gesessene Unterthanen zuvor, und zwar zu dem End verständiget hetten, damit sie ein, zwey oder mehr Täge den Ort, wo man zu jagen gedächte, mit ihrem Vihe nicht betreiben sulten: so sollen selbige Unterthanen, ohn angesehen sie solche Oerter zubetreiben berechtigt weren, in so lang mit ihrem Vihe außbleiben, und anderwegs hintreiben, biß das Jagen verrichtet, und ihnen durch unsern Jägermeistern, und Jäger, widerumb dahin zutreiben wird erlaubt seyn: Da auch jemands hirwider zu handlen sich würde verkühnen, der sol nach Laut unserer Buß=Ordnung mit gebührender Straff ernstlich angesehen werden.

9. Die jenige so ungehorsamblich vom Jagen auß bleiben, zuspäht kommen, zu frühe von dem Zeuch ablauffen, sollen alle nach laut unserer Buß=Ordnung abgestrafft auch die jenige, so Kinder, oder Knaben unter 15. Jahren schicken, den außbleibenden gleich gehalten, und eben so hoch als dieselbe mit versehener Straff angesehen werden.

10. Wann auch von unserer Jägerey, zur Hoffstadt, oder wo es sonsthin befohlen, Wildpret abgeschickt wird, befehlen wir daß jedes Orts Befelchshaber, solches alsogleich, ohne Verschub, fortschaffen: Und da widerigen Fals, Schad daran geschehe, wieder auch sein möchte, bey unserem Forst=Ambt denselben kehren, und gut machen: Oder, so sie nicht daran Ursach weren, sonder es durch die geheissene Unterthanen verwahrlost worden, dieselbe beneben wihkürlicher Straff zugebührlicher Zahlung anhalten sollen.

11. Alle solche Straffen, sollen jedesmahls 8. Tag vor den Schreib-Tägen angekündet, bey den Schreibtägen erlegt, oder de facto exequirt, und mit andern Holtz- und Waldnutzungen zu gehöriger Rechnung gebracht werden. Wann auch dergleich Mißbräuche, und Vnordnungen mehr, so in dieser unserer Ordnung nicht außgetruckt, und gemeldet seyn, auff dem Jagen sich erregen würden, sol unser Jäger-Meister selbige besten Vermögens auß dem Weg raumen, und abstellen, auch die Verbrechere der Billigkeit nach zu gebürender Straff ziehn, es were dann die Sach von solcher Wichtigkeit, daß ers für sich selbsten nicht vornehmen könte, als dann er an unsere Stadthalterey beßwegen zuberichten, und sich gemessenen Bfehls zuerholen hette.

CAP. XVII.
Gemeine Verbott.

1. Das Außrotten zu neuen Aeckern, und Wiesen, sol sonderlich in den gemeinen Gehöltzen gantz abgeschafft sein, es were dann bz Jemand bey uns genädigste Vergünstigung erlangte, was auch vor Jahren auß gerottet, und wider mit Holtz beflogen, sol, jedoch mit der Vnterthanen Willen, und Vorwissen unserer Rent-Cammer, wider zu Wald geschlagen werden.

2. Weilen auch etliche gemeine Gehöltz nach den Hufen abgemessen, und getheilet seynd, also daß ein jeder seine gewisse portion daran erlanget seines Gefallens auff seinem Theilhauet, und nicht ordentliche Schläge machet, daß solche Gehäw nicht geheeget werden können, dadurch die Vnterthanen sich selbst in Schaden setzen, dem Wildprett aber ihre Stände verringert werden: Als sollen unsere Forstbeambte bey den Gemeinden Verschaffung thun, damit sie, ohnerachtet der zwischen ihnen gemachten Außtheilung, die Gehäw ordentlich nach ein ander anstellen, und wann es an eines abgemessene Hufen kombt, derselbe alsdann sein Holtz davon nehmen möge.

3. Nachdeme auch die tägliche Erfahrung gibt, beßwegen der Mispeln Vogelbeer, und Vogelnester viele Bäume verletzt, auch gar abgehauen werden, und dadurch nicht allein denselben, sondern auch mehr andern Bäumen, so damit umbgeworffen, Schad geschicht, als solle es durch unsere Forstbeambte, ernstlich verbotten, und abgeschafft werden.

4. Dieweil auch durch die Gärber, und Färber, und andere Leut, so ihnen die Schalen, oder Lohe zutragen, durch das abzihen, und schelen der Rinden, viel stehends Holtz auß gedorret, und gar zu nicht gemacht wird: Als solle dasselbe bey der in unserer Buß-Ordnung angesetzten Straff dergestalt verbotten sein, daß sich niemands von stehendem Holtz Rinden zu schelen, oder abzuziehen unterstehe; wo aber sonst ander Holtz gefället, daran Rinden den gedachten Handwerckern zum Gebrauch ihres Handwercks dienen möchte, sollen unsere Forstbeambte verfügen, daß solche gegen ziemlicher, und leidentlicher Gebühr abzuziehen, und abzuschelen vergönnet, und zugelassen, auch beßwegen ein Schein ertheilt werde. Damit nun sich keiner unterfange, wie obgedacht, solch stehend Holtz zuschelen, und das Lohe in die Städte zuverkauffen, so befehlen wir unseren Forstbedienten ernstlich, daß sie solchen schädlichen Leuten allenthalben vorbügen, und abbrechen, auch in Städten von niemand wer der auch sey einig Lohe auff genommen, noch gekaufft werde, es sey dann daß er von unseren Forstbeambten, einen gnugsamen

Beweiß vorzuzeigen habe, wie, und wo er daſſelbe bekommen: Da aber der Verkauffer einen ſolchen beweiß nicht hette, ſol ihm das Lohe abgenommen, der Verbrechung Wichtigkeit von unſeren Kellern an unſere Statthalterey, wie imgleichen deſſen Nahmen, und wo er zu Hauſe, berichtet werden, damit er ſeines Verbrechens halber, zu gebührender Straff möge gezogen werden.

5. Keiner ſoll ſich unterfangen Heyden, oder alt Graß vor dem gehöltz von denen Wieſen oder ſonſt, ohne vorbewuſt abzubrennen, ſondern da er ſolches zuthun Vorhabens, und die noth Erforderte, ſich bey den Forſtbeamten, oder Bedienten anmelden, ihnen den Ort zeigen und beſichtigen laſſen, ob es ohne Schaden geſchehen könne: Vnd da er gleich Vergünſtigung erlanget, doch fleiſſige Auffſicht haben, und zeitlich vorbauen, damit unſerem gehöltz durch daß Feuer kein ſchaden zugefügt werde: Würde ſich nun einer gelüſten laſſen ein ſolches vorſich zuthun, ob gleich kein Schab daraus entſtünde, ſol er ohn beſtrafft nicht bleiben: Da aber wider verhoffen, welches Gott genedig verhüten wolle, uns an unſeren Wäldern und gehöltze, durch einen ſolchen Freveler, mit Feuer ſchaden zugefügt würde, ſo ſoll derſelbe nach gröſſe des Schadens, und Verbrechens an Gut, oder Leib geſtrafft werden.

6. Wie wir dann ſolchem gefährlichen Sängen, allerwegen beſtens vorzubauen, unſere Forſtbeamte, und Forſtbediente nachmahls gantz ernſtlich Ermahnen, und wollen babey, daß wo, wider dieſe unſere Ordnung, in und andern Orts zurohngebühr geſänget würde, die Thäter nicht allein vermög unſerer Buß-Ordnung abgeſtrafft: Sonder auch ſolche ſäng in 6. Jahren, weder mit Rind, Schaaff- oder anderem Viehe betrieben werden ſolle, bey der in unſerer Buß-Ordnung angeſetzter Straff, die ein jeder ſo offt er auff ſolcher Säng, mit einigem Viehe betretten wird ohnnachläßlich erlegen ſolle.

7. Weil ſich auch auß verurſachung der Hirten, auch der jenigen die Heyden, und Ellerfelderr raumen, daß gehöltz, und Stöcke anzünden, vielfältig Feuerſchäden zutragen, ſo ſol hin fürter keinem verſtattet werden, zwiſchen Pfingſten, und Michaelis, den Sommer über, im Felde, vor, oder in dem Wald, und gehöltzen, einige Heyden, und Stöcke zuverbrennen ſondern was ſie dißfalls an Heyden, und Stöcken verbrennen wollen, daß ſollen ſie vor ihre Haußhaltungen brauchen: Welcher aber ſolches überſchreiten wird, der ſoll, ſo offt, und viel es geſchicht, die in unſerer Buß-Ordnung angeſetzte ſtraff erlegen, und ob hierüber Schad verurſacht, denſelben bezahlen, auch ein jeder vor ſeine Dienſtbotten, Arbeiter, und Hirten hafften.

8. Die Forſt-und andere Beamte, Forſtſchreiber, und Forſtknechte, ſollen mit keinem Holtz, Brettern, Kohlen, Schindeln, Hartz, Bech, noch andern, ſo dem Holtz anhängig, handlen, noch jemands anders ihrenthalben (es geſchehe, unter was ſchein es wolle, alß betreffe als dieſelbe, zugebrauchen) einigen Vorſchub thun, viel weniger die Förſter, gleich andern Bauren, Holtz zu Marct führen, noch zu einigem verdacht, und argwohn Urſach geben, auch keine Wirtſchafften treiben, noch in den Wirtshäuſern ligen, und ſich mit den Leuten, welche Holtz in unſern Wäldern zukauffen pflegen, im Fall ſie es umbgang haben können, nicht gemein machen, noch einig Geſchenck von ihnen nehmen.

9. Damit nun abvorhergeseztem allem steth, und fest gehalten, und treue Auffsicht gepflogen werden könne, so soll kein Forstknecht, ohne Vorwissen und Erlaubnuß deß Ober=Forstmeisters, oder deß jenigen, so an seiner statt zubefehlen, einige Nacht auß seinen Diensten verweisen, oder aussen bleiben, damit die Unterthanen, da der Forstknecht nicht Einhembisch in dem gehöltz ihres gefallens untreulich zuhausen nicht Ursachen nehmen.

10. Auch soll daß Streu= und Laubbrechen ohne vorbewust, und anweisung der Forstbeambten, weil daß jung auffliehende Holz zu nicht wenigem schaden der Wälder, mit solchem Rechen außgezogen wird, nicht nachgeben werden.

11. So soll ohne vorwissen des Floßmeisters kein Unterthan Floßholtz oder Blöcher einwerffen, sondern zuvor Erlaubnuß erlangen, einen Zettel abholen, denselben den Flösern überreigen, damit sie bey dem Einwerffen seyn, und zuschauen können, daß nicht mehr Klaffter oder Blöcher, alß angegeben geflöset, und wir weges des Flößzolls hintergangen werden mögen.

12. Aller Unterthanen, welche in den Wäldern abgeworffene Stangen oder Hirschgewichter finden, sollen dieselbe den Forstknechten, und diese dem Forstambt lieffern, und die Gebühr alß vom Pfund einen Creutzer ihnen dargegen reigen lassen.

13. Zur Zeit der Flöse, sollen unsere Forstbeambte denen Forellenfischern anbefehlen, daß sie selbige Zeit überfleissige Auffsicht haben, wann die wehre so den Forellen zum Schutz gebauet, schaden genommen, solches anzeigen, auch so viel an ihnen, wol zusehen, damit die Fischweyde nicht ruinirt werden.

14. Dieweilen auch offtermahls bey den Schneidmühlen, auß nachlässigkeit der Müller, dieser Unrath geschicht, daß sie die Segspänn ins Wasser lauffen lassen, dardurch dem Fischwasser, und insonderheit der Bruth, ein mercklicher Schaden geschicht, alß soll die übertrettung, wie in der Buß= Ordnung gemelt, jedesmahls ohnnachleiblich abgestrafft, und hieüber steiff und fest gehalten werden.

15. Alle die jenige, so Waltwiesen und Forellen Bäch haben, und den herkommen nach, die Wehr zuhalten schuldig seynd, die soll unser Forstambt dahin halten, daß sie zu allen und jeden Zeiten die schuldigkeit Erweisen die Wehr in bäulichen Wesen, und guten Esse erhalten, damit bey dürrer Sommerzeit, da die Wasser klein, die Forellen ihren Stand haben können wie dann, so wol die Forstbeambte, alß Forstknechte, ein wachendes Aug drauff haben sollen, daß solche Leut bey der Heiw Erndte, keine Forellen oder Aschen außfangen, sondern sich der Wasser, und des Fischstehlens, bet der in der Buß=Ordnung angesetzten annachlaßlichen Straff gäntzlich enthalten.

16. Es sollen auch die Enten, welche unsere Unterthanen, soan=oder nechst unseren Fisch= und Forellenbächen gesessen bißhero zu ziehen gepflegt in deme sie uns an unseren Forellen= und Fischwässern grossen Abbruch thun allerdings verbotten sey, und die Ubertretter, nach Innhalt unserer Buß Ordnung, ohnnachläßlich bestrafft werden.

17. Nach deme auch durch einlegung der Reisen, und andere ohngebühr liche Mittel, hin, und wider, so wol von unseren Unterthanen, alß Benach

barten, uns biß dahero in unsern Fischwässern, merclich abgebrochen, und die Bäche meistentheils damit veröset worden: Als wollen wir solch Reisenlegen, und der gleichen ohngeziemmende Mittel, insonderheit zur Zeit da die Fisch ihren Strich halten, allerdings eingestellt wissen: Wie dann unsere Forstbediente, und Forstknechte fleissig darauff achtung geben, und die Verbrecher jedesmahls zu gebührender abstraffung, bey dem Forstambt, anmelden sollen: Wie in unserer Buß-Ordnung, dieser wegen Andung geschehen wird.

Beschluß- und General, Punct.

1. Weilen auch in Jagt- und Forstsachen vielerley Ding vorgehen, und sich ein und andere Fäll ohnvermutheter Ding zutragen, dahero man in dieser Ordnung nicht alles melden, noch aller künfftigen Begebenheiten halber Vorsehung thun können So sol unser Ober-Jäger- und Forst-Meister, auch Forstbeambte ins gemein dahin bedacht sein, daß sie, waß zu Auffnehmung der Wildbahn, und Verbesserung der Wälder und Gehöltz, auch Fisch-Wassern, und also zu Vermehrung unserer, und unsers Ertzstiffts Einkommens, auch deß Lands Nutzen gereichen mag, fortsetzen und befördern, dagegen aber das wiedrige verhüten, und abschaffen, wie dann solches nicht allein auff die, eines jeden Ambts, sondern auch andere Gemeine, und in Summa alle gehöltze so weit sich unsere und unsers Ertzstiffts Wildbahn, und Lande erstrecket zuverstehen gemeint sein sol.

2. Deßwegen wir ihnen dann gebührlichen Schutz gegen männiglich leisten, und sie in solche ihren Diensten, genädigst, und Churfürstlich vertretten wollen.

3. Wir behalten uns auch bevor diese Ordnung nach Gelegenheit der Zeit, und der Wälder Zustand zu ändern, zu mehren, und zuverbessern.

Und befehlen hirauff allen, und jeden unseren Prälaten, Abten, Stifftern, Clöstern, Ober- und Unter-Beambten, Schultheisen, Burgermeistern, Rent-Baumeistern, Unterthanen, und Schutzverwanten, sambt und sonders, daß sie über diese unsere Forst-Wald-Jagt- und Weidwercks-Ordnung, welche ihnen sambtlichen, und dem gantzen Land, auch jedem absonderlich zu Nutz und besten angesehen, nicht allein vor sich, so viel einen jeden betrifft, steiff, und fest halten, und nichts widerigs dagegen thun, und vornehmen, sondern auch wissentlich niemands verhengen, und nachsehen darwider zuhandlen, und da sie erfahren würden daß sich jemand freventlich, oder muthwillig, darwider etwas zuvernehmen unterstehen solte, solches ihren Pflichten gemäß, entweder unserer Stadthalterey, oder den Forstbeambten jedes Orts wo der Schaden geschehen, anmelden, und berichten sollen.

Absonderlich aber befehlen wir unserem Ober-Jäger- und Forstmeister, auch Forstbeambten, und Forstbedienten, daß sie, so lieb ihnen ist unsere Ungenad, neben rechtlicher Straff zu vermeiden, sich dieser Ordnung nach allerdings Vermög ihrer Pflichten erweisen, und erhalten, umb alles das Jenige, so sie darüber geschehen, erfahren würden mit gebührendem Ernst reden, die in Frevel befunden Pfänden, die Verbrecher an gehörigem Ort anmelden, und sich hiervon weder Fründschafft noch Feindschafft, Geschenck oder Gaab abwendig machen lassen.

Hingegen wir sie sambt, und sonders, wider männiglich, den sie Vermög ihrer Pflicht, und dieser unserer Ordnung besprechen, oder anmelden müssen, gnug samb schutzen, und in unserem Churfürstlichen Vorspruch halten wollen. Und damit sich niemand mit Vorwendung der Unwissenheit zu entschuldigen; Als haben wir diese Ordnung in offenen Truck außgeben: Und unser Insigel darbey trucken lassen. So geschehen uff S. Martinsburg in unserer Stadt Mäyntz den 20. Decembr. 1679.

Buß-Ordnung, deren sich unsere Forst und andere Beambten, bey den Wald-Gedingen, gegen die Jenige, so wider obige Ordnung frevelen zu halten haben.

1. Die Jenige, so 8. Tag nach erlangter Wissenschafft, an gehörigen Orten nicht anzeigen, wo etwa Mahl-Bäume umbfallen, oder Marck- und Geleits-Steine sich verlihren sollen gestrafft werden, wie oben in der Ordnung Cap. von Gräntzen. §. 4. und 5. gemeldet wird.

2. Wie die jenige, so die Marck- oder Laagbäume verstümpffen, umbhauen, oder gar abthun, sollen bestrafft werden, ist in angerechtem Cap. §. 9. zu sehen.

3. Welche der hohen Jagt, und Wildbahn befugt seynd, und die oben in der Ordnung bestimbte Zeit nicht halten, sollen 100. Goldgülden zur straff erlegen, wie oben in der Ordnung, Cap. von Jagten §. 2. zu sehen.

4. Der zu Zeiten, wann das Wildpret setzet, ohne Erlaubnus sich im Wald, mit Viehe, oder Hunden betretten läst, sol fünff fl. zur Straff erlegen.

5. Welcher Schäffer einen Hund haltet, und demselben kein Höltzernes Creutz in der Form, und Maaß, wie es in der Ordnung beschrieben ist, anhängt, sol, so offt er betretten wird von jedem Hund fünff fl. geben.

6. Welcher zwischen Petri Cathedra, und Bartholomæi sich unterstehet Hetzen-zureiten, Hasen zu jagen, oder zu schiessen, und Hüner zufangen, sol jedesmahls so offt er betretten wird zehen Goldgülden zur Straff geben.

7. Das Schlingen-stellen auff die Hasen sol bey zwantzig Floren Straff eingestellt bleiben.

8. Wer im Frühling wann die Vögel außbrüten, sich an Ayern, oder jungen Vögeln vergreifft, sol ein fl. Straff geben.

9. Da einer der im Wald nichts zuschaffen hat, sonderlich an Feyertagen, darinnen betretten wird, sol anderthalb fl. geben.

10. Welcher sich unterstehet Rehe- oder Wild-Kälber auffzuheben, und zu stehllen, sol von einem Rehe-Kalb funffzehen fl., von einem Wild-Kalb aber breyssig fl. geben.

11. Wer sich unterstehet Dratschlingen, oder Fallen vor Auer- und Birckhanen zustellen, so er dessen überwiesen würde, soll funfftzen fl. zur Straff erlegen.

12. So jemand sich unterstünde in der Wildfuhr ohne Erlaubnuß, die Mastung an EichlenBuchen, Haselnussen Wilden-Oepffeln, Birn, und anderem Holtz-Obst, auffzulesen, soll brey fl. erlegen.

Mainzer Forstordnung vom Jahre 1679.

13. Der einen wilden Apffel-Birn-Speyerling, oder dergleichen wilden Obsbaum in der Wildfuhr, ohne Erlaubnuß abhauen lasset, soll fünff fl. zur Straff geben.

14. Daß Marter- und Dax-fangen ist bey zehn fl. Straff verbotten.

15. Wo Jemand im Wald zuthun hette, und einen Hund nimbt, soll drey fl. geben.

16. Die jenige so fallen, oder selbst-Schüsse auff daß Wildpret legen, und dessen überwiesen sind, sollen in Hafften gebracht, und ferner mit ihnen verfahren werden, wie oben Cap. von Jagten §. 16. zusehen.

17. Niemand soll sich, bey zwantzig fl. Straff, gelüsten lassen, denen Jägern in ihre, auff Wölffe, Luxen, Fisch-Otter, und dergleichen Raubthier außgelegte Fallen zu stehlen.

18. So die Kohlen-Brenner Frucht-tragende Bäume, alß Eichen, Oepffel, Birn-Castanien-, Kirschen-Speyerlings-Bäume Nußbäum Linden Bäum, und dergleichen abzuhauen sich unterstünden, sollen sie von jedem Stamm fünf fl. geben.

19. Welcher von den Holzhauern mit betrüg handlet, die Klafftern nicht der Gebühr nachmacht, oder nach Vortheil legt, derselbe solle, so offt er betretten wird, jedesmahls fünfzehn alb. Straff geben.

20. Die jenige so Holz, angenommen, und schlagen lassen, sollen dasselbe vor Pfingsten, ab- und zu sich, oder an einen andern Ort, da es den jungen Schlägen unschädlich, bey zwey fl. Straff führen lassen.

21. Welcher sein geschriebenes Holz schlagen lassen, und auff vorhergegangene citation, in dem zur abzehlung angesetzten termin, nicht erscheinet, oder keinen Vollmächtigen an seine statt schickt, der soll zwey fl. Straff geben, ihme auch daß Holz, biß solche Straff erlegt ist, nicht abgefolget werden.

22. Welcher außer denen gewissen Holztägen, sich unterstehet im Wald, Holz zulesen, oder auch grün Holz abzuhauen, soll ein fl. zur Straff geben.

23. Die jenige, welche die, ihnnen zuverwahrung ihrer Waldröder, gegebene Plöck, und Rigulstangen, über Winter zu verbrennen, und auff den Früling wider frisches zu begehren sich verkühnen, die sollen drey fl. zur Straff geben.

24. Der jenige, so zwar Gerechtigkeit von Holz in Wäldern hat, sich aber eigenen Gefallens anzuweissen gelüsten läst, soll fünff fl. erlegen:

25. Die Hoffbauren sollen kein Holz zu Marct führen, bey drey fl. Straff.

26. Wo Jemand in den jungen gehäwen unter 4. Jahren mit Sigeln graset, der soll ein fl. zur Straff erlegen.

27. Welcher in den jungen Schlägen, ohne erlangte Verwilligung, und Anweisung, mit Pferten, Rind-Schaff- oder anderm Viehe, vor der oben in der Ordnung bestimbten Zeit, zuhüten sich unterstehet, der soll jedesmahls, nach Anzahl des Viehes, vom jedem Stück Pferdt, oder Rind viehe 15. alb. von Schaffen aber 5. alb. zur Straff erlegen.

28. Die Stiffter, Clöster, Stätte, oder Gemeinden, so viel deren, an-oder in unsere Wildbahn gesessen, und deren Güter dran- oder drinnen gelegen, welche sich unterstehen, wider unsere Ordnung, ohne Vorwissen deß Forst-Ambts

von ihrem eigenen Holtz zu verkauffen, sollen jedenwahls zehn fl. zur Straff geben.

29. Welcher von den Köhlern, über daß ihme, nach Innhalt unserer Ordnung angewiesene, dem gesunden Holtz schaden thut, sol von jedem Stamm 15. alb. auch nach befindung ein mehreres zur Straff erlegen.

30. Die Glaßmacher sollen ohne Anweisung keine neue Gehäw anfangen bey Straff funfftzen fl. Auch sollen sie bey fünff fl. Straff ihr angewiesenes Holtz in dem Wald sauber biß auff den Gibel auffarbeiten, und jedem Stamm, über eines Werckschuchs höhe, nicht über Erden stehen lassen.

31. Die jenige, so sich unterfangen, wider unsere Ordnung, so wohl in unseres Ertzstiffts-alß auch ihren eigenthumlichen, und Lehenbahren Wäldern, daß Laub zusammen zu Räffen, und zuveräschern, sollen zehn fl. zu Straff geben.

32. Welcher heimlich, oder offentlich in den Wäldern, ohne Erlaubnuß hütet, soll von jedem Stück Rint-Viehe, 5. alb. von Schaffen 1. ab. zur Straff erlegen.

33. Der eine Ziegen in den Wald-Ambtern haltet (ausser denen, welchen es oben in der Ordnung, Cap. von Trifften. §. 4. Erlaubet wird) soll ein fl. zur Straff geben.

34. Welcher mit seinem Viehe, die hin, und wider, dem Wildpret zum besten, angestelte Saltz-Lacken, außzuätzen sich unterstünde, sol funfftzehn fl. zu Straff geben.

35. Welcher Fuhrmann, wider diese Ordnung, sich der verbottenen Schleppreiser in den Wäldern gebrauchen wird, soll fünfftzen alb. zu Straff erlegen.

36. Wo ein Fuhrmann ausser denen ordentlichen Strassen, auff newgemachten Wegen betretten wird, der soll gepfändet werden, und ein fl. zur Straff geben.

37. Wer dem andern seine Waldwiesen außgraset oder abhütet, soll ein fl. zur Straff geben, und den Schaden bezahlen.

38. Wann ein benachbarter Hird, oder Schäffer über die Gräntzen hütet, soll er gepfändet, und daß Pfund ihme nicht wieder gegeben werden, biß er drey fl. zur Straff erlegt, und sich erklärt, daß er nicht wider kommen wolle. Wofern aber von ihme Schad geschehen wehre, soll derselbe taxirt, und die Straff erhöhert werden.

39. Wer mit dem Anspann, an dem Ort, allwo er hinbescheiden ist, nicht zu bestimbter Zeit erscheinet, sonder zu Spät kombt der soll vo einem jede paar Ochsen oder Pferd soviel er beren damals anzuspannen befelch ist, ein fl. zur Straff geben: Solte aber jemand Haltzstärriger weiß gar außbleiben, derselbe soll von jedem paar Ochsen, oder Pferdt, deß Tags drey fl. erlegen.

40. Welcher sich verkühnet, die Wind und andere Leinen von dem Zeuch zustehlen, so er dessen uber wiesen wird, der sol umb funff und zwantzig fl. auch den Umbständen nach höher gestrafft werden.

41. Wer uber der Jägerey Beambt- oder Bedienten Verbott, an den Ort, allwo man zu jagen gebenckt, mit Viehe treibt, der sol von jedem Stück funfftzehn Alb. zur Straff erlegen.

42. Welcher vom Jagen auff der Hirschfeist, Schweinhatz, und anderen Beyjagten, ungehorsamlich außbleibt, der sol jedes Tags zehn Alb. die zuspäth kommende, und zu frühe ablauffende aber jeder deß Tags fünff Alb. zur Straff geben.

43. Wer aber auff dem Wolffs-Jagen außbleibt, sol deß Tags fünffzehn Alb. die zuspäth kommende, und zu frühe ablauffende sieben und einen halben Alb. erlegen.

44. Welcher auff dem Jagen eine Stellstangen ligen läst, sol sieben unn einen halben Alb. zur Straff bezahle.

45. Wer mit seinem Zug Vihe, nach zugesteltem Jagen zu nache bey den Zeuch fährt, daß das Wildpret zuruck laufft, und also dem Jagen Schaden thut, sol zwey fl. zur Straff geben.

46. Da aber auff der Wolffs Jagt also, oder sonst durch der Dienstleute Fahrlässigkeit, und Muthwill, Schad geschehe, solle der Verbrecher drey fl. zur Straff erlegen.

47. Welcher innerhalb 6. Jahren, einen Ort, da wider diese Ordnung gebrennt, oder gesängt worden, mit einerley Viehe betreiben wird, der soll fünff fl. zur Straff geben.

48. Wann ein Schneidmüller die Seegspän in die Fischwasser, sonderlich zur Zeit der Bruth, lauffen läst, soll er drey fl. zur Straff erlegen.

49. Welcher Waldwiesen, und Forellenbäch hat, der soll die Bäch inn- und ausserhalb raumen, und sauber halten, auch dem herkommen gemäß, die Wehr im bäwlichen wesen halten, und so offt er darwider handelt, drey fl. zur Straff geben.

50. Welcher in unseren Fischwässern, Aschen, oder Forellen zufangen sich unterstehet, soll jedesmahls, so offt er betretten wird, funffzehn fl. zur Straff geben.

51. Welcher Unterthan, so an- oder nechst unseren, Fisch- und Forellenbächen gesessen Enten ziehet, soll von jedem Stück funffzehn alb. zur Straff geben.

52. So jemand mit Reisen-einlegen, oder sonst ohn ziemlichen Mitteln unsern Fischwässern, auch so er darin zu Fischen macht hette, Schade thut der sol so offt er drüber betretten wird, jedesmahls funff fl. zur Straff geben.

53. Was auch uber obspecificirte verbrechen, ferner wider unsere Ordnung solte gehandlet, und verubet werden, daß sollen unser Ober-Forst und Jägermeister, auch Forst- und andere Beambte ohnnachläßlich, der Billigkeit, und den Umbständen nach, gebührend abstraffen, und alle solche Straffen pflichtmäßig zu gehöriger Rechnung bringen.

Gestatten wir sie sambt, und sonders, wider männiglich, den sie vermög ihrer Pflichten, und obiger unserer Ordnung besprechen, pfänden, und abstrafen werden genugtamb schützen und vertreten wollen: Uns inmittels vorbehaltend, diese Unsern Buß-Ordnung nach Gelegenheit der Zeit zu ändern, zu lindern, oder zu ersteigern.

Zu dessen Urkund haben wir befohlen dieselbe Unserer Wald- Forst- und Jagd-Ordnung anzuhenden, und beyzubinden: So geschehen wie obstehet.

3.

Schematische Darstellung des Rhythmus der Hiebseingriffe in den Laubholzverjüngungsbeständen.

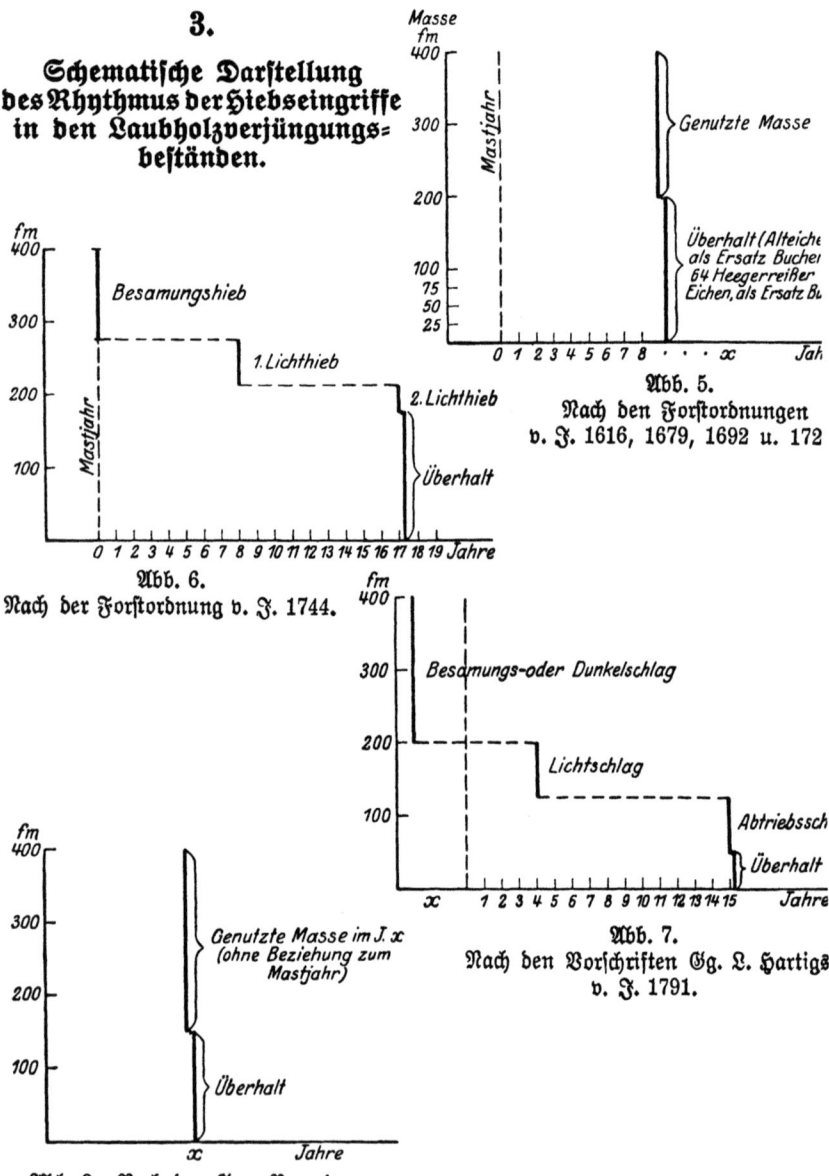

Abb. 5.
Nach den Forstordnungen v. J. 1616, 1679, 1692 u. 172[?]

Abb. 6.
Nach der Forstordnung v. J. 1744.

Abb. 7.
Nach den Vorschriften Gg. L. Hartigs v. J. 1791.

Abb. 8. Nach der Gen.-Verordnung v. J. 1774.

Schematische Darstellung.

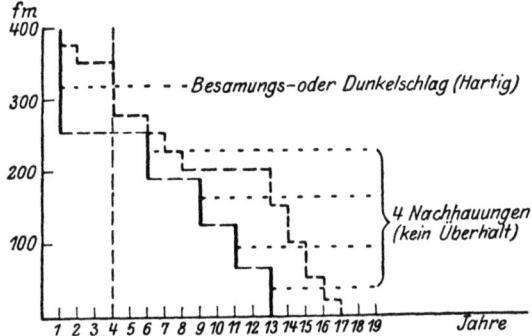

Abb. 9. Ausgezogen: nach den Vorschriften der Wirtschaftsregeln um das Jahr 1830, punktiert: wirklicher Ablauf im Durchschnitt der Jahre 1820—1860.

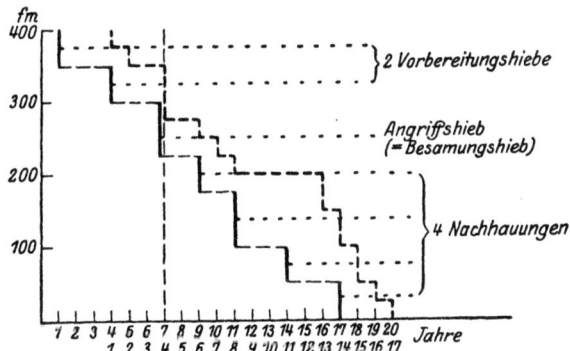

Abb. 10. Ausgezogen: nach den Vorschriften der Wirtschaftsregeln um das Jahr 1850, punktiert: wirklicher Ablauf im Durchschnitt der Jahre 1820—1860.

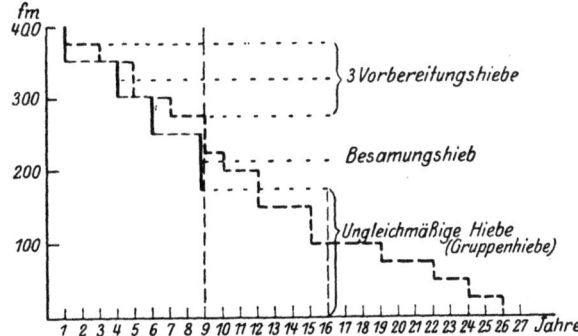

Abb. 11. Ausgezogen: nach den Vorschriften der Wirtschaftsregeln vom Jahr 1888, punktiert: wirklicher Ablauf im Durchschnitt der Jahre 1888—1910.

4.
Kurmainzische Verordnung vom 31. Juli 1719.

Lotharius Franz von Gottes Gnaden Erzbischoff zu Mainz, des heiligen Römischen Reichs durch Germanien Erzkanzler und Kurfürst, Bischof zu Bamberg.

Wohlgeborner auch ehrsamer, liebe getreue wir haben aus Eurer uns unlängst hie abgestatteter unterthänigster Relation mit mehrerem gnädigst ersehen, in was Standen sich dermalen der Wald zum Spessart wegen der von unseren Untertanen zu Neuhütten, Crommenthal, Wiesthal, Heinrichsthal, Habichtsthal, Heigenbrücken, Rothenbuchen und Waldaschaff gemachten alten und neuen Rödern, so dann die Wäldern in dem Amt Lohr, im Bachgau, in der Strieth bei Aschaffenburg, Kleinostheim, nicht weniger der Stockstatter dies- und jenseits der Gersprinß befinden tun, und wohin Ihr Euer untertänigst Gutachten zu Wiederaufbringung derselben, sodann derem sehr ruinierter Heegen und Schlägen bei uns gehorsamst abgeleget habet. Wann wir uns nun solches gefallen lassen, mithin uns darauf gnädigst entschlossen, daß keine Röber mehr im Spessart gemacht, sondern die vorhandene nebst jeder Dorfmarkung vor Allem ausgesteinet und das darauf stehende Holz zu unser ferner gnädigster Entschließung vorbehalten werde. Von denen ganz neuen Rödern aber eine proportionierliche Austeilung unter die mittellosen Untertanen in obgemeldtn Dorfschaften nebst der vorgeschlagenen Gleichheit auf dem Feld und Hecken, so viel es ohne Abbruch und ohne Schaden geschehen kann gemacht, die ganze Gemarkung jedes Orts gemessen, mithien wir dadurch wissen mögen, was an jeder von obspezificierten unseren Untertanen besitze, so hättet Ihr Euch zufördertst und vor allen Dingen in gemelde Dorfschaften zu begeben, jedes Orts alte, mittelmäßige, junge Leute vor Euch zu bescheiden, in Gegenwart des Laubmeisters und deren Förstern benselben kund machen, daß sich keiner, wer der auch sei, jetzt oder inskünftig erkühnen sollte, ohne unsere kurfürstl. Kammer und unseres Oberforstmeisters Wissens das Geringste mehr zu roben, mit dem Anhang, falls einer oder andere dergleichen unternehmen und sich mit Neuroben vergreifen und wann solches von der Gemeinde. nicht also gleich dem Laubmeister kund getan und der Uebertreter von derselben nicht abgehalten werde, daß

1. der Untertan den unparteiisch taxierten Schaden zahlen, sodann des Lands auf ewig verwiesen und da der gedachte Untertan nichts in Vermögen hätte, die ganze Gemeinde alsdann dafür stehen und er selbst Zahler sei so fort darauf ohne Weiteres exequiert werden solle, wobei in Obacht zu nehmen, daß alle Markungen mit ihren guten, mittelmäßigen und schlechten Lagen beschrieben, in eines ordentlichen Landt- und Güter-Buch umständlich eingetragen, so bann die Schätzung nach der Situation und Nahrung eines jeden Orts drauf geschlagen werde;

2. habt ihr den Untertanen ernstlich und bei unserer Ungnad zu verbieten, in die zugehängte Heege und Schläge kein Vieh, es sei Horn oder Geißen Vieh, Schwein oder Pferd zu treiben, da den Jägern und Förstern auch Untertanen erlaubt worden, daß, was sie darinnen sehen, antreffen, erkennen und be-

kommen können, sie solches in das nächst gelegene Ort treiben, das gewöhnliche Pfandgeld davon zu nehmen erlaubt seie, die Schade aber alsdann sogleich besichtigt und sofort, wann dieser zu groß erscheinen würde, uns solches Vieh um so mehr verfallen sein soll, als es die Erfahrnuß gegeben, daß die Untertanen 8 auch 10 fl. Strafe nicht achten, sondern nachdem sie es öfters gewagt und nicht ertappt worden, unsere Verordnung bis anher spöttlich verachtet haben, wie Ihr dann

3. den Untertanen deutlich vorzuhalten, daß keiner, wer er auch sei, einige Klaffel mehr gebrauchen, sondern der oder die, welche ohne Hemketten innerhalb 3 Monaten betreten werden, 5 fl. an Straf neben dem Pfandgeld erlegen oder das Vieh ausgespannt und verkauft, die Straf aber davon ohne einzige Nachlaß eingehalten werden soll, welches Klaffeln den Fuhrleuten fremden oder inheimischen ebensowohl als unseren Untertanen zu untersagen ist.

4. Nachdem die Glashütten allzu viel Ungemach nach sich ziehen, so habt ihr denen Hüttenmeister auf der kleinen Glashütte im Sommer und Grund Ruppertshütten anzudeuten, daß wir solche Glashütte länger zu dulden nicht gemeinet sein, dennhero sie Hüttenmeistern mit weiterem Brennen einzuhalten und Ihr dahin zu sehen und zu veranstalten, daß die um die Glashütten gebauten Wohnungen abgerissen und vertilgt, die Orten zugehängt und geheegt werden. Den Direktors von der Manufaktur und denen Untergebenen habt ihr scharf einzubinden, daß gleichwie wir ihnen so viel möglich behilflich sein wollen, damit sie ihr Gewerb forttreiben und sie uns demnächst den unserer Hofkammer schuldigen Rückstand nach und nach bezahlen mögen, daß sie sofort das Holz bestens in Acht zu nehmen und daran zu sein hätten, daß sofort ein Floßmeister einen Schlag quittiert, sie Direktoren das von gedachten Floßmeister Hinterlassene knörtige nebst Prügel und Bengel aufladen, Näster und Reißer zusammentragen und abführen zu lassen hätten, daß sie mit der Manufaktur die Flösser mit Fournierung unserer Hofstatt und also eins mit dem Andern bestehen möge, auf welches Alles unser Laubmeister und Förster, damit es also geschehe, fleißig Acht zu geben haben.

5. Indem wir mißfällig vernehmen müssen, daß das Eichenholz dergestalt an gelegenen Orten abgenommen, daß wir kaum für unsere Hofhaltung und erzstiftliche Weinberge das nötige Daubholz und Pfähl übrig haben, so hättet ihr die Anweisung des frischen Holzes völlig zu untersagen, da aber abgängige Bäum vorhanden, wollen wir gnädigst geschehen lassen, daß solche unsere Untertanen gegen ein leidentliches „Ahngeld" überlassen und ihnen dadurch die Nahrung vermehrt werde. Und da

6. nötig sein will, daß diejenigen, deren Vieh man in den zugehängten Schlägen antreffen werde, solcher Frevel ohne die geringste Connivenz angemerkt werde, so hättet ihr solches gehöriger Orten absonderlich den Jägern und Förstern kund zu tun, daß sie darauf stets und nach ihren Pflichten halten, das Pfandgeld nach Gewohnheit von ihnen genommen und das, was dem Jäger zu Sailauf und andere bei letzterem Förstergericht abgezogen werden, gänzlich und ohne Abbruch von dem oder denen restituiert werde, welcher oder welche solches zurückbehalten oder ihren Förstern abgeschrieben haben. Da auch

7. jeder Untertan sich unterfanget ein particular Hirten anzunehmen, wir

aber solchen schädlichen Hirten in unseren Waldungen nicht nachsehen, sondern daß alles Vieh mit dem gemeinen Küh-Geiß oder Schweine Hirten getrieben werde, so habt ihr dieses Verbot bei 10 fl. Straf zu publicieren und diejenigen, welche solches überschritten und derentwegen ertappt werden, durch die Jäger und Förster anzeigen, auch durch den Schultheißen des Orts an seiner habenden Hab und Nahrung es sei beweglich oder unbeweglich so gleich exequieren zu lassen, das Strafgeld aber zu unsererer Oberkellerei zu liefern, wie ihr dann bei gleicher Straf zu verbieten, kein Vieh des Nachts im Wald hüten zu lassen, so wir durchaus nicht dulden wollen,

8. die Haltung des verderblichen Geiß Viehs in und außer dem Spessart, Wald und Schlägen, völlig zu untersagen, dergestalten jedoch, daß derjenige Untertan, so keine Kühe hat, 2 Geißen auf dem Feld selbst oder durch einen gemeinen Geißhirten hüten und treiben lassen, der aber so eine Kühe haltet, keines dergleichen Geißenviehes dabei treiben und unterhalten solle; nicht weniger

9. Niemand außer denen, so es berechtigt, ihre Zahl an Schaf-Vieh an Ort und Enden, wo sie es nu herbringen, zutreiben, noch

10. das Laubbrennen, wie bis anhero höchst schädlich geschehen, künftighin mehr, wohl aber endlich auf dem Feld solches erlaubt sein soll, wir wollen

11. daß den Kohlenbrennern anders nit als mit gut Befinden unseres Forstamts der Distrikt, wo man Kohlen brennen soll, angewiesen, dabei aber das viele Holz und Reithel verführen hauptsächlich untersagt und eingestellt werde.

12. Habt ihr unseren Untertanen ferner nachdrücklichst vorzustellen und einzubinden, daß, nachdem aus eurer uns abgelegter untert. Relation die Wälder mit vielen zum Brennen tauglichen darinnen umgefallenen Holz versehen, sie aber mehr Gutes abhauen als das liegende aufmachen und abführen, selbige sich ein- für allemal dessen zu enthalten und so oft und viel aber einer mit frischem Holz ertappt wird, solcher Untertan dafür 10 fl. Straf erlegen, das Holz anbei abgeworfen und verfallen sein soll, und damit dieses Alles desto genauer beobachtet werde, so wollen und befehlen wir gnädigst, daß jedes Orts Schultheis bei seinen uns geleisteten Pflichten darauf genau Obsicht tragen, und die so er im Heim- oder ins Dorffahren ertappet, unseren Laubmeistern und Förstern anzeige, auf daß der Übertreter, so gleich wie oben gemeldet, gestraft, die Straf erhoben, unserer Rentkammer von dem Laubmeister mit Beisetzung des Schultheissen und benen Förstern Zeugniß verrechnet werde. Damit aber auch der Untertan zu seiner Notdurft mit Holz versehen werde, so soll er erstlich das Liegende nach und nach aufmachen, und da dessen keines mehr vorhanden, alsdann durch den Schultheissen dem Laubmeister anzeigen, der sich darüber selbst erkundigen und demnächst Sorg tragen soll, an Enden und Orten, wo es nicht schädlich sein mag, anders oder frisches anzuweisen. Dahingegen

13. die Zeit zur Beholzigung von Michaelis bis Georgii und von Georgii bis Michaelis kein Untertan mehr in Wald fahren und mit Abhauung des Holzes dem Wald Schaden tue und gar das Wildbret verjagen oder das Gesetzte gar fangen möchte, alles bei obbemelbter Straf, so viel

14. die Potaschenbrenner belangend wollen wir daß anstatt 5 nur 4 zum Nutzen und Gebrauch der Manufaktur künftighin sein, und bis auf unsere weitere gnäb. Verordnung bleiben solle, endlich und

Verzeichnuß sämbtlicher Forsten, Bergen und Districten.

15. ist unser ernstlicher gnädigster Will und Meinung, daß und damit es in unsern Waldungen des Spessarts so wohl als allen Andern, so noch zu besichtigen seind, ordentlich und treu verfahren werde, so sollen im Spessart die Laubmeister, Vice Oberjäger und der über den Forst bestellte Förster und Jäger die Anweisung des von unserer Kammer bewilligten mithin abzugebenden Gehölzes gesamter Hand vornehmen, ihre allseitige Herrschaftl. Waldeisen daran schlagen, darüber 3 gleichlautende Register halten, ein jedes Register die Zahl des Gehölzes oder Baum nebst Benennung desjenigen, so solches und wozu er es empfangen, auch wie hoch dieses oder jenes bezahlt worden, mit beigelegtem Attestato von dem Käufer selbigen einverleiben, und nach Verflüssung des Js. er Laubmeister seine Forstrechnung mit unserer Kammer oder unseres Oberforstmeisters Befehl als einer Urkund zu seiner Sicherheit belegen, und da wir sonsten gnädigst gemeint sein noch mehrerer Puncten über die Waldungenexcesse nach vorgemonnener der Euch aufgetragener Visitation unsers Erzstifts und deren Gemeinde Waldungen aufsetzen und sofort publizieren zu lassen, so hättet Ihr innmittels diese ohne merklichen Erstandt vorzunehmen und daran zu sein, damit noch vor dem Winter in den anderen fortgefahren und wir endlich dieses so nötige als nützliche Geschäft in seine völlige Richtigkeit gebracht sehen mögen:

die wir darüber Euer ferner weiten untertänigsten Relation gewärtig sind und Euch mit Gnaden wohlgewogen verbleiben

Mainz, den 31. Juli 1719.

Loth. Frantz Kurfürst.

An beide Hof- und Kammerräte von Reigersberg und Dilenium.

Wohlgebor., auch ehrsamen, unseren Cämmerern Hof und Regierungsräten auch Amtmann zu Cronberg, und Cammerrathen, lieben, getreuen, Veit Frantzen Freiherrn von Reigersberg und Johann Jakob Dillernio.

5.

Verzeichnuß

sämbtlicher Forsten, Bergen u. Districten des gantzen Spessarts, wie u. wo sie liegen, auch mit was Gehöltz selbige ermahlen versehen seyend, verfertiget durch mich

Andream Biber, p. t. Laubmeistern des Spessarts.

Anno 1733.

26.[1])

Rodenbücher Forsts,

Benandtliche Districte, Berg u. Refieren, mit was Gattung Holtzes solche versehen.

	Stecken
117. Der Hengstberg mit Aichenholtz, stöst an die Lohrer Straßen	—
118. Das lange Buch, theils junger Schlag, theils noch hiebich Holtz, ad	2000
Summa	2000

---

[1]) Das Verzeichnis umfaßt 51 Seiten; hier folgt auszugsweise nur die Beschreibung des „Rodenbücher Forsts".

	Transport	2000
119.	Das schwartze Buch, biß an neuen Niclaße, Buchenholtz	2500
120.	Das Quere- oder Tanebuch, Buchenholtz ad	1500
121.	Die Quellrhain gegen Neuhütte Aichenholtz	—
122.	Das Kaltebuch oben her, stößt an Wüstahler Forst, junger Floßholtzschlag	—
123.	In denen Hassellbüsche Aichen- u. jung Buchenholtz	—
124.	Die Schlechegründ, der Dürnberg, Werns Creutz biß Ferchhelsohl, Buche u. Aichenholtz	3000
125.	Die Stopel u. bie Grüner biß an die Rodenbüchme Acker, Aichen, mit etwas jung Buchenholtz	—
126.	Der Göbeltsrhain mit Aichen- u. mit erwachsenen Buchenholtz	—
127.	Der Lohrerberg biß an Rodenbücher Landtstraße meistentheils Licht-Aichen, mit theils Orthen jungen Buchenholtz	—
128.	Das Niclasen Buch, gemengt, v. hiebich Buchenholtz	1000
129.	Der Bomiger Rhain, biß an Mäusgründt Aichenholtz	—
130.	Der Mäußrhain mit meistentheils Aichen- auch jungen Buchenholtz	—
131.	Im Glaßrück Aichenholtz	—
132.	Das Bomiger Buch, der Zuber hiebich Buchenholtz	10000
133.	Der Mäußenschnabell biß Steingrundts Furth hienein gemengt Holtz ad	1000
134.	Der Bloßenschnäbell, mit Aichenholtz	—
135.	Das Kleineschnäblein mit Aichen u. hiebichem Buchenholtz	1000
136.	Der Holtzschnabel biß Breithsee und Breithfurth	1000
137.	Die Breidtgründte biß an Weißenstein mit schönem Aichen- u. vermengtem jungen Buchenholtz ad	—
138.	Der Mittelkindell u. der Pfaffenheister biß an die schönen Aichen, gemengt Holtz ad	6000
139.	Das gantze u. schöne Breitbuch alß der Ausstich von Buchenholtz im Spessart ad	40000
140.	Der Deizellrhain, Metzgersgraben biß Linnenbrunn, gemengt Holtz ad	1000
141.	Der Frauenrhain lauter Aichenholtz	—
142.	Von der schönen Aichen biß ins Crommenthal u. von der biß an die Taichträg, lauter lichter u. masttragender Aichwaldt	—
143.	Das Weibersbuch biß Schelensohl u. Dürren Würth mit Buchenholtz ad	6000
144.	Die Zwiestigerrhain biß an das Dornbuch, junger Weibersbrunner Spiegelhütter Schlag	—
145.	Das gantze Dornbuch biß an dürren Würth gleichfalls junger theils Orthen allschon hoher Schlag	—
146.	Der Hessen lange Rhain diesseits Spiegelhütte, junger Holtzschlag	—
147.	Die Krebslöcher biß an die alte Straße gemengtes Holtz, wovon an Buchenholtz hiebich	4000
148.	Das Robersbuch u. selbiger Rhain, der Grund herrin biß Robersbrunnen Buchenholtz ad	5000
	Summa	85000

Verzeichnuß sämbtlicher Forsten, Bergen und Districten. 221

| | Transport | 85000 |

149. Der Heinrichsrück u. die Zimmerrhain mit Aichen- auch theils orthe jungen Buchenholtz — —
150. Das Rheinstiehl sambt dem Rohrbuch jenseits der Poststraße Buchenholtz — 4000
151. Beym Tränckbrunnen Aichenholtz — —
152. Beym Meisenbrünnlein biß Saltztromb junges Aichenholtz — —
153. Der Steinmarcksrück biß an die Götzen Klingen, mit Aichen u. jungem Buchenholtz — —
154. Der gantze Bürdenberg, die Creutzrhain, der gantze Geyersberg biß an Thürn über 3 stundt im Bezirck mit dem schönsten jungen Aichenholtz — —
155. Das Dickbuch junges büchener Stangen Holz — —
156. Das Zollhauß, sodann das Ochsenlager, theils junger Schlag, theils noch hiebich ad — 2000
157. Die Wantzengruben, die Arschlerben, der kleine Staißling, u. gegenüber die bayerische Gründte, gemengt Holz, an Buchenscheidtholtz, ad — 3000
158. Der große Staißling sambt dem verbrandten Berg biß an das Langenrhainsölge, meistentheils mit ohnhiebichem Buchenholtz — 200
159. Der Scheiderwaldt von der Wolfskrutte biß an die Würtzburgische Cräntze u. an den Wildzaun jung erwachsenes Buchenholtz — —
160. Das Scheidgründge, der Salzweg heraus biß an die Kuhr gemengt Holz ad — 1000
161. Die Löcher an der Würtzburgische Cräntze biß hohen Knuckh Aichenholtz — —
162. Der Bährischberg nächst an der Sandtkautle mit Aichen u. junge Buchenholtz vermengt. — —

Summa 95200 Stecken Buchen Brennholtz, so in diesem Forst vorräthig, für gnädigste Herrschaft vernutzet werden kann.

Notandum 1. das pag. 26 Sub n^ris 118. 119. u. 120 in diesem Forst ausgeworfene Scheidtholtz ad 6000 Stecken kann zur Wüstahler Floßbach in bißherigem accord gelieffert — vom übrigem auch ein ziemliche quantität zur Weibersbrunner Spiegelhütten gebracht, des residuum aber (wann es mit der Zeit in der Hassenlohrer Floßbach, alß wohin es leicht zu bringen, mitgeflößt werden solte) wegen weiter Entlegenheit auch schwehr- und ohngewöhnliche Kösten, nicht wohl zu gnädigster Herrschaft interesse employrt werde.

Not. 2. Aus besagtem refier kann wie biß dato alljährlich allschon ein ziemlich quantum durch die Haffenlohrer Flößer geliefert werden, fürs künftige anliegend u. abgestandenen rindenlosen Aichbäumen, wann anderster ermelter Floßmeister sothanes Gehöltz 3 Viertell biß 1 Stundt wegs weith von der Bach nehmen will annoch gehauen und geflößt werden. 30000

Item, können an die Hyaner Floßbach, was dahin abhängig an dergleichen Herrschaftl. garnison-Holz geliefert werden 3000

Latus Summa 33000

6.
Auszug aus der Mainzer Forstordnung vom Jahre 1744.

§ 9.
Die gesunde fruchtbare Bäum sollen auf den jungen Schlägen nebst denen gewöhnlichen Heeg-Reiser stehen gelassen werden:

Die gesunde fruchtbare Bäum sollen auf den jungen Schlägen, und darneben auf jeden Morgen die nöthige Heeg-Reiser von Eichen und Buchen, darunter aber sonderlich das Eichen-Holtz, so viel zum graben Fortwachs dienlich, stehen bleiben, was aber oben in Wipffeln trucken und dürr, und am Stamm hohl wird, weil es von Jahren zu Jahren abnimmt, und endlich gar niederfallt, mit weggehauen, und was an Handwerks-Holtz daran noch tuchtig ausgehauen, und das übrige zu Brennholtz geschlagen werden: Wie dann die Forst-Beambte und Forst-Knechte, so solche Heeg-Reiser aushauen und stehen lassen sollen, welche so starck seyn, daß sie von Schnee und Wind nicht untergedruckt werden können; Ebenmäßig sollen auch die junge Schläg wohl in acht genommen damit weder Zaun-Gärten, Lattenstangen, Hopffen- oder Reiffstangen daraus gehauen, und die Berg dadurch schändlich verderbet werden.

§ 10.
Die Schläg sollen anfänglich nicht zu licht gehauen werden:

Diese Schläg nun sollen anfänglich, damit die Sonn das Erdreich nicht verdruckne und dem jungen Anflug den Nahrungs-Safft entziehe, nicht zu licht gehauen, sondern hin und wieder gesunde Heister und Heeg-Reiser daneben auch alle gute und gesunde Eichen zu Wald-Recht stehen gelassen werden.

§ 11.
Wann die erste Ausläuterung vorzunehmen:

Wann alsdann der junge Anwachs in den bereits vorhandenen oder künfftig zumachenden Schlägen eines Knies hoch und drüber erwachsen, und also die Ausdrucknung des Erdreichs nicht so sehr mehr zu befürchten ist, so soll alsdann die erste Ausläuterung der stehen gebliebenen haubahren Heister geschehen, und solche ebenfalls nicht hier und bar, sondern dem Schlag nach durchgängig vorgenommen werden.

§ 12.
Was hernach noch ausgeläutert werden kann:

Wann der junge Auffwachs sodann Manns lang erwachsen, gleichwohl aber noch hier und bar zu Wald-Recht etwas stehen gelassen, müssen solche Bäum zu Beförderung des jungen Holtzes, wofern es ohne sonderbaren Schaden geschehen kann, was nicht zu Werckholtz dienlich vollends ausgeläutert, und mit Säuberung des Walds, Auffbindung des Reiß-Holtzes, auch sonsten mit der Abführung alles in die Wege gerichtet werden, daß dadurch kein sonderlicher Schaden geschehe.

§ 13.
Wann und wie das junge Holtz auszuschneidelen:

Ist es nun soweit damit gekommen, das die Ausschneidelung geschehen muß, so sollen Unsere Unterthanen, welche sich der Orthen beholtzigen oder sonst die Mast und Huthe haben, auf Befehl und Ansag Unserer Forst-Bedienten die Ausschneidelung des jungen Holtzes nach der Ordnung, wie die Schläge geführet, und sie von Unsern Forst-Bedienten angestellt und angewiesen werden, dergestalt verrichten, daß dem jungen Stamm die Äste bis eines Manns hoch genommen, der Stamm selbst aber gäntzlich geschonet, und das abgehauene Reiß-Holtz zu Säuberung des Waldes sogleich auffgebunden werde, weßhalben und daß solches recht geschehe, sollen Unsere Forst-Bediente überall dabey seyn, und wohl zusehen, daß aller Schaden und Mißbrauch in diesem Fall vermieden und abgestellet werde. Die jenige Unterthanen nun, welche, wann sie zu solcher Verrichtung begehret, und auffgefordert, ohne genugsame Ursach zurück bleiben, sollen von Unsern Forst-Bedienten ohne Nachsehen zur Buß gebracht, und auf dem Buß-Tag oder Förstergericht dem Befinden nach gestrafft, den andern aber, welche ihre Arbeit wohl verrichtet, das abgehauene und auffgebundene Reiß-Holtz ohnentgeldlich geschencket werden.

§ 14.
Was nach der Ausschneidelung im Wald zu thun:

Worauff alsdann ein solcher Wald und Schlag, wann er nicht hernachmahls von den untüchtigen und unterdruckten Stangen und Krackel-Holtz zu säuberen und auszuläutern, so lang bis er wieder recht haubar worden, in Ruhe gelassen, und nichts außer dem Eichen-Bauholtz zur höchsten Nothdurfft darinnen angewiesen und gefället werden solle.

§ 15.
Die verbeitzte Schläg und Dornen sollen weggehauen werden:

Desgleichen sollen auch die verbeitzte Schläg kahl auf der Erden, und wo Dornen vorhanden, solche in vollem Safte, auf daß sie desto eher vergehen, ausgehauen werden.

§ 16.
Von der Heeg und geheegten Orthen:

Damit aber auch die neue Schläge und Gehäu in behöriger Ordnung gehalten, und der junge Ausflug von dem Viehe nicht abgefressen oder verbeitzt werde; so wollen Wir zwar geschehen lassen, daß den ersten Sommer über, wann der Schlag in hohen Wäldern, wo das Clafftter-Holtz gehauen, im Früh-Jahr geschehen, solcher annoch mit dem Viehe betrieben werde, weilen dadurch das Erdreich wund getretten, und also der Saamen von denen zu Waldrecht stehen gelassenen Eichen und Buchen desto besser in das Erdreich kommen und wieder auffschlagen kann, jedoch daß alsdann, wann die Blumen-Huthe, des ersten Sommers, vorbey, und die Maste beginnt reiff zu werden, nicht weniger in denen Waldungen, wo Stamm-Reiß gehauen, gleich vom Anfang in jedweder mit seinem Horn-Viehe (dann das Schweine-Viehe mag wohl nach gefallener Maste ein paar mahl durch getrieben werden), es seye was es wolle heraus, und der Orth solang in Heege und Zuschlag verbleiben, bis das junge Holtz dem Viehe wieder aus dem Maul und schier zur Ausschneidelung erwachsen, als bann und nicht eher soll solcher Orth von Unsern Forst-Bedienten zur Huthe wieder ohnentgeldlich auffgetan, und jedwederem, so darzu berechtiget, darinnen zu hüthen vergönnet werden.

§ 17.

Wann die Unterthanen die Huthe nicht entbehren können, wie daselbst die Wälder zu tractiren:

Da sich aber zutragen sollte, daß an ein- und anderen Orthen die Unterthanen gar nicht, oder doch wenig an ihrer Huth entrathen könnten, so sollen auf den ersteren Fall, wann Unsere Forst-Bediente denselben mittler weil nichts zur Huthe einzuthun wissen, die Huth-Wälder zwar in Heege nicht gelegt werden, denen Unterthanen aber wird hiemit bey willkührlicher Straff befohlen, alle Jahr ein Stück derselben nach dem andern, welches ihnen Unsere Forst-Bediente zeigen sollen, mit jungen Eichen und Buchen, oder nach Gelegenheit Hayn-Buchen, welche ihnen von denen Forst-Bedienten aus Unsern Wäldern, wo es ohne Schaden geschehen kann, gratis hergeben werden sollen, ordentlich nach der Maase, wie hernach folget, zu bepflanzen, und an der ausgehenden Stelle wieder neue zu setzen, auch solche mit Dornen und Pfählen dergestalt wohl zu bewahren, daß den jungen Stämmen von dem Viehe kein Schaden geschehen kann, wobey dann denen Hirten sonderlich hierdurch eingebunden wird, daß sie das Viehe, soviel immer möglich, von solchen neu bepflanzten Orthen abhalten, oder doch wenigstens allen Schaden mit Sorgfalt zu verhüthen suchen, widrigenfalls aber ohne Nachsehen auf dem Buß-Tage ernstlicher Bestraffung gewärtig zu seyn: Auf den andern Fall aber, soll zwar denen Unterthanen, so viel zu ihrer ohnentbehrlichen Huthe vonnöthen, jedesmahl offen gelassen, damit aber auch die Waldungen nicht gantz und gar in Abgang kommen, und dadurch ein schädlicher Holz-Mangel der Posterität zugezogen werde, wollen Wir, daß von Zeit zu Zeit ein Stuck nach dem andern so viel nehmlich auf einmahl an der Huthe zu entrathen stehet, in scharpffe Heege gelegt, und wann solches, wie oben gemelt, erwachsen, und wieder zur Huthe aufgethan worden, alsdann ein ander Stuck, und so ferner bis der gantze Wald wieder arthhafft gemacht, gleichfalls in Zuschlag genommen und geheeget werde.

§ 18.

Die Unterthanen sollen die Huthe-Wälder umackern oder hacken, wann sie in Heeg gelegt werden können:

Gleich wie aber die Erfahrung lehret, daß in solchen von langer Zeit her betriebenen Mast- und Huthe-Wäldern der junge Aufschlag sehr schwer und langsam hervor kommt, so sollen Unsere Unterthanen, damit die Orthe nicht allzulang in Zuschlag verbleiben, sondern sobald möglich wieder zur Huthe auffgethan werden können, jedesmahl auf Befehl Unserer Forst-Beamten den neuen in Heeg zu legenden District umackern oder hacken, Unsere Forst-Bediente aber denselben alsdann mit Eicheln und Aeckern im Herbst, und da den Boden zu Auffbringung der Eicheln nicht tüchtig, zu gehöriger Zeit mit Thaunen-Saamen, welchen in Mangel desselben Unsere Forst-Bediente zu beschreiben haben, ordentlich besäen, der Gebühr verpflegen, und in Summa alles das thun, was zu Wiedererzieh- und Arthaffmachung deren Waldungen in allen Stücken nöthig und nutzlich seyn möge.

§ 19.

Vom Erlen-Ziehen.

Wo es auch an sumpffigten und nassen Orthen keine Erlen hätte, dahin sollen Unsere Forst-Beambten des zeitigen Erlen-Saamens streuen lassen, damit deroselben sich der Orthen auch pflanzen möge, angesehen solches ein wächsiges Holz ist, so in wenig Jahren zu Stamm=Wellen gehauen werden kann.

§ 20.

Rüsten= und Aschen=Holz soll auffgepflanzet und gesparet werden.

Dieweilen auch das Rüsten= und Aschen=Holz vor anderem Gehöltz zu verschiedenen Sachen dienlich zu gebrauchen ist, so soll, wo es dergleichen in Unsern Wäldern gibt, solches zum Verbrennen oder andern gemeinem Gebrauch bey Straff nicht weggehauen, wo aber dessen keines vorhanden, mit Fleiß ebenfalls auffgepflanzt und gespahret werden.

7.

General=Verordnung vom Jahre 1774.

Wir Emmerich Joseph, von Gottes Gnaden des heil. Stuls zu Mainz Erzbischoff, des heil. römischen Reichs durch Germanien Erzkanzler und Kurfürst, Bischoff zu Worms etc.

Fügen hiermit zu wissen:

Nachdem bei der, den Flor und Aufnahme Unserer erzstiftlichen Waldungen bezielenden neuen Einrichtung von Unserer Hofkammer den k. Oberforstmeistern und Beamten, nach abgeschätz= und eingetheilten Waldungen, die Eintheilungstabellen zu ihrer Bemeß= und Nachachtung zugefertigt worden; Wir sofort der Nothdurft zu seyn ermessen, unter ernsthafter Verweisung auf die von Unsern Kurvorfahrern erlassenen Waldordnungen annoch eine weitere, und die gute Handhabung der Waldungen, so wie das Aufkommen des Gehölzes bezweckende Vorschrift verfassen, und in Druck bringen zu lassen, damit dieser die Aufnahme der Waldungen zum Gegenstand habenden Verordnung von Unsern Oberforstmeistern und Beamten genauestens nachgelebt, und solche den Forstbedienten und Unterthanen zur strengsten Beobachtung bekannt gemacht werden könne;

Als setzen, ordnen und wollen Wir dahero gnädigst, daß imo von Unsern Oberforstmeistern und Beamten das genaueste Augenmerk dahin gerichtet werden soll, daß in den angewiesenen Schlägen die nöthigen und zum Fruchttragen tauglichen Heegreiser und Saamenbäume zu Bemessung der Holzhauer ausgezeichnet, und zwar zur bessern Kenntnis unten an der Wurzel gerissen, nicht zu dick und nicht zu licht stehen belassen, sondern hiebei auf die Lage des Schlages, ob solcher an einem Berge oder auf der Fläche liege, und ob solcher an der Sommer oder Winterseite sich befindet, bestens gesehen werden, da in ersterem Falle wenigstens alle 18 bis 20 Schritte ein Saamenbaum erforderlich, im zweitern Falle aber alle 22 bis 24 Schritte hinlänglich sind.

2 do Soll nach jedesmaliger Anweisung diesen obliegen, das Nutzholz auszusuchen, fort die annoch zu benutzende Stücke und Klötzer aufmachen zu lassen, hievon die herrschaftliche Nothdurft und Consumtion fordersamst zu bestreiten und demnächst das übrigbleibende als Waarholz zu verkaufen, folglich darüber einen Accord abzuschließen und selbigen Unserer Hofkammer ad ratificandum einzusenden.

3 tio Hätten dieselben in jedem ausgehauenen Schlage dasjenige haubare Eichenholz, so den in 80 Jahren wieder vorgehenden Hieb nicht mehr ohne Beschädigung des hinkünftigen jungen Anflugs oder Stangenholzes auszuhalten, oder wegen seiner Vielheit und allzudicken Stande den Anflug zu ververdämpfen scheinet, mit Zuziehung der Jägerei gleich auszusuchen, zu marquiren, und die Anzahl der Stämme, nebst einem Gutachten, wie solche nach Abzug eigener Nothdurft am besten zu benutzen an Unsere Hofkammer zu weiterer Verfügung einzusenden, jedoch hiebei die masttragende Bäume, so viel möglich, zu verschonen, und sollten die Buchwaldungen vermischter mit Eichenstämmen bestellt seyn, so wären die Saamenbäume meistens und, so viel thunlich, von solchen Eichstämmen stehen zu belassen, und wenn dieses Eichenholz in einem Schlage allenfalls zu Verdämpfung des hinkünftigen Anflugs zu dicht erstehe, die abständigen Stämme alsdenn hiervon heraus zu nehmen und noch in Zeiten zu benutzen.

4 to Wäre sogleich nach völlig ausgehauenen und gesäuberten Schlägen auf die Wiederaufbringung eines ordentlichen Anflugs ein Hauptaugenmerk zu richten, die genaueste Heege anzulegen, alles Eintreiben des Viehes, Grasen, Mähen, und überhaupt was einem Schlage nur schädlich fallen könne, schärfstens zu untersagen, die Frevler gemessenst zu bestrafen, und wenn dergleichen nachtheilige Vorgänge überhand nehmen sollten, diesfalls die Berichte abzustatten, damit gegen die Frevler mit solchen Strafen verfahren werden könne, womit allen Ausschweifungen vorgebogen werde; sollte nun gegen Verhoffen in dem zweiten, höchstens dritten Jahre sich noch kein Nachwuch hervorthun, so wäre

5 to sogleich die Veranstaltung zu treffen, daß die öden und lichten Plätze gezackert und umgehackt, mit dem schicklichsten Saamen beworfen, oder letztere, wo solche wegen allenfallsig ohnentbehrlicher Viehetrift nicht in eine Heege gelegt werden können, mit jungen Stämmlein besetzet, folglich diesen mit allnöthigen Mitteln schleunigst zu Hilfe geeilet werde, damit nun auch

6 to zu Hauung der Schläge nach den Nummern kein Irrthum entspringen möge und stets die Absonderung eines jeden Schlags von dem andern klar vor Augen liege, so hätten Ober- auch Forstmeistere und Beamten bestens darauf zu sehen, und den Revierjägern aufzugeben, alle Jahre zu Anfang des Maimonats die bei der Eintheilung ausgehauenen Linien durch Handfröhner erneueren, das Gebüsch wieder höchstens auf 4 Schuhe breit heraus zu hauen, die Linienbäume frisch zu platten, und überhaupt sothane Bäume kenntbar zu erhalten, mit dieser Linienerneuerung aber sich so zu richten, daß die Arbeit bis den 15. Mai, wo die Setzzeit anfanget, vollständig geendigt sehe. Imgleichen wären

7 mo die gesetzte Pflöcke und Schlägweisere mehrmal zu visitiren, ob deren keine ausgegangen, versetzet, oder gar durch Freylere, wie schon verschiedentlich geschehen, die Arme und Numern abgeschlagen und ausgehauen worden, als worauf denn auch die Revierjägere fleissigstens Achtung zu haben, die betrettende Freylere sogleich anzuhalten und diesfalls, damit das Werk in seiner Ordnung erhalten werde, behörig die unverweilte Anzeige zu thun, damit nicht durch den Angriff einer unrechten Numer die größte Verwirrung unterlaufen, und eine ganze Eintheilung zernichtet werden möge.

General-Verordnung vom Jahre 1774.

8 vo Sollen alle Holzanweisungen nach den, dieserthalben von Unserer Hofkammer wegen jedesmal ergangenen Weisungen an die Ober- und Forstmeistere auch Beamten und der Jägerei den 1sten Ottober ohnausgesetzt vorgenommen, alle Stämme zuvorderist zum Vortheil der Wildprettsfütterung gleich gefället, und abgetrieben, hiernachst aber das Holz aufgehauen und längstens bis den 15ten Mai fürgefahren werden, allwo die Setzeit ihren Anfang nimmt; sollte sich aber

9 no ergeben, daß wegen tiefem und lang anbauerndem Schnee und allzukalter Witterung der Holzdieb gegen Verschulden der Lieferanten oder Holzhaueren, mithin nach all angewendeter Bemühung bis den 15ten Mai nicht vollständig beendigt werden könnte, die Bäume aber vorher gefällt worden, so sollen die etwa übrig gebliebene nach der Setzeit aufgemacht werden; sobald nun der Hieb vollendet, so solle sogleich

10 mo durch vorerwähnte Ober- und Forstmeistere, Beamten und Revierjägere alles Gehölz, und wo Lieferanten angestellet sind, in Beyseyn derselben abgezählet, hierüber eine genaue Verzeichniß errichtet, von ihnen sämtlich zur Sicherheit der Lieferung als eine nöthige Kontrolle unterschrieben und an Unsere Hofkammer eingesendet werden; damit nun auch der Transport in seiner behörigen Zeit geschehen könne, so solle

11 mo sich damit so gerichtet werden, daß das Holz vor der Setzeit, welche, wie allschon vorher gedacht, den 15ten Mai anfanget, und sich mit dem letzten Juny endigt; aus den Waldungen gebracht werde, gestalten während der Setzeit ein für allemal die Waldungen in guter Ruhe verbleiben sollen; sollte aber auch aller angewendeten Sorge ungeachtet das Holz nicht vollständig aus den Waldungen zu bringen gewesen seyn, so wäre dasselbe nach geendigter Setzeit alsdenn aus den Waldungen zu verschaffen; eben so solle

12 mo den Forstmeisteren und Lieferanten gestattet seyn, mit Eintritt des Monats July mit der nöthigen Verkohlung des Bengelholzes den Anfang zu machen, fort hiermit bis zur gänzlichen Vollendung fürzufahren, damit dergleichen Holz nicht über das Jahr in den Waldungen ersitzen bleibe, und zur Halbschied verfaulen, oder wenigstens die Hälfte seiner Güte verlieren möge.

13 tio Um nun desto gesicherter zu seyn, daß sämtliche vorgeschriebene Maaßregeln, so, wie alle zur Aufnahme der Waldungen gereichende Ordnungen bestens beobachtet und befolget werden, so bleibet ohnumgänglich vestgesetzt, daß alle Waldungen das Jahr hindurch ein- oder zweimal von der hierzu eigends verordneten Waldvisitation beaugenscheiniget, die eingeschlichenen Unordnungen sogleich verbessert, die obwaltenden und nicht auf der Stelle abzuändernden Fehler und Gebrechen aufgezeichnet, sofort hierüber pflichtmäßige Beschreibungen Unserer Hofkammer vorgelegt werden sollen.

Mainz, den 5ten Januar 1774.

Emmerich Joseph Kurfürst. (L. S.)

8.

Der Spessart nach Holzarten, Altersklassen und Bestandsformen, sowie Holzvorrat im Jahre 1733.

Revier	Fläche	Buchen					Eichen				Birken	Wachholder	Vorrat an haubarem Holz	
		Schläge, zum Teil bestockt	Jung- und Stangenholz	Haubares (hiebiges) Holz	"Gemengtes Holz" (Urwald)	In Verjüngung stehend	Alteichen rein	Alteichen mit Altbuchen	Alteichen mit Jung-Jungbuchen gemischt	Jungeichen			Buche	Eiche[1]
	ha												Steden	
Walbalschaffer Forst	3080	—	280	980	1260	—	—	420	—	—	140	—	83000	30000
Hainer "	2740	440	700	980	—	110	—	—	200	—	310	—	59800	7000
Gailaufer "	2460	1020	1120	—	310	100	—	—	—	160	160	—	—	—
Edelbacher "	1300	—	260	630	—	—	—	—	—	—	—	—	75000	—
Wieſener "	1920	200	560	560	520	—	—	—	600	—	—	—	14000	—
Wieſthaler "	4360	740	660	1300	500	—	430	—	510	—	120	80	22600	6000
Rothenbucher "	6500	420	610	1020	130	520	1260	520	960	640	40	—	95200	33000
Rechtenbacher "	2910	1210	—	420	630	—	440	210	340	160	—	—	22000	6000
Bischbrunner "	3600	—	160	120	—	—	1640	630	420	—	—	—	115000	—
Altenbucher "	2430	—	110	730	—	—	1310	120	280	—	—	—	28500	—
Krausenbacher "	5490	—	510	940	780	—	1540	—	1600	—	—	—	34700	—
Oberbessenbacher "	780	—	—	780	—	—	—	—	—	—	—	—	30000	—
Spessart	37570	4030	4970	8460	4130	740	6620	1900	4910	960	770	80	579800	82000

[1] „Liegende und lauter abgestandene, hie und da in diesem ganzen Forst befindliche rindenlose Eichstämme."

Anhang 9.

9. Tafel über die Bestandsverhältnisse des Spessarts vom Jahre 1790 in bayr. Tagwerken (nach Rauprecht).

Namen der Reviere	Eichenbestand				Buchenbestand				Gemischtes Holz					Öde Fläche	Summe
	1–20jährig	Junge Riegel, Balken und Sparren	Lichter alter Eichwald	Viehtreibe mit einzelnen Eichen	1–20jährig	30–70jährig	Haubarer Bestand	Bertuppter Bestand	Buche herrscht vor 20–70jährige Buchen mit Eichen	Buche herrscht vor Haubare Buchen mit Eichen	Junge Balken, riegelmäßige Eichen mit Buchen	Eiche herrscht vor Fichte alte Eichen mit Buchen	Bulchholz		
Altenbuch	825	458	—	—	—	—	—	—	—	999	1119	397	—	316	4115
Bilchbrunn	2133	—	16	848	673	2220	282	961	3035	1298	545	3887	—	57	11803
Hain	—	—	—	—	—	—	—	3331	—	373	—	—	—	336	4488
Heinrichsthal	1776	—	380	—	—	767	—	107	1606	—	—	223	—	353	4451
Krummenthal	618	—	—	—	1266	1782	—	705	1289	—	—	395	—	204	4289
Lohrerfr.	211	—	—	—	773	508	—	—	—	—	—	—	—	299	6733
Oberbessenbach	1608	953	—	—	—	—	—	—	938	2300	—	132	—	53	1545
Rohrbrunn	3219	132	1448	—	904	—	—	—	—	1737	14	496	—	66	5996
Rothenbuch	—	377	60	—	908	1132	236	327	4862	—	—	—	—	96	12909
Gailauf	—	—	—	133	575	754	198	1532	—	—	—	—	467	197	4205
Schöllkrippen	672	—	90	—	881	1513	119	—	—	239	—	—	2153	122	5467
Waldaschaff	78	—	—	—	696	3016	—	—	726	—	—	—	—	428	4666
Wiesthal	—	—	—	—	—	—	—	4522	651	—	—	—	—	994	9957
Summa	**11139**	**1921**	**1994**	**981**	**6676**	**11690**	**835**	**11985**	**13106**	**6946**	**1679**	**5531**	**2621**	**3519**	**80624**

10.

Kulturtätigkeit im Forstamt Rothenbuch 1829—1918.

Jahr	Saat (hl)								Saat (Pfd.)		Pflanzung 1000							
	Eiche	Buche	Kiefer	Fichte	Lärche	Tanne	Ga. Laubholz hl	Ga. Nadelholz Pfd.	Eiche	Buche	Kiefer	Fichte	Lärche	Tanne	Strobe	Ga. Laubholz	Ga. Nadelholz
1	2	3	4	5	6	7	8	9	10	11	12	13	14	15	16	17	18
1829	—	—	—	—	—	—	—	—	—	—	—	—	—	—	—	—	—
1830	—	—	—	—	—	—	—	—	—	—	—	—	—	—	—	—	—
1831	—	—	600	—	—	—	—	600	75,0	—	—	—	—	—	—	75,0	—
1832	—	4,8	1060	—	—	—	7,2	1060	26,6	—	—	—	—	—	—	26,6	—
1833	2,4	—	480	—	—	—	253	480	—	—	—	—	—	—	—	—	—
1834	253	—	—	581	—	—	—	581	50,0	—	—	—	—	—	—	50,0	—
1835	—	—	118	—	39	—	—	157	5,8	—	—	—	—	—	—	5,8	—
1836	—	—	607	255	303	—	—	1165	0,4	0,1	—	—	—	—	—	0,5	—
1837	—	—	322	225	399	—	—	946	—	—	—	—	—	—	—	—	—
1838	300	—	357	—	144	—	300	501	—	—	—	—	—	—	—	—	—
1839	—	—	341,5	75	475	—	—	891,5	—	—	—	—	—	—	—	—	—
1840	40	40	—	354	—	9	80	363	7,6	101,3	—	43,0	7,0	—	—	108,9	50,0
1841	—	—	244	—	214	70	—	528	—	46,0	184,7	57,7	28,8	—	—	46,0	271,2
1842	65	—	723	60	354	—	65	1137	8,5	47,7	—	76,2	—	—	—	54,2	76,2
1843	40	—	1641	470	682	—	40	2793	9,7	75,3	—	25,0	52,5	—	—	85,0	77,5
1844	—	—	593	105	279	—	—	977	3,0	17,8	8,0	46,2	29,5	—	—	20,8	83,7
1845	—	—	155	115	70	—	—	340	0,6	63,1	—	15,0	—	—	—	63,7	15,0
1846	89	—	212	125	106	—	89	443	15,0	3,0	—	1,0	22,0	—	—	18,0	23,0
1847	—	—	496	115	169	—	—	780	75,0	6,0	13,0	25,9	47,2	—	—	81,0	86,1
1848	21	—	384	45	80	—	21	509	—	15,0	0,5	57,0	25,0	—	—	15,0	82,5
1849	—	—	60	15	10	—	—	185	—	10,0	101,5	11,0	—	—	—	10,0	132,5
1850	—	—	202	40	76	10	—	328,0	—	25,0	—	76,1	—	—	—	25,0	76,1
1851	—	—	—	—	—	—	—	—	—	—	—	—	—	—	—	—	—
1852	—	—	—	—	—	—	5	20	—	—	—	—	—	—	—	—	—
1853	110	5	—	—	—	—	110	—	62,5	51,2	—	257,5	—	—	—	51,2	257,5
1854	220	—	—	—	—	—	220	—	15,0	105,0	—	132,5	—	—	—	167,5	132,5
1855										220						37,0	

Kulturtätigkeit im Forstamt Rothenbuch 1829—1918.

Jahr	1	2	3	4	5	6	7	8	9	10	11	12	13	14	15
1856	2,0	63,5	—	—	—	2,0	—	39,0	24,5	—	14	—	—	—	—
1857	87,5	47,5	—	—	—	87,5	—	47,5	—	—	54	—	—	—	—
1858	—	7,0	—	—	—	—	—	7,0	1,2	—	55	—	—	—	9
1859	80,0	—	—	—	1,2	80,0	—	18,7	2,0	10	50	—	10	—	55
1860	74,7	111,9	—	—	—	73,5	—	66,2	—	—	9	—	—	—	—
1861	133,7	68,2	—	10,0	2,5	133,7	—	73,7	—	150	40	150	5	—	9
1862	43,5	73,7	—	—	—	31,0	15,0	75,0	7,5	5	170	—	—	—	—
1863	18,0	75,0	—	2,0	2,5	18,0	—	160,0	—	—	50	—	—	—	—
1864	12,5	160,0	—	—	16,0	8,0	—	22,5	—	45	—	—	—	45	—
1865	23,9	30,0	—	9,5	1,5	7,9	—	4,8	—	—	250	—	—	—	50
1866	71,0	4,8	—	—	—	45,0	15,0	25,1	—	—	—	—	—	—	—
1867	—	25,1	7,3	6,0	28,4	65,0	25,0	25,8	13,2	—	—	—	—	—	—
1868	103,3	25,8	—	17,3	43,9	18,4	107,0	11,7	18,0	—	2	—	—	—	—
1869	171,1	11,7	7,2	29,6	102,4	108,6	39,7	19,2	—	20	260	—	—	—	50
1870	229,0	19,2	—	11,3	33,5	63,2	57,5	65,3	—	20	3100	—	20	—	—
1871	234,4	65,3	—	3,0	31,0	68,9	262,3	3,1	—	10	3	—	20	—	3
1872	367,7	16,3	0,8	6,7	83,5	109,0	374,0	1,5	—	—	—	—	10	—	—
1873	521,5	19,5	—	—	6,1	176,0	107,0	32,0	—	—	257	—	—	—	—
1874	366,5	32,0	0,2	—	43,7	79,6	185,0	—	—	—	403	—	—	—	42
1875	270,9	—	6,3	5,2	33,8	22,3	116,5	169,5	—	—	32	—	—	—	—
1876	182,5	169,5	—	1,0	8,0	43,1	38,0	86,9	—	40	80,5	—	40	—	—
1877	126,4	86,9	—	—	—	30,0	—	268,8	—	—	76,5	—	—	—	—
1878	39,0	268,8	—	—	2,5	39,7	—	225,2	—	—	0,5	—	—	—	—
1879	39,7	225,2	—	—	—	22,7	—	100,4	—	—	—	—	—	—	—
1880	25,2	100,4	—	0,7	—	28,9	—	—	—	—	19	—	—	—	—
1881	28,9	—	—	—	5,4	17,7	—	15,0	—	—	—	—	—	—	—
1882	17,7	15,0	—	20,7	13,0	28,3	8,0	1,9	—	400	—	400	—	—	—
1883	33,7	1,9	3,2	20,7	10,9	74,3	27,4	182,8	—	300	—	300	—	—	—
1884	88,0	182,8	5,9	13,3	7,2	36,2	27,3	17,2	—	155	—	150	—	—	—
1885	36,2	17,2	2,2	4,0	7,8	31,2	36,0	18,0	—	19	—	14	—	5	—
1886	42,1	18,0	28,3	6,6	6,7	55,4	57,2	—	—	68	—	68	—	4	—
1887	94,5	—	—	—	13,1	58,2	—	46,0	—	3	—	—	—	—	—
1888	122,6	46,0	3,2	—	43,8	60,8	—	1,0	—	—	—	—	—	3	—
1889	101,0	1,0	—	—	—	70,1	—	128,3	—	—	—	—	—	—	—
1890	154,1	128,3	—	5,6	—	12,3	—	—	—	—	—	—	—	—	—
1891	137,2	—	18,3	—	—	—	—	—	—	—	—	—	—	—	—

Anhang 10.

Jahr	Saat									Pflanzung								
	Eiche	Buche	Kiefer	Fichte	Lärche	Tanne	Ga. Laubholz	Ga. Nadelholz		Eiche	Buche	Kiefer	Fichte	Lärche	Tanne	Strobe	Ga. Laubholz	Ga. Nadelholz
	hl		Pfd.				hl	Pfd.						1000				
1	2	3	4	5	6	7	8	9		10	11	12	13	14	15	16	17	18
1892	183	—	—	—	—	—	183	—		—	68,8	43,8	100,7	40,4	9,5	19,6	68,8	214,0
1893	350	—	—	—	—	—	350	—		—	5,5	32,6	52,3	23,1	11,9	3,5	5,5	123,4
1894	193,5	—	—	—	—	—	193,5	—		—	—	39,0	41,6	27,6	18,6	2,6	—	129,4
1895	51,6	—	—	—	—	—	51,6	—		23	17,8	62,0	52,7	1	25,9	1,3	40,8	142,9
1896	—	—	—	—	—	—	—	—		2,4	—	39,8	47	16,5	9,7	0,6	2,4	113,6
1897	2,2	—	—	—	—	—	2,2	—		11	1	19,4	57,2	7,9	—	—	12,0	84,5
1898	—	—	—	—	—	—	—	—		—	—	15,0	35,7	4,2	—	—	—	54,9
1899	—	—	—	—	—	—	—	—		—	—	10,2	53,4	8,3	—	1,5	—	73,4
1900	83	—	1	3	—	—	83	4		9,6	6,6	39,0	22,5	3,1	—	—	9,6	65,4
1901	187	—	—	10	—	—	187	10		47,5	2,8	19,2	13,0	1,7	0,8	—	54,1	33,0
1902	—	—	18	—	0,6	—	—	18,6		27,5	1,0	1,5	6,8	0,5	—	—	30,3	8,8
1903	—	—	—	—	—	—	—	—		41,3	—	79,5	43,7	—	—	—	42,3	123,2
1904	212	—	—	—	—	—	212	—		43,0	28,0	104,5	17,5	3,2	—	—	71,0	122,0
1905	—	—	—	—	—	—	—	—		—	23,3	129,3	112,0	9,5	—	—	23,3	244,8
1906	—	—	—	—	—	—	—	—		—	0,8	124,1	112,0	7,1	—	0,5	0,8	246,1
1907	—	—	—	—	—	—	—	—		—	1,2	124,4	115,2	7,6	—	2,5	1,2	249,2
1908	—	—	—	—	—	—	—	—		—	2,6	124,8	62,0	9,8	—	—	2,6	194,4
1909	—	—	—	—	—	—	—	14,2		—	—	130,2	105,2	7,9	—	—	—	245,0
1910	—	—	—	0,2	—	—	—	—		2,0	—	127,5	68,1	2,0	—	—	2,0	203,5
1911	325,5	—	—	—	—	—	325,5	—		—	—	127,4	63,1	0,8	—	—	—	192,5
1912	8	—	14	—	—	—	8	4		—	—	191,3	55,1	0,5	—	—	—	147,2
1913	—	—	—	4	—	—	—	—		—	—	138,2	38,7	3,9	—	—	—	177,4
1914	—	—	—	—	—	—	—	—		—	—	352,5	61,6	—	—	—	—	418,0
1915	—	—	—	—	32	—	—	32		83,5	—	78,0	80,0	11,4	12,0	12,6	83,5	182,0
1916	102,3	—	—	—	10	92	102,3	102		57,0	—	36,7	46,4	14,4	—	60,6	57,0	208,1
1917	—	—	—	—	14	—	—	16		—	—	140,0	150,0	18,0	14,0	38,0 10,0	—	332,0 [1])
1918	—	—	—	2	12	—	—	12		—	—	62,6	45,0	—	8,7	12,8	—	129,1

Anhang 11. Kulturtätigkeit im Spessart 1821—1905.

11.
Kulturtätigkeit im Spessart 1821—1905.

Jahr	Saaten				Pflanzungen	
	Laubholz			Nadelholz	Laubholz	Nadelholz
	Eicheln	Bucheln	Übrige Samen			
	hl			Pfund	1000	
1822	208	—	130	2786	—	—
1824	—	1192	—	3066	8,6	2,0
1827	—	—	368	1390	22,4	—
1831	—	—	—	1752	5,6	—
1834	269	—	—	11442	3,9	47,4
1837	8	—	—	3210	161,9	98,0
1841	204	33	—	5766	170,6	29,3
1844	180	89	2596	7278	55,1	58,5
1847	130	78	—	8426	121,0	399,2
1851	24	26	—	6414	148,9	2150,4
1854	—	74	4	924	723,1	1648,4
1857	13	3	26	1730	1903,0	1648,8
1861	4	242	34	3156	1249,7	1542,4
1864	7	—	—	3726	1987,8	1830,8
1867	—	12	—	570	536,6	1541,2
1870	30	96	—	2314	498,7	2304,1
1873	—	—	200	4012	142,6	3798,2
1876	1959	1	10	4582	94,0	5095,1
1880	172	—	70	1462	798,9	3683,8
1883	1	63	—	2672	305,3	3199,7
1886	17	—	—	2276	426,8	3368,4
1890	—	—	—	54	469,3	2066,9
1893	827	—	—	528	471,5	2281,8
1896	10	—	2	568	518,2	3157,8
1900	346	—	—	512	562,0	2939,8
1903	—	—	—	688	1085,9	3912,6
1905	—	—	—	564	960,8	4821,0

Roßberg'fche Buchdruckerei, Leipzig

Tafel 1

Mischbestand etwa 200 jähr. Buchen mit über 400 jähr. Eichen im Forstamt Rothenbuch, Abt. Metzger.

(Phot. Banselow, August 1925.)

Tafel 2

Eichenlichtwald im Forstamt Rothenbuch, Abt. Bonigrain.

(phot. O. Sinner, April 1903.)

310 jähr. Eichenaltheisterbestand im Forstamt Rohrbrunn, Abt. Urwald.

(phot. Banjelow, Mai 1925.)

Tafel 4

110 jähr. Eichenbestand (Jungheister) mit 48—58 jähr.
Buchenunterbau im Forstamt Rothenbuch, Abt. Weißerstein.

(phot. O. Sinner, April 1903.)

Verlag von Julius Springer in Berlin W 9

Handbuch der Forstpolitik mit besonderer Berücksichtigung der Gesetzgebung und Statistik. Von Dr. **Max Endres**, o. ö. Professor an der Universität München. Zweite, neubearbeitete Auflage. (922 S.) 1922.   Gebunden RM. 25.—

Lehrbuch der Waldwertrechnung und Forststatik. Von Dr. **Max Endres**, o. ö. Professor an der Universität München. Vierte, verbesserte Auflage. Mit 7 Abbildungen. (340 S.) 1923.   Gebunden RM. 10.—

Die forstliche Statik. Ein Handbuch für leitende und ausführende Forstwirte sowie zum Studium und Unterricht. Von Geh. Forstrat Dr. **H. Martin**, Professor an der Forstakademie Tharandt. Zweite Auflage. Mit 8 Textabbildungen. (501 S.) 1918.
RM. 16.—

Die Berechnung des Waldkapitals und ihr Einfluß auf die Forstwirtschaft in Theorie und Praxis. Von Dr. **Theodor Glaser**, bayr. Forstamtsassessor, Bayreuth. Mit 2 Textfiguren. (138 S.) 1912.   RM. 5.—

Westermeiers Leitfaden für die Försterprüfungen. Ein Handbuch für den Unterricht und Selbstunterricht unter Berücksichtigung der preußischen Verhältnisse sowie für den praktischen Forstwirt. Zwölfte Auflage. Nach dem Tode des Verfassers besorgt von **H. Müller**, Pr. Oberförster. Mit 123 Textabbildungen und einer Spurentafel. (465 S.) 1919.   Gebunden RM. 10.—

Der Dauerwaldgedanke. Sein Sinn und seine Bedeutung. Von Professor Dr. **Alfred Möller †**, Preuß. Oberforstmeister und Direktor der Forstakademie zu Eberswalde. (86 S.) 1922.   RM. 1.60

Durchforstungs- und Lichtungstafeln. Nach den Normalertragslisten der Deutschen Versuchsanstalten bearbeitet von Dr. **Hemmann**. (35 S.) 1913.   RM. 2.60

Ertragstafeln für Eiche, Buche, Tanne, Fichte und Kiefer. Von Dr. **E. Gehrhardt**, Regierungs- und Forstrat b. d. Preuß. Forsteinrichtungsanstalt zu Magdeburg. (46 S.) 1923.   Gebunden RM. 2.20

Kubik-Tabelle zur Bestimmung des Inhalts von Rundhölzern nach Kubikmetern und Hundertteilen des Kubikmeters mit angehängten Reduktionstafeln. Nach den für die Preuß. Forstverwaltung ergangenen Bestimmungen zusammengestellt von **H. Behm**, weil. Geh. Rechnungsrat im Ministerium für Landwirtschaft, Domänen und Forsten. Dreiundzwanzigste Auflage. (72 S.) 1924.   Gebunden RM. 1.80

Verlag von Julius Springer in Berlin W 9

Leitfaden der Holzmeßkunde. Von Professor Dr. **Adam Schwappach**, Geheimer Regierungsrat in Eberswalde. Dritte, umgearbeitete Auflage. Mit 20 Textabbildungen. (153 S.) 1923. RM. 5.—

Forstliche Rechenaufgaben. Ein Wiederholungs- und Übungsbuch zur Vorbereitung auf die Jäger- und Försterprüfung. Von **Otto Grothe**, Forstschullehrer in Spangenberg. Siebente, vermehrte und verbesserte Auflage. Mit 89 Textfiguren. (184 S.) 1914. Unveränderter Neudruck. 1921. RM. 3.—

Arzneipflanzenkultur und Kräuterhandel. Rationelle Züchtung, Behandlung und Verwertung der in Deutschland zu ziehenden Arznei- und Gewürzpflanzen. Eine Anleitung für Apotheker, Landwirte und Gärtner. Von **Th. Meyer**, Apotheker in Colditz i. Sa. Vierte, verbesserte Auflage. Mit 23 Textabbildungen. (194 S.) 1922.
Gebunden RM. 6.—

Grundzüge der chemischen Pflanzenuntersuchung. Von Dr. **L. Rosenthaler**, a. o. Professor an der Universität Bern. Zweite, verbesserte und vermehrte Auflage. (119 S.) 1923. RM. 4.—

Kryptogamenflora für Anfänger. Eine Einführung in das Studium der blütenlosen Gewächse für Studierende und Liebhaber. Von Dr. **Gustav Lindau**, a. o. Professor an der Universität Berlin, Kustos am Botanischen Museum zu Dahlem.

Erster Band: **Die höheren Pilze** (Basidiomycetes). Zweite, durchgesehene Auflage. Mit 607 Figuren im Text. (242 S.) 1917. Gebunden RM. 7.50

Zweiter Band, 1. Abteilung: **Die mikroskopischen Pilze** (Myxomyceten, Phycomyceten und Ascomyceten). Zweite, durchgesehene Auflage. Mit 400 Figuren im Text. (230 S.) 1922. RM. 6.30; gebunden RM. 7.80

Zweiter Band, 2. Abteilung: **Die mikroskopischen Pilze** (Ustilagineen, Uredineen, Fungi imperfecti). Zweite, durchgesehene Auflage. Mit 520 Figuren im Text. (318 S.) 1922. RM. 7.—; gebunden RM. 8.10

Dritter Band: **Die Flechten.** Zweite, durchgearbeitete Auflage. Mit 305 Figuren im Text. (260 S.) 1923. RM. 6.50; gebunden RM. 7.50

Vierter Band, 1. Abteilung: **Die Algen.** Zweite Auflage. In Vorbereitung.

Vierter Band, 2. Abteilung: **Die Algen.** Mit 437 Figuren im Text. (206 S.) 1914.
Gebunden RM. 6.70

Vierter Band, 3. Abteilung: **Die Meeresalgen.** Von Professor Dr. **Robert Pilger**, Privatdozent der Botanik an der Universität Berlin, Kustos am Botanischen Garten zu Dahlem. Mit 183 Figuren im Text. (154 S.) 1916. RM. 3.60; gebunden RM. 4.60

Fünfter Band: **Die Laubmoose.** Von Dr. **Wilhelm Lorch**. Zweite, verbesserte und vermehrte Auflage. Mit 273 Figuren im Text. (244 S.) 1923.
RM. 6.50; gebunden RM. 7.50

Sechster Band: **Die Torf- und Lebermoose.** Von Dr. **Wilhelm Lorch**. Mit 296 Figuren im Text. Die Farnpflanzen (Pteridophyta). Von **Guido Brause**, Oberstleutnant a. D. Zweite Auflage. In Vorbereitung

Zeitschrift für Forst- und Jagdwesen. Zugleich Organ für forstliches Versuchswesen. Begründet von **Bernhard Danckelmann**. Herausgegeben unter Mitarbeit der Professoren der Forstlichen Hochschulen zu Eberswalde und Münden, sowie nach amtlichen Mitteilungen von Professor **L. Schilling**, Preuß. Oberforstmeister und Direktor des forstlichen Versuchswesens in Eberswalde. Erscheint monatlich. Preis vierteljährlich RM. 5.40; Einzelheft RM. 2.25.

MIX
Papier aus verantwortungsvollen Quellen
Paper from responsible sources
FSC® C105338

If you have any concerns about our products,
you can contact us on
ProductSafety@springernature.com

In case Publisher is established outside the EU,
the EU authorized representative is:
**Springer Nature Customer Service Center GmbH
Europaplatz 3, 69115 Heidelberg, Germany**

Printed by Libri Plureos GmbH
in Hamburg, Germany